前言

原型制作是在正式开始视觉设计或编码之前最具成本效益的可用性跟踪手段。Axure RP7 是行业中最知名的原型设计工具之一。随着专业工具的出现,设计用户体验从未如此令人兴奋,设计原型也从未如此具有挑战性。

随着我国互联网行业迅猛发展,互联网公司中不同职位的界定愈发清晰,对员工的专业能力需求也愈发突出,熟练使用 Axure 也成为 UX 设计师甚至产品经理的先决条件。本书通过真实的案例和场景,循序渐进地帮助你将 Axure 集成到用户体验的工作流程中。

什么人适合阅读本书

·用户体验设计师、业务分析师、产品经理和其他参与用户体验项目的相关人员。

·互联网创业者或创业团队中的成员。

本书遵循以用户为中心的设计原则,从基础知识讲起,逐渐深入并配合大量案例与视频教程,适用于对 Axure 有一些了解,同样也适用于并不知晓 Axure 这款软件的读者。

读者反馈

欢迎广大读者对本书做出反馈,让作者知道本书中哪些部分是你喜欢的或者哪些部分内容需要改善。

如果您对本书有任何建议,请发送邮件至 yuanxingku@gmail.com。

课件下载

本套教程中所讲解的案例课件都可以到论坛中下载。此外,您在学习本套教程中遇到任何疑问都可以到论坛中相应的板块中进行讨论:http://bbs.yuanxingku.com。

勘误表

虽然我十分用心以确保内容的准确性,但错误难以避免。如果您发现书中出现了错误,非常希望您能反馈给我,请将错误详情发送至 yuanxingku@gmail.com,这样不仅能够帮助其他读者解除困惑,也可以帮助我们在下一版本中进行改善。

关于汉化

Axure RP 官方并没有发布中文版,不熟悉或不习惯使用英文原版 Axure 的读者可以到如下网址下载汉化包,本套教程也是使用中文(汉化)版 Axure 进行讲解的。

http://bbs.yuanxingku.com/thread-64-1-1.html

在此特别感谢汉化原作者 best919,他的辛勤劳动与无私奉献为 Axure 在中国的普及扫清了语言障碍。

Axure RP 7

Axure Rapid Prototyping 7
For Web & App prototype design

网站和 APP 原型制作

从入门到精通

金乌／著

Master（母版）

Master（母版）

Repeater（中继器）

Dynamic Panel（动态面板）

System Status Bar

Inline Frame（内置框架）

Search Box

Navigation Bar

Navigation Bar

Banner Ad Rotator

Content Card

Background

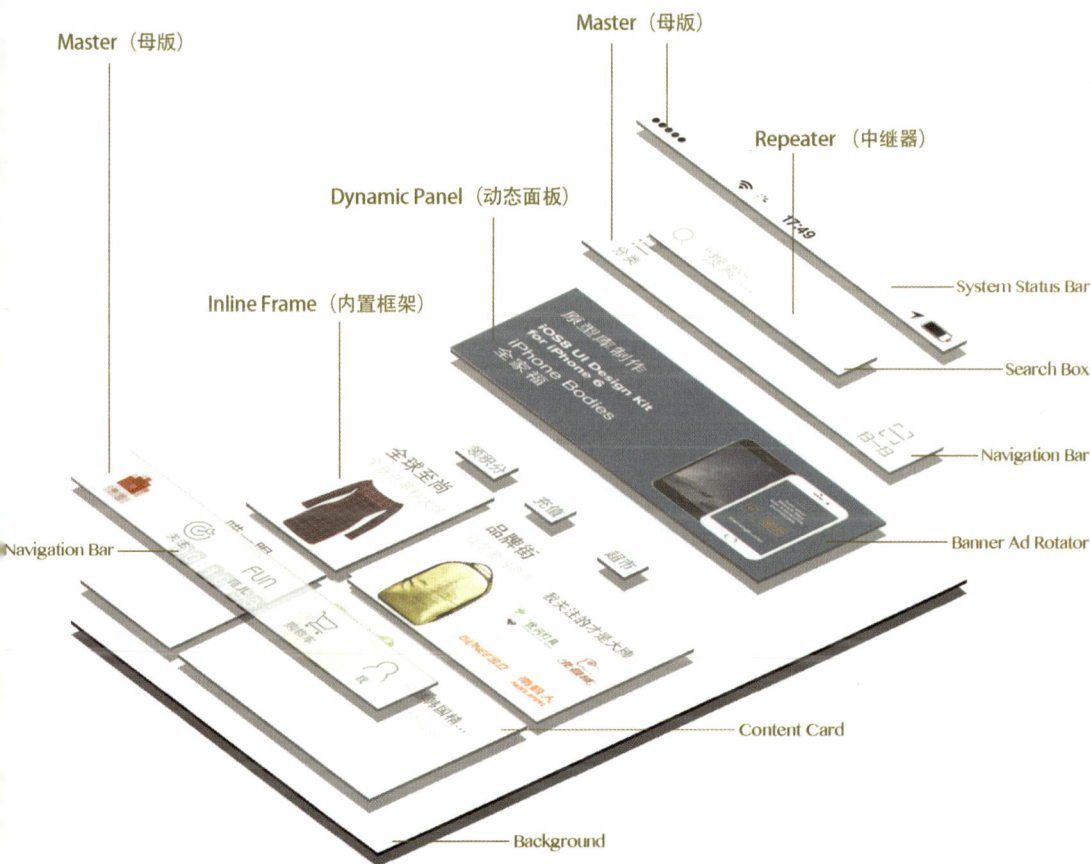

人民邮电出版社

北京

图书在版编目（ＣＩＰ）数据

Axure RP7网站和APP原型制作从入门到精通 / 金乌
著. -- 北京：人民邮电出版社，2015.3（2017.8重印）
ISBN 978-7-115-38403-4

Ⅰ．①A… Ⅱ．①金… Ⅲ．①网页制作工具 Ⅳ.
①TP393.092

中国版本图书馆CIP数据核字(2015)第013701号

内 容 提 要

Axure RP 是一款快速原型设计工具，本书深入讲解了使用 Axure 制作网站原型和 APP 原型
的知识与技巧，并结合作者多年工作经验详细介绍 Axure 在工作流程中的使用方法。

本书对互联网产品经理和用户体验设计师具有指导意义，同时本书也非常适合 UI 设计类相
关培训班学员及广大自学人员参考阅读。

◆ 著　　　　金　乌

　　责任编辑　赵　轩
　　责任印制　焦志炜

◆ 人民邮电出版社出版发行　　北京市丰台区成寿寺路 11 号
　　邮编　100164　　电子邮件　315@ptpress.com.cn
　　网址　http://www.ptpress.com.cn
　　北京瑞禾彩色印刷有限公司印刷

◆ 开本：720×960　1/16
　　印张：16.5
　　字数：295 千字　　　　　　　　　2015 年 3 月第 1 版
　　印数：27 701－28 900 册　　　　　2017 年 8 月北京第 10 次印刷

定价：69.00 元（附光盘）

读者服务热线：(010)81055410　　印装质量热线：(010)81055316
反盗版热线：(010)81055315
广告经营许可证：京东工商广登字 20170147 号

课前准备知识

课前准备知识

专业术语

在进入正题之前，非常有必要详细介绍一些专业词语，这样可以帮助你更加透彻地理解本书想要传达给你的知识与经验。

UE/UX

· UE 全称 User Experience，中文名"用户体验"。

· UX 全称 User eXperience，中文名"用户体验"。

由此可见，UE 和 UX 是一回事，大概与 Usability 这个名词一起于 2003 年前后传入国内。在此将 User Experience 与 Usability 一起讲不仅是因为它们之间容易误会，还有一段很深的渊源。

首先，国内对于 Usability 的翻译存在很大问题，普遍观点都认为是"可用性"或者"易用性"，这两个词含糊不清可以随意使用。但是，从世界标准组织对 Usability 的定义来看，无论是直译还是意译，"可用性"都是最佳答案。准确地说，可用性包括了"易用性"的含义，而"易用性"有自己的专用英文——Easy to use 。

2004 年，随着 UPA 在中国第一次国际会议，首次把 Usability 概念带到媒体面前，但出于各种因素并没有过多涉及互联网技术领域。在此后的 2005-2009 年共举办了 6 届"用户体验行业"主题相关的年会，"用户体验"在中国各个行业、领域逐渐受到重视。

但是，过度地宣传和概念的推广也造成了负面效果，时至今日还有很多同行小白，甚至比较资深的"专业"人士仍然误以为"UE 就是 Usability"。上面所提到的 UPA 全称为 Usability Professional's Association，中文名为"可用性专业协会"（注意：不是易用性专业协会）。也就是说 Usability 才是 UPA 的核心主题。

那么 Usability 和 User Experience 又是什么关系呢？在 Usability 概念

盛行时，UE 这个概念还名不见经传，Usability 在欧美很早就受到重视，尤其是在工业设计领域已经有了丰富的研究成果。当然，这也与它们之间的本质差异有关，近些年借助互联网传播迅猛的东风，UE 迅速风靡整个互联网技术领域，并且迅速超越了 Usability 的地位。从整体上来讲，Usability 只是 UE 的一个指标，"较高可用性"与"较好用户体验"之间应该是不充分不必要的关系，如：

· 较高可用性的产品并不一定带来好的用户体验（不充分）。
· 较好用户体验的产品也可能具有不良的可用性设计（不必要）。

相信大家对游戏都不陌生，我们就以此为例来解释一下"可玩性"与"可用性"之间的矛盾。玩家对游戏的要求是具备相当的"可玩性"，希望游戏的设计要有一定的复杂性，由此充分调动用户做脑力和体力运动；而"可用性"恰恰相反，玩家希望使用"比较简单的方法"来操作好玩儿的游戏。试想一下，如果需要使用十几个甚至更多按钮才能玩游戏时，这款游戏是否还能继续吸引你。由此可见，"可玩"的游戏加上"可用"的操作才是绝佳的用户体验。

针对互联网产品而言，Usability 并不是用户体验的核心关键，这是与"工业设计"类产品截然不同的区别，这也是为什么很多宣传 Usability 概念的网站，本身也做得"很差"的原因，也许用户还来不及体验"可用性"，在"可访问"阶段就放弃了。

2005 年起，以用户体验为主题的设计类网站、博客如雨后春笋般出现，各种西方专业名词和术语或者英文组合也让大多数人晕头转向。正如前面所提，UE 与 UX 其实是一回事儿，通常海外和国内的外企习惯用 UX，这是因为老外习惯用全称 User Experience，和简称 UX。据分析，是因为 Experience 的发音 ex=x，所以听起来和 eXperience 一样。不过对于国人来说，使用 UE 的更多，因为好看也好念（u' e 和 u' aiks 或者 u' cha），你更偏向于喜欢哪个呢？也许这就是概念本地化的一种体现，就像当初大家都喜欢将 Windows XP(aiks' pi) 读成 Windows XP(cha' pi) 一样。

关于 User Experience 的详细介绍请参考维基百科：http://en.wikipedia.

org/wiki/User_experience_design。

要说可用性、用户体验深入人心，得到广泛重视，笔者认为是在 2006 年 8 月《点石成金》（Don't Make Me Think）中文版风靡中国互联网之后。该书以现在写稿时的观点来看属于入门级，但在当时这本书在整个互联网圈内口碑相当好。其实这本书在 2000 年就已经出版，未进入中国前全球销量已经超过 10 万册，可见在当时其影响力非同一般。

2007 年 10 月出版的《用户体验要素》中文版，比较权威、全面地阐述了 Web 用户体验知识框架，得到中外同行的广泛认可。

相信通过上面的简短描述，已经让你更深一步了解并区分 UE/UX 和 Usability 这三个单词的概念了，我们在后面的内容中还会多次提到 User Experience 这个单词。

产品原型

Axure RP 就是一款快速原型设计工具，在这里首先为读者朋友们阐述一下线框图、原型、视觉稿之间的区别。这三个词也经常被朋友们搞混淆，笔者认为，在进入正式的教程内容之前，将这些与你的工作（也许是你未来的工作）密切相关的词汇讲解清楚，让大家理解明白，对我们透彻理解教程内容是十分有帮助的。

·线框图（Wirefreams）是低保真的设计图，通常都以黑白线条来表达，并配以文字注释，其内容包括：1.内容大纲（什么东西），2.信息结构（在哪儿），3.用户的交互行为描述（怎么操作）。

使用 Axure RP 也可以绘制线框图，如果你愿意的话，笔和纸也是很好的选择。绘制线框图最大的优点是"快"，绘制时不必在意细枝末节，但必须表达出设计思想，不要漏掉重要部分。视觉上的审美效果应该尽量简化，黑白灰是经典用色，也可以使用蓝色代表超链接。

好的线框图应该像水晶一样，清晰明确地表达你的设计创意，在团队成员中准确传达设计思想。在复杂项目的初始阶段，线框图是必不可少的，发挥着极其重要的作用。

·原型（Prototype）是中（高）保真的产品设计图，代表最终的产品。本书就是围绕如何使用 Axure RP 这款工具制作产品原型的各种细节进行讲解的。

原型（在此，特指互联网产品原型）的作用非常关键，也非常丰富，使用产品原型我们可以：

1.高效、准确的展示产品需求，2.快速更新和迭代，3.有效地测试不同的假设和想法，4.将客户的需求可视化，5.在整个团队中无缝沟通。

原型的设计应该尽可能与最终产品一致，在进入正式产品开发阶段之前，将产品原型发送给股东、用户、客户、项目干系人等进行测试，并充分利用他们的反馈意见进行调整，在原型中做这些要远远强过开发出应用程序之后再做。

• 视觉设计稿（visual design）是高保真原型的静态设计图。将视觉设计稿制作成可交互的原型就是高保真原型了。

通常来说，视觉稿就是视觉设计的草稿或终稿，帮助团队成员以视觉审美角度审视产品。用优秀的视觉稿制作高保真原型可以起到意想不到的作用，无论是拿去见投资人还是收集用户反馈都是最佳选择。

原型设计流程的不同模型

下面这张图中是两种常见的用户体验原型设计模型。

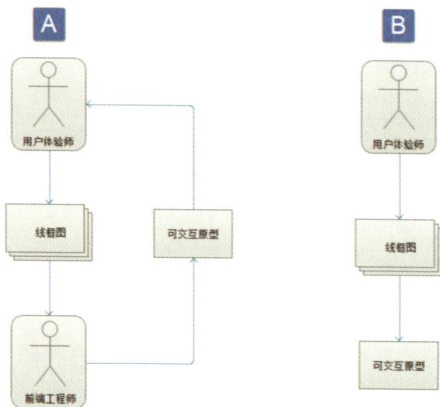

选项 A：完全依赖于前端开发者来表达交互的观点，并且要承受被拒绝采用或多次修改的风险。在此场景中，用户体验设计师创建静态线框图，前端开发者将其转换为 HTML。我们需要关心的不仅是浪费时间和金钱，还有动态交互中出现的问题。

选项 B：你拥有编码能力，或者去学习 HTML、CSS、JavaScript，线框图和可交互原型都靠自己一手搞定。

我们经常会看到这样的招聘信息：懂用户研究，有组织并领导设计产品的经验，可以独立制作线框图和 HTML-CSS-JavaScript 级别的产品原型（高保真原型），能独立撰写详细的产品需求文档（PRD），等等。而招聘的职位也许是用户体验设计师也可能是产品经理。换句话说，这类公司想招聘一位个身怀多项绝技并拥有多种特定专业知识的人才（这本是一个团队的工作），而只付给他一个人的薪水。这反映出很多互联网公司对用户体验依然存在深深的误解。

随着我国互联网行业的迅猛发展，受西方互联网文化的传入与影响，加上我国中小微型互联网企业对业内人才的强烈需求，不同的职位也催生出了很多流派。但综合观察，无论是公司企业的需求还是从业人员的自身素质，都还有较长的路要走。这也是本书读者需要认真考虑的问题。

我相信，用户体验设计师的主要目标必须集中在构思、尝试、体验和针对用户体验与他人（如团队成员、用户等）进行交流沟通。紧密配合开发人员，并且对主流的软件开发技术（如 HTML、CSS、JavaScript）有坚实的理解，这样你可以评估出自己的设计对于开发人员来说实现成本有多少。但是用户体验设计师不应该被视为"万金油"，因为这样做，他们将无法成为任何方面的专家。用户体验设计师应该时刻保持专注，并且需要专业且强大的工具来设计用户体验。

选项 C：Axure 给我们提供了第三个选项，用户体验设计师不必依赖前端工程师，也不用让自己成为程序员。

虽然 Axure RP7 的学习曲线比较苛刻，但是一旦掌握 Axure，你就可以轻松实现脑海中想象的非常现代的用户体验效果。使用 Axure，你可以将一个概念落实为线框图，再进一步制作成高保真原型，甚至可以根据需求制作响应式布局来适配不同尺寸的屏幕。如果你熟悉编码，Axure 对 JavaScript 和 CSS 的支持是非常强大的；如果你不熟悉编码，你仍然可以创建令人惊叹的产品原型而不需要你编写一行代码。

下面我们来谈一谈工作中所面临的困扰，相信你一定也会和我一样迅速拥抱 Axure 的。

如果你使用传统方法（Visio、Word、Excel 或者 InDesign）创建过规范文档，那么你一定对这个繁琐、耗时、高成本的流程深有体会，你需要在 Visio 制作的线框图中添加脚注，给这些线框图截图，保存这些截图并导入规范文档中，最后还要编辑相关的注释。

然而，迭代设计是用户体验过程的核心，这就意味着频繁更新，而且有时更新的内容量非常大。所以，你必须重新截图、命名、保存图像、将图像保存到更新版本的文档中，并更新注释。有时候，修改线框图需要级联更新，这就包含了更多工作和潜在的错误。每次更新都需要重复这个过程，时间、精力和金钱的浪费变得清晰可见并令人生畏，这对于项目中的所有人都是不利的。

Axure 集成了自动化的规范文档创建功能，最大限度地降低了上面所述的手动过程。Axure 给线框图的每一个注释加上数字标记，自动截图，并且可以在自定义的布局中管理所有内容，虽然配置规范文档的模板需要一点时间，但这足以让完全手动的过程显得苍白无力。此外，在处理大中型项目时，团队协作是一个关键的先决条件，Axure 对团队协作功能的支持也是非常强大的。

Axure 在不同项目中的应用

我的一些学生、同事还有很多网友说，在自己的工作中几乎经常使用 Axure，而另一些则表示在自己制作线框图的阶段会把 Axure 扔得远远的。产生这两种截然不同的情况其根本原因在于：很多人不清楚应该什么时候使用 Axure，在处理什么样的项目或任务时使用 Axure 最合适。

下面我们就来谈论一下 Axure 的使用场景。也许你会觉得下面的内容有些枯燥，但这些内容是我多年工作经验的积累与沉淀，是大大小小几百个项目实战后的总结。这其中有成功的也有失败的，但我想要告诉你的是无论你想成为用户体验设计师还是产品经理，认真阅读下面这些内容一定会让你受益匪浅！

小项目

通常，在与客户交谈时都是以这样的对话开始的"我们需要一个简单的网站（或 APP），只需要一些非常基础的功能……"稍后你会发现，他想要的绝不是他所描述的那样简单。而理想情况是，在签订合同之前，他最好能把所有的详细需求都一一列出来。

我们并不知道客户想要的"简单的"网站（或 APP）到底是什么样子。简单这个词是用来表达目的，因为通常情况下人们对"简单"这个词的理解都会本能地将注意力集中在最突出（基本）的功能和所涉及的页面数量上。然而，这可能会导致非常严重的误导（误会），下面来看为什么会这样。

- 现代的 Web 应用程序页面模板都相对较少，如概述页、列表页、详情页等。然而，每个页面的复杂性可能都不相同，而这通常是隐藏在早期讨论中的问题所在。
- 内容的展示需要适应不同的设备，这也是必须要考虑的重要条件。也就是说在初期讨论中，无论客户要求哪种屏幕尺寸，我们都必须至少考虑 3 种不同尺寸的布局设计（桌面电脑、平板电脑、手机）。对于某些类型的应用程序，为了确保工作流程在多个屏幕中顺利进行，工作的复杂性可能以指数增加。
- 另一个需要考虑的要素是应用程序的用户数量。它是否需要动态改变的内容和会员注册 / 登录功能？是否带有交易功能？是否有动画效果？是否要模拟数据？如果客户对这些问题的答案都是否，这样的项目应该是一个简单的项目。

然而，如果 Axure 只适合用来处理简单的项目，有朋友可能会想，使用 PowerPoint 或者 Keynote 也可以用来制作简单的项目原型，为什么还要花时间和精力去学习另一款原型设计工具呢？如今，伴随着许多成功的平台出现（如 Wordpress、各种 CMS），一些不懂任何技术的人也可以通过多次试用体验创建出比较复杂的网站，而使用 Axure 在处理此类简单项目时可以帮助我们提前确定客户需要的样式与功能，避免不必要的调试与返工。

网站应用程序和门户网站

首先，网站（Web）与网站应用程序（Web Applications）这两个词的意思是不同的。各位读者可以查阅百度百科了解详情，在此编者以自己的理解简要介绍一下这两者的不同。

网站：是用来展示内容的，如新闻、博客等。

网站应用程序：是用来执行任务的，如百度网就是一个网站应用程序，用户使用它执行搜索任务。此外，火车票、机票的查询预订、酒店查询预订等，供用户执行任务的，都属于网站应用程序。

这类原型正是 Axure 的菜。虽然有很多门户平台可用，但企业往往需要定制开发来增强某些功能以便满足业务需求。对于很多企业来说，这样的项目往往是战略级的，对金融投资非常重要，所以市场需求强烈但要求也比较高。下面是这类项目的共同属性。

- 由企业领导安排批准，最初的用户体验需要做高保真视觉稿（大多数领导都喜欢看视觉稿）。

- 应用程序包含多个模块，代表组织中不同的业务单元。通常情况下，这些业务单元遍布全国甚至世界各地，每个业务单元可能有其自己的规则、要求和技术支持。这些需求在集成到应用程序之前必须考虑到将其简化、统一。

- 如果你的任务是创建一个高保真原型，一定要意识到企业组织的复杂性。尽可能记录你的工作假设，不同的涉众的指导和反馈，以及他们的优先级，还有潜在的有可能产生摩擦的领域。

- 有些时候，用户体验设计师会提出一个全新的、高效的、甚至伟大的设计，然后会遭到项目负责人的拒绝，并且会这样说："做用户体验的那群人想法太前卫了，而且风险太大，最重要的是他们对业务规则并不熟悉！"

现实与梦想之间的平衡是非常重要的，特别是当用户体验团队对业务的认知还非常少的情况下。因此，我建议：

·不要擅自做任何假设，询问尽可能多的关于术语、流程和你不明白的地方。

·在项目早期，指出潜在的差距和实现风险。在 Axure 中，对你关注的布局或相关部件添加风险注释，并在评审会议中进行讨论。

存在风险的不仅仅是布局或部件，与业务规则文档相关的风险才是至关重要的，因为这可能会影响到应用程序的接口。

要处理每个复杂模块的具体需求，开发这样的应用程序需要一个庞大的业务和技术团队，用户体验团队也是必需的。

一开始就应该使用团队项目，并和团队沟通设计模式和其他常见元素。平衡发挥团队成员能力和工作的灵活性，与应用程序的整体一致性和完整性，这是一项非常重要的挑战，虽然这并不是本书重点讲解的内容，但依然建议各位读者参考一些敏捷项目管理的书籍，如《当用户体验设计遇上敏捷》。

·用户验证

你可以利用企业提供的条件进行用户验证活动，如焦点小组和可用性测试。然而最重要的是把控好用户验证在项目中的预算和时间表，还有要用到的交互原型质量，这对于复杂的应用程序尤其重要。进行可用性测试前，要确保可用性测试的场景是建立在原型中的，因为计划以外的场景可能会导致大量的问题，造成不必要的返工和修改。

·可交付原型和规范文档

通常情况下，客户都会要求交付线框图、高保真原型和规范文档。下面所列出的几点是你需要重点考虑的内容，如果你对 Axure 的术语和功能还不熟悉也不必担心，很快我们就进入本书的正题，为你讲解 Axure 的专业知识，但在这之前希望你耐心读下去。对于用户体验设计师来讲，Axure 是一款非常棒的工具，但本书要传授给你的不仅是如何使用 Axure，更重要的是在你处理不同规模的项目，面对不同的问题时，如何将 Axure 这款工具的价值最大化地发挥出来。

如果你的客户需要规范文档，那么他们想要什么格式的文档呢？是一份详尽的 Word 文档还是基于 HTML 注释版本的原型呢？你是否有机会与项目相关人员讨论规范文档的风格吗（通常是开发团队）？或者客户对文档并没有提出过任何的规范要求？如果是这种情况，你应该尽早沟通并明确澄清你交付的规范文档是什么样的格式。

向开发团队索要一份曾经使用过的规范文档，体验一下什么样的格式是可接受的。

如果客户需要你提供交互原型，那么他对原型所预期的交互程度是怎样的呢？客户的期望往往基于过去的经验，你可以和客户商谈并浏览一下他曾经看过的交互原型，然后把你做的成功案例展示给客户，提高双方对交互原型效果的共识。

如果应用程序需要制作基于不同角色的用户登录效果，你要为每个角色都制作完整的用户体验？还是只为主要角色制作？光是这一点就有可能毁掉整个项目，因为项目负责人（投资人）可能想看到每个角色的不同需求，而你的预算和工作计划中可能只模拟了一个角色的用户体验，这一点在项目前期一定要注意，并与项目相关人员沟通清晰。

提前了解原型中哪些部分是全局性的，使用动态面板、母版（母版的自定义事件）可以有效提高工作效率，减少冗余重复的修改工作。

为不同类型的用户制作不同的用户界面时，工作流程和路径会有所不同，这可能会涉及变量和函数的使用。如前面所述，恰当使用动态面板、母版以及母版的自定义事件能够起到事半功倍的效果。现在你对这些专业名词也许还不熟悉，但不必担心，先把它们记在心里，在后面章节中学到它们时印象会更加深刻。

计算一下制作原型的高保真视觉界面的费用是多少，只制作静态线框图费用又是多少。项目计划中是否需要快速制作出高保真原型，一旦经过评审后就根据高保真原型的设计细节和规范文档进行开发？如果是这种情况，一定要注意，Axure 项目文件中的每一部分都要细心重建，原因有以下两点。

1.首先，高保真原型通常都是非常高级的展示，表达了你对项目的设计理念和尽可能多的功能细节与特性。但是，通常情况下可能没有足够的时间来验证业务流程和技术约束。当细节设计工作推进时，原型中许多假设的美好愿景为了满足实际的业务需求和技术约束都要被缩减。

2.另一个需要注意的问题是管理员后台的设计。大多数应用程序都有某种形式的管理功能，比如给其他用户分配权限和其他参数。在项目初期的谈论过程中很少会谈到这方面的内容，当项目推进到一定程度才提及，这会造成很尴尬的局面。将所有的模块和关键屏幕都制作好，让项目相关负责人组织评审，一旦同意，这个原型将作为变更管理和调整范围的依据。

大型项目

当使用 Axure 处理大型项目时，下面这些提示会对你有所帮助和启发。

Axure 可以促进设计的一致性，但要想真正做到设计的一致性，还需要专业的项目管理流程。

· 构建正确的线框图并贯穿整个团队。

· 给线框图中使用的部件创建一个命名规则，注释和评论也要标准化。

· 要花点时间训练新用户使用 Axure 的细节。

在项目开始时，充分考虑应用程序的每个模块和布局，并使用母版和动态面板，经过多次试验后确定一个切实可行的方案；在项目实施的过程中节省不必要的重复工作，提高效率。

一定要控制好项目的时间计划，根据项目过程中的预期与变动实时进行调整，比如用户测试或者比较重大的设计修改，这类事件都要考虑在内。通过以往的经验你会发现，几乎没有任何项目会完全按照你的计划顺利进行，所有（大型）项目推进的过程中都会遇到变化，而我们就是要妥善处理这些计划外的变化。

计划中要包含草图、线框图、低保真原型、视觉稿、高保真原型和规范文档。用户体验设计的定义源自于多项技术技巧，这些技术技巧能帮助你把创意转变成体验。无论你选择低保真还是高保真，草图、线框图和原型制作的根本目标都是交付出优秀的产品设计理念，而不是简单的产品。

项目中的不同角色

领导（投资者）

不管企业的类型或规模大小如何，任何高标准的用户体验设计都必须由上至下贯穿于整个项目。企业的最高项目负责人越是理解用户体验的重要性，用户体验设计师在整个团队中的重要性就更加突出。

显然，用户体验的重要性会受到项目负责人（领导）的理解认知、企业规模、项目大小、你的资历（如话语权、成功案例等）影响。但是，下面这两种情形仍然是很常见的。

对小公司来说，这个项目可能非常重要，项目的直接领导也会密切关注，有时甚至过于密切以至于直接参与，影响到你的设计并控制设计结果。这种情况下你一定要注意，这个项目的直接负责人并不一定是公司的领导，他对产品设计的影响可能与公司真正的需求并不相同。

在大型企业中，你并没有机会去接触高层领导，你能接触到的最高领导往往就是该项目的直接负责人，因为大型企业的组织层次都比较复杂。不过，这类项目负责人通常也有较为丰富的经验，你的工作也将在相关负责人的审查下进行。

项目经理

项目经理负责跟踪项目的进度，协调资源分配，促进解决方案，帮助解决障碍。在一些项目中，并没有设定项目经理这个职位，这对于中型和大型项目来说和可能会导致一些问题。

如果项目中没有项目经理，这是一个锻炼自己的好机会，一定要付出更多的细心和努力，因为用户体验设计师也是贯穿于整个项目中的重要角色，对项目流程十分熟悉，也应该拥有把控整个项目进度的能力。

如果有项目经理，一定要和他沟通整个计划，提出你所有不清晰的疑问，不要擅自做任何假设。例如，有时候计划中并不包含将高保真视觉稿制作成详细的高保真原型，有时没有为可用性测试中安排招聘测试人员的时间，这需要你与项目经理密切沟通调整。项目经理的计划越精细，在项目推进的过程中跟踪管理也就越方便。

开发工程师

大家都知道用户体验和软件开发是互补的过程。然而，我们却经常发现用户体验和工程开发之间似乎有一道障碍，经常产生摩擦，虽然原因有很多，但最根本的解决方法就是沟通。

有些情况下，即便打磨好高保真原型之后，开发人员和交互设计师沟通细节依然会产生摩擦。开发团队负责人经常担忧用户体验设计师总是不考虑现有技术的限制和新的用户体验对性能的影响，对开发中所涉及的可访问性和实现的复杂程度缺乏认识。而这些担忧常常是真实存在的。

不过，在 Axure 中可以通过可视化的交互效果和丰富的综合注释功能改善与开发团队沟通环境。对原型的分析、评估、注释、调整等都可以在开发周期的早期开始进行，有效降低开发团队的压力。

视觉设计师

在需要快速设计高保真原型的项目中，视觉设计是一项艰巨的挑战，因为在线框图与视觉设计之间存在非常大的差距。通常我们先使用 Axure 制作比较粗糙的表达设计概念的线框图，然后快速迭代。这些线框图的信息架构、操作任务和布局通常都是暂定的。使用 Axure 可以不断优化巩固这些粗糙的想法，直到制定出最终的交互模式。这些线框图，也许比较引人注目，但都是使用灰色的线条、色块设计的。 作为用户体验设计人员，我们必须隔离那些并不适合于当前设计阶段的反馈，如果在设计早期就使用丰富的颜色和图像，用户和投资人往往都会受到影响，而难以提出真正有价值的反馈。

当视觉设计师介入用户体验设计流程后，原来的丑小鸭（线框图）变成了美丽的天鹅（视觉稿）。此时，这两组设计会分别继续进行各自的工作，视觉设计按规格切图；交互设计继续制作规范和注释。

有时，交互设计师并不完全欣赏视觉设计师的作品。因为在大多数情况下，视觉设计师并不会真正深入理解应用程序的设计理念，而且他们用来进行视觉设计工作的时间也比较短，在这种情况下要设计出优秀的视觉稿确实是非常大的压力与挑战。

你必须了解清楚视觉设计的时间计划，并将其添加到你的时间表中，因为当视觉设计通过批准后，你需要将视觉稿体现在高保真原型和规范文档中，所以一定要与视觉设计师保持顺畅的沟通。

用户体验设计师

一旦你从事这份工作，你就会发现自己在团队（项目）中的位置非常独特，经常"斡旋"于开发工程师、系统功能、视觉设计、用户、业务逻辑、项目经理、投资人之间，你也许会问"这不是产品经理该做的事情么？"如本书开头所述，在大多数公司中，企业对产品经理和用户体验设计师并没有明确的界限，甚至很多公司将其混为一谈，但这对于现在的你来说并不重要，因为这种情况在较长时期内不会有明显改变。

无论你是产品经理还是用户体验设计师，都必须深刻理解利益相关者的视角（他们到底想要什么）并与其密切沟通。这不仅仅是为了实现良好的设计，营造无障碍的协作环境，还能够让你有效控制项目进程中的变化，让项目按照你的时间表顺利推进。

然而，你是否已经准备好拥抱 Axure 了？先不要急，以下几点可以帮你作为参考。

· 你是公司中唯一使用 Axure 的用户吗？或者说你是一名独立的顾问？

· 回顾一下到现在为止你创建项目时所使用的工具，是否有亟待解决的空缺需要填补？而这些空缺正是 Axure 所能填补的？

· Axure 这款工具已经越来越流行了，学习这款工具能给你带来新的就业机会或者提升自己的竞争力吗？

· 你是设计类公司的全职员工还是小型设计团队的成员？

· 使用 Axure 的功能特色，如团队协作功能，重复使用自定义部件库、母版等，提高效率的同时降低成本，这些优点能否为你带来新的机会，承接更加有挑战的项目（赚更多的钱）？

总结

要做一名成功的用户体验设计师，我们必须要综合表达许多不同的信息，很多情况下这些信息甚至是相互矛盾或冲突的。我们要熟悉业务流程，了解技术约束和用户体验对性能的影响，做用户研究和数据分析等。最后，我们要在各种纷乱的条件和信息中找到至关重要的平衡，并创建最佳的、可行的用户体验，无论在何种设备何种系统上，都不能阻止我们探索和前进的脚步。由此可见，一款能够帮助我们构思、可视化设计、沟通、协作、注释和创建规范文档的专业用户体验设计工具是非常宝贵的。Axure 被许多人誉为全世界用户体验行业中最好的设计工具之一，因为该公司从未间断对用户体验的不断升级与追求，他们与广大用户体验设计师密切沟通，听取建议与意见，增加各种丰富的复杂的功能需求，并且不断证明这是能够帮助我们解决工作需求的正确工具。

在下面的章节中，我将为你介绍 Axure 所提供的丰富特性，你会更深刻地体验到 Axure 如何在工作环节中满足你的需求。不过，请牢记：Axure 只是一款工具，在工作中最重要的元素正是你和你的思想。只有你驾驭 Axure 之后才能将想法和这款工具发挥出最大的价值。

第 1 章

Axure 基础交互

Axure RP7 相较之前的版本做出了很大的改变，无论是你刚刚接触 Axure RP7 的新人，还是曾经使用过 Axure 的其他版本，在深入学习之前都有必要花一些时间来发现它的新特性并熟悉它的功能。Axure 是一款功能强大的工具，但能否用好它取决于你的学习态度和自学的毅力。

本章将帮助你熟悉 Axure 的软件界面，并对掌握其丰富功能打下坚实的基础。Axure 可适用于 Windows 系统和 OS X 系统，为了方便教学，我在书中的截图统一采用 Axure RP7 的 Windows 版本进行讲解。本章内容包含以下知识点：

1.1 欢迎界面

当你初次安装 Axure RP7 并启动之后，你首先会看到一个欢迎窗口，见图 1。在弹出的欢迎窗口中，你可以选择以下操作。

A：显示最近打开的项目，或者打开一个新的项目。

B：新建一个项目（.rp 后缀的文件，稍后给大家讲解 Axure 中不同后缀的文件）。

C：查看当前 Axure 的版本号。Axure RP7 版本发布后更新频率较高，每次都会修复一些已经的 Bug，所以希望大家保持更新到最新版本。要检查是否发布了最新版本，点击菜单栏中的"帮助 > 检查更新"，见图 2。

图 1

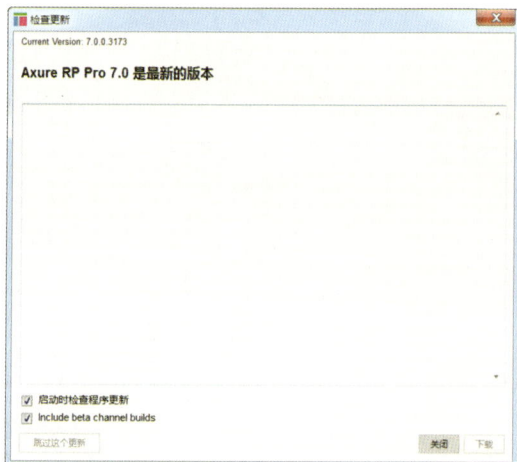

图 2

1.1.1 Axure 的文件格式

Axure 包含以下 3 种不同的文件格式。

.rp 文件：这是设计时使用 Axure 进行原型设计师所创建的单独的文件，也是我们创建新项目时的默认格式。

.rplib 文件：这是自定义部件库文件。我们可以到网上下载 Axure 部件库使用，也可以自己制作自定义部件库并将其分享给其他成员使用。

.rpprj 文件：这是团队协作的项目文件，通常用于团队中多人协作处理同一个较为复杂的项目。不过，在你自己制作复杂的项目时也可以选择使用团队项目，因为团队项目允许你随时查看并恢复到任意的历史版本。

1.1.2 团队项目

团队项目可以全新创建，也可以从一个已经存在的 RP 文件创建。

在创建团队项目之前，你最好有一个 SVN 服务器或者网络驱动器，见图 3。

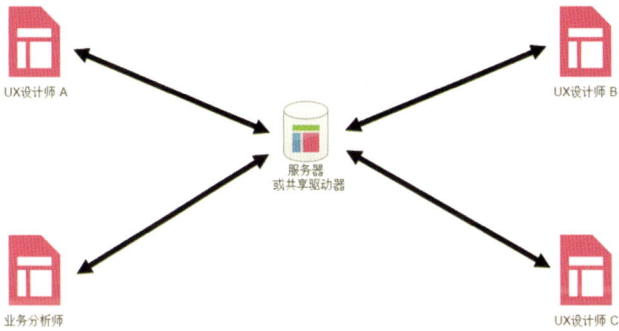

图 3

1.1.3 工作环境

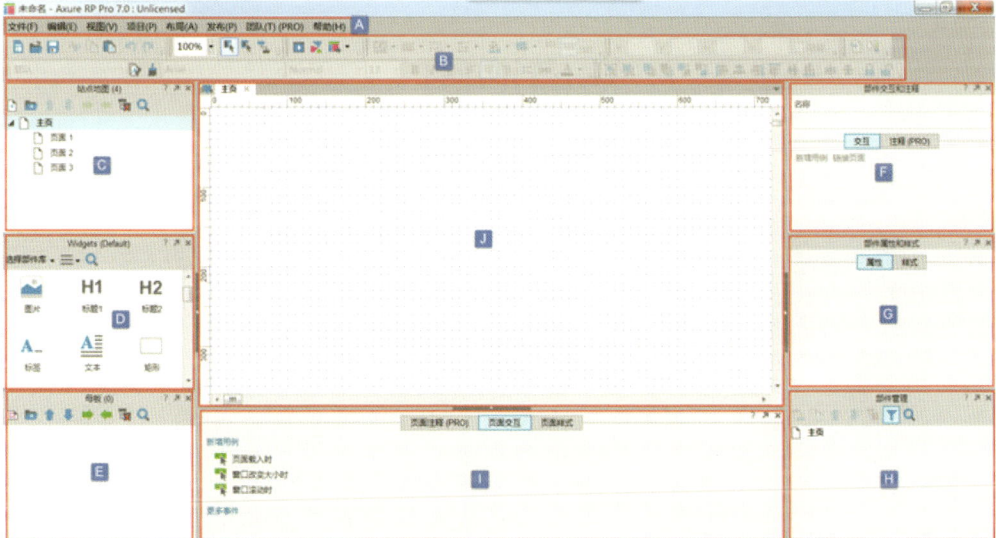

图 4

A：菜单栏　B：工具栏

C：站点地图面板　D：部件面板　E：母版面板

F：部件交互和注释面板　G：部件属性和样式面板　H：部件管理面板

I：页面属性面板，包含页面注释、页面交互、页面样式选项卡

1.1.4 自定义工作区

你可以根据自己的使用习惯对工作区域进行自定义设置。

显示 / 隐藏某个面板：点击菜单栏中的"视图 > 面板"选项，在这里可以勾选或取消勾选，设置对应面板的显示和隐藏，见图 5。

分离面板：某些情况下，我们想让设计区域变得更大些以便我们顺畅工作，这时可以设置左侧、右侧、底部的面板分离（弹出）。要弹出某个面板，只需点击该面板右上角的弹出按钮即可，见图 6。

但是，你无法改变这些面板的默认位置，如站点地图面板默认在左上角，你无法让它默认停靠在其他位置。

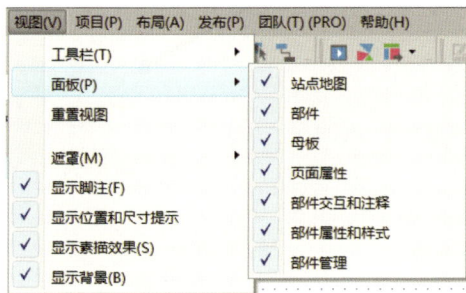

图 5

图 6

1.2 站点地图

站点地图用来增加、删除和组织管理原型中的页面。添加页面的数量是没有限制的，但是如果你的页面非常多，强烈建议使用文件夹进行管理，见图 7。

1.3 部件概述

通过部件面板，你可以使用 Axure 内建的部件库，也可以下载并导入第三方部件库，或者管理你自己的自定义部件库。在默认显示的线框图部件库中包含 Common、Forms 和 Menus and Table3 个类别，关于流程图部件库稍后给大家介绍，见图 8。

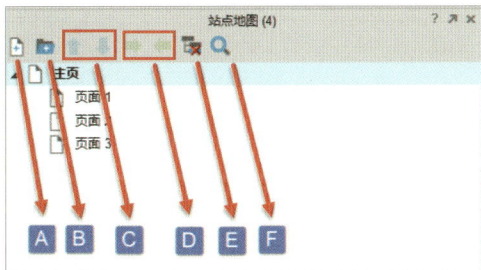

图 7

图 8

A：创建新页面　B：创建新文件夹

C：使用上下箭头管理页面顺序

D：使用左右箭头管理页面的层级关系

E：删除页面

F：搜索页面

A：点击选择部件库，在下拉列表中选择想要使用的部件库。

B：选项按钮，可以载入已经下载的部件库，创建或编辑自定义部件库。

C：搜索部件

1.3.1 部件详解

线框图是由一系列部件构成的，要添加部件，只需将需要的部件拖放至设计区域即可。不过，这 Axure 中内建的部件分别有着不同的属性、特性和局限性，要想学好 Axure 这款软件，首先要熟悉这些基础部件。

1. 图片（image）

图片部件可以用来添加图片和插图，显示你的设计理念、产品、照片和更多。

图 9

·导入图片和自动大小：拖放一个图片部件到设计区域并双击导入图片。Axure 支持常见的图片格式，如 GIF、JPG、PNG 和 BMP。当询问你是否自动调整图片大小时，点击"是"将图片设置为原始大小，点击"否"图片将设置为当前部件的大小，见图 9。

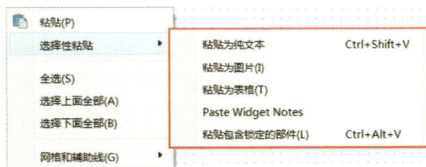

图 10

·粘贴图片：图片还可以从常用的图形设计工具（如 Photoshop）和演示工具中复制粘贴到 Axure 中。此外当我们从 CSV 或 Excel 复制内容时，可点击右键，选择"粘贴为图片 / 表格 / 纯文本"；或直接按 Ctrl+V，在弹出的对话框中选择，见图 10。

·添加 & 编辑图片文字：你可以给导入的图片添加编辑文字，双击导入图片后，右键点击图片然后选择"编辑文字"；还可以给添加的文字编辑样式，如颜色、大小、字体等，见图 11。

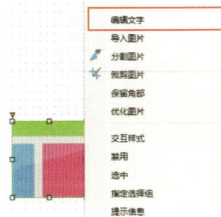

图 11

• 保持比例缩放图片：按住 Shift 键，同时用鼠标拖动图片部件边角的小手柄，可以按纵横比例缩放图片，见图 12。

• 图片交互样式：图片可以添加交互样式，如鼠标悬停时、鼠标按下时、选中时和禁用时。右键点击图片，并选择"交互样式"或者在部件属性面板中进行设置。当添加完交互样式后，在图片的右上角会出现一个黑白的小方块，鼠标悬停在小方块上（或点击小方块）可以预览交互效果，见图 13。

• 图片选择组：和单选按钮组相似，图片也可以被分配到图片选择组，当选择组中的图片设置了选中样式后，点选其中一张图片，其他图片都会被设置为默认样式。要将图片设置到选择组，先选择图片，然后点击右键选择"指定选择组"，或者在部件属性面板底部设置选项组名称，见图 14。

Tips

要给每张图片都添加"鼠标点击时"事件，设置该图片选中状态值为真，才能生效。在后面的综合案例中会有详细介绍。

图 12

图 13

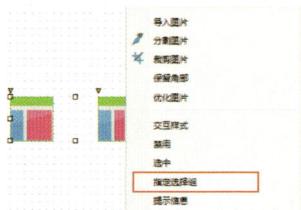

图 14

• 分割 / 裁切图片：图片部件可以被水平或垂直裁切，这样可以非常方便地处理导入的截图。右键点击图片，选择"分割图片"或"裁切图片"或在部件属性面板中选择，见图 15。

分割图片（Slice）：将图片分割成多个水平或垂直的部分。

裁剪图片（Crop）：选择你想保留的图片区域。

• 图片边界和圆角：通过选择工具栏中的线宽和线条颜色就可以给图片添加边框。也可以通过拖动部件左上角的圆角半径控制手柄，或是进入部件的样式面板设置图片圆角，见图 16（A: 自左至右分别是图片线条颜色、线条宽度、线条样式；B: 圆角半径控制手柄）。

• 图片的不透明度：图片可以调整透明度，在部件样式面板中输入不透明度百分比即可，见图 17。

图 15

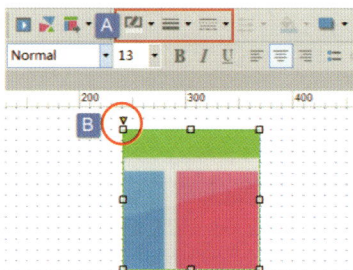

图 16

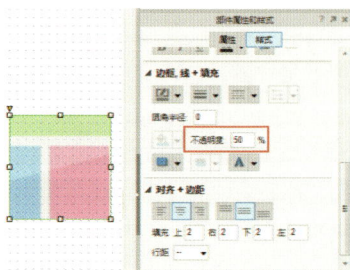

图 17

• 优化图片：大图片会使你的 RP 文件增大，还会影响浏览质量，使用优化图片可以在不改变图片大小的前提下减小图片大小，但是这有可能影响图片质量。要优化图片，右键点击图片并选择"优化图片"，见图 18。

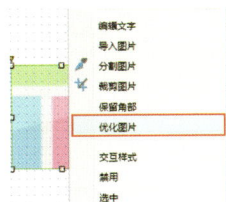

图 18

H1、H2、标签、文本、矩形、占位符、形状按钮：这几个部件都属于形状部件，默认的标签和文本的样式可以在部件样式编辑器中进行编辑。

• 添加文本：选中形状部件后点击右键，选择"编辑文字"，即可添加文本，也可以双击形状部件后进行编辑添加。

选择形状：形状部件可以改变各种形状，包括矩形、三角形、椭圆形、标签、水滴和箭头等。要改变部件形状，先选择该部件，然后单击部件右上角灰色圆圈选择形状，或者在部件属性面板中选择形状，见图 19。

• 形状部件的格式：形状部件允许使用富文本格式，包括编辑字体、字体大小、字体颜色、粗体、斜体、下划线，并改变对齐方式。你也可以改变填充颜色、线条颜色、线宽和线模式。要更改形状的格式，点击控件，在顶部的工具栏格式中进行设置，见图 20。

Tips

导入 GIF 动态图片时不要使用优化，这样会导致图片失去动态效果。

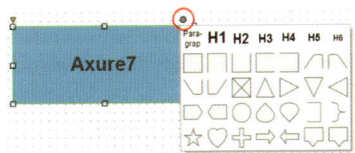

图 19

图 20

• 自定义样式：使用部件样式编辑器可以集中管理部件，包括形状的格式。例如，创建一个蓝色按钮的样式并将其指定给一些形状按钮，然后在部件样式管理器中修改填充颜色，这样所有使用蓝色按钮样式的形状按钮都会更新到最新样式，见图 21。

• 设置交互样式：形状按钮可以像图片部件那样添加鼠标悬停时、鼠标按下时、选中时、禁用时的交互样式。右键点击形状部件并选择"交互样式"，打开交互样式对话框，你可以添加任何可用的格式和样式，见图 22。一旦提交样式，在设计区域中部件的右上角会增加一个由黑白色块，将鼠标悬停在小方块上（或者点击小方块）可以预览交互样式，见图 22。

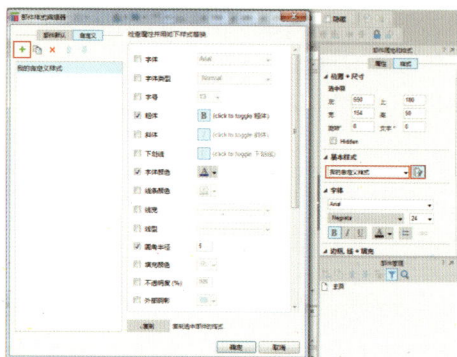

图 21

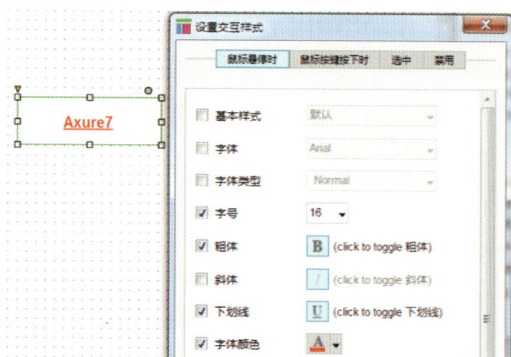

图 22

Tips

鼠标点击设置部件为选中的动作要添加在每个选项组部件上才能正常工作！

· 指定形状按钮到选择组：与单选按钮组效果类似，当选项组中的一个形状部件点击设置为选中状态后，选项组中的其他形状部件都会切换到默认样式。要将形状部件添加到选择组，首先选中要添加到选项组中的形状部件，点击右键，设置选项组名称，或者到部件属性面板底部设置选项组名称。

· 圆角：使用形状部件可以添加圆角效果。要添加圆角效果，选中形状按钮部件，拖动部件左上角的黄色小三角调整圆角半径，或者到部件样式面板中设置圆角半径，见图 23。

· 转换形状 / 文本部件为图片：若想使形状部件转换为图片且保留形状按钮部件上已经添加的注释和交互，可以使用"转换为图片"功能。右键点击想要转换的形状按钮，选择"转换为图片"，见图 24。

· 自适应宽高：形状部件拥有自适应宽高属性，这是为了自适应其文字内容的宽高，取代手动指定尺寸和文字换行。设置自适应宽高的快捷操作是，双击大小调整手柄。双击左右手柄会自动调整宽度，双击上下手柄自动调整高度适应其内容高度，双击左上、右上、左下、右下 4 个角会自动调整宽度和高度适应其文字内容，见图 25。

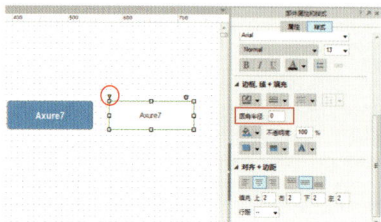

图 23

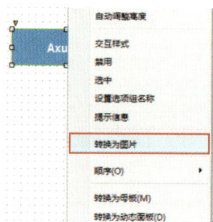

图 24

图 25

· 阴影：通过添加外部阴影、内部阴影和文字阴影可以增加原型的保真度。要添加阴影，可以在顶部的工具栏和部件样式面板中设置，见图26。

· 不透明度：要设置形状部件的不透明度，在部件样式面板中设置不透明度的值，如50%（数值越小透明度越高），见图27。

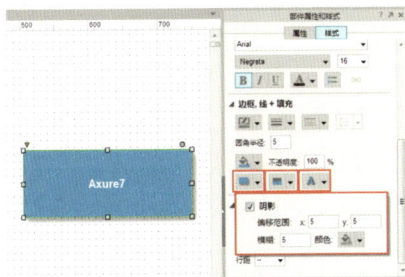

图26

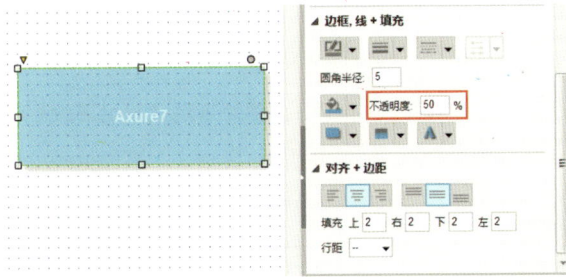

图27

形状部件的局限性

· 单独的边框样式：没有办法给形状按钮的不同边框分别设置样式。一种解决方法是使用水平线和垂直线画出边框。比如，创建一个形状按钮，顶部线条设置为白色，左右和底部的线条设置为黑色。

· 矢量图：通常可以将线条和形状组合起来接近想要的形状，但是没有钢笔工具绘制自定义形状。一个解决方法是使用矢量图绘制工具，如Photoshop，制作好图片后复制粘贴到Axure中或者导入图片。

· 复制形状样式：当复制形状按钮部件的时候，形状的样式也会被复制过来。不过可以使用格式刷工具复制样式，并粘贴给其他指定部件。

Tips

矩形和形状按钮是完全相同的部件，只是默认的外观有所不同而已。形状按钮添加了圆角效果，而矩形没有。

2．水平线和垂直线（Horizonal & Vertical Lines）

最常见的用法是将原型中的内容分解成几个部分，比如，将页面分为header 和 body。

· 给线条添加箭头：线条可以通过工具栏中的箭头样式转换为箭头。选中线条，在工具栏中点击箭头样式，在下拉列表中选择你想要的箭头样式，见图28。

· 线宽、颜色和样式：线条可以添加颜色、设置宽度和添加样式，在工具栏中设置即可，见图29。

· 旋转箭头：要旋转线条或箭头，PC 机按住 Ctrl，Mac 机按住 Cmd ，同时将鼠标悬停在线条末尾拖拽，或者在部件样式面板中设置旋转角度，见图30。

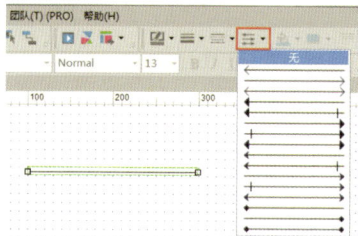

图 28

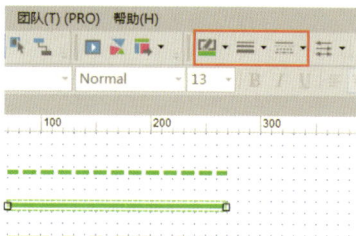

图 29

3．图片热区（Hot Spot）

图片热区是一个不可见的（透明的）层，这个层允许你放在任何区域上并在图片热区部件上添加交互。图片热区部件通常用于自定义按钮或者给某张图片添加热区。

· 图片热区可以用来创建自定义按钮上的点击区域。比如使用多个部件（图片部件、文字部件、形状按钮部件）来创建一个保真度较高的按钮，只需在这些部件上面添加一个图片热区并添加一次事件即可，无需在每个部件上都添加事件。

· 如果你想给一张图片上添加多个交互，或者给一张图片的某部分区域添加交互，就可以通过给图片添加图片热区部件来实现，见图 31。

· 编辑图片热区：图片热区在生成的原型中是透明的（不可见的），如果想在设计区域中也将其设置为透明，点击菜单 > 视图 > 遮罩，取消勾选"图片热区"即可。

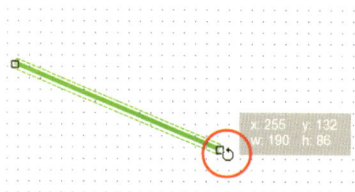

图 30

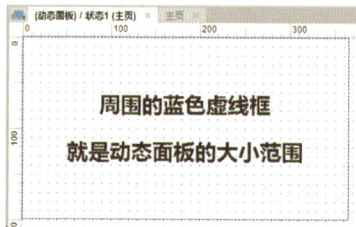

图 32

图 31

4. 动态面板（Dynamic panel）

动态面板是一个可以在层（或状态）中装有其他部件的容器。可以将动态面板比喻成相册，相册的每个夹层中又可以装进其他照片，每个夹层和里面的部件可以隐藏、显示和移动，并且可以动态设置当前夹层的可见状态。这些特性允许你在原型中演示自定义提示、灯箱效果、标签控制和拖拽等效果。在实际工作中你会发现，动态面板是在原型设计中使用最多的部件。

5. 动态面板状态（Dynamic panel states）

动态面板可以包含一个或多个状态，并且每个状态中可以包含多个其他部件。不过，一个动态面板状态只能在同一时间显示一次。使用交互可以隐藏／显示动态面板及设置当前动态面板状态的可见性。添加和调整动态面板大小最好的方法，就是将已有的部件转换为动态面板。选择想要放入动态面板状态的部件，右键单击，选择"转换为动态面板"，这个动作将自动创建一个新的动态面板，并将你选择的部件放入动态面板的第一个状态中。也可以拖拽动态面板部件到设计区域中，并使用部件上下左右的提示来调整大小。设计区域中动态面板的大小决定了其状态中包含部件的边界大小，也就是说，如果动态面板状态中其他部件的尺寸大于动态面板尺寸，那么超出的部分将不会显示。

· 编辑动态面板状态：编辑动态面板时，可以看到到一个蓝色虚线轮廓，这表示在动态面板中只能看到蓝色虚线轮廓范围内的内容（如果你的 Axure 并没有显示这条蓝色虚线框，请在部件属性面板中取消勾选"调整大小以适合内容"）。编辑动态面板状态中部件的操作，与你平时拖放部件是一样的，见图 32。

· 如果添加的部件大小超过了动态面板轮廓范围，那么可能需要使用添加滚动栏或勾选"调整大小以适合内容"了，当勾选此项后，动态面板的尺寸将与动态面板状态里面的部件尺寸自适应，见图 33。

· 添加动态面板状态：默认状态下，动态面板状态里面是空的，所以需要添加内容（部件）到动态面板状态中，要做这一步，在设计区域区中双击动态面板，或者在部件管理器（Widget Manager）中双击"动态面板状态"。在弹出的对话框中，可以添加、删除、重命名、复制或打开编辑动态面板状态。第一个状态是这个动态面板的默认状态。双击一个状态可以打开此状态进入编辑，见图 34。

A：添加一个新的动态面板状态

B：复制并新增一个已有的动态面板状态（其内容也会一起复制）

C：使用上下蓝色箭头给动态面板状态排序

D：编辑选中的动态面板状态

E：编辑全部动态面板状态

F：删除选中的动态面板状态

G：动态面板状态列表

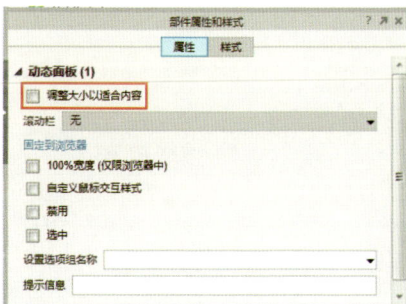

图 33

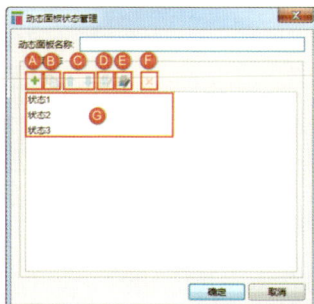

图 34

6. 动态面板交互

在设计区域中拖入一个动态面板部件后，就可以像平时那样在事件列表中选择事件，并添加用例来给动态面板添加交互效果。动态面板可用的动作包括：设置面板状态（Set Panel State）和设置面板尺寸（Set Panel Size），在稍后的章节后会给大家详细讲解动态面板事件。

• 设置动态面板状态：创建一个多状态的动态面板，并使用设置面板状态动作设置动态面板到指定状态，在用例编辑器（Case Editor）中选择动作并在页面列表中选择状态。在这个动作中，你可以同时设置多个动态面板的状态选择。这个动作可以用于切换标签状态、更改按钮上的内容或者下拉列表中的选择，见图 35。

• 设置动态面板属性

进入/退出动画（Animate In/Out）：替换动态面板状态时的过渡效果（例如淡入淡出、向上滑动等）。

显示面板（Show if hidden）：如果指定的动态面板是隐藏的，勾选这个选项会在执行动态面板状态设置的同时显示动态面板。

展开/收起部件（Push/Pull）：勾选此项，会使动态面板下面或右侧的部件自动移动，用于展开和折叠内容。

显示或隐藏一组部件：使用"隐藏/显示"动作来显示或隐藏动态面板当前状态的内容。在用例编辑器对话框中，在左侧的动作列表中选择动作。在设计区域中，给所有的部件命名是一种良好的习惯，这便于你找到想操作的部件。你可以在一个动作中选择多个面板设置隐藏/显示。

使用"切换（Toggle）"动作可以让面板在显示/隐藏之间切换，见图 36。

上一个/下一个状态：动态面板可以使用设置面板状态将其设置为上一个/下一个状态。意思是，如果你的动态面板当前状态是 1，这个动作（next）将会设置动态面板为状态 2，这样按顺序切换状态；而"上一个"（previous）与之顺序相反。

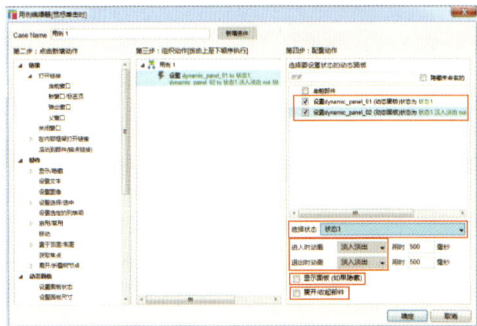

图 35

图 36

• 循环（Wrap from last to first）：勾选此项将允许动态面板状态进入无限循环，类似无限轮播的幻灯广告，当到达最后一个状态时，面板将会设置到第一个状态，从而进入无限循环。

循环间隔（Repeat every）：这个选项将给上下两个状态切换时添加时间间隔，1 秒 =1000 毫秒。这通常用于自动轮播图，见图 37。

停止循环（Stop Repeating）：当一个动态面板被设置为自动循环时，使用选择状态下拉列表中的停止循环选项，可以停止动态面板的自动循环。要继续被停止的循环，使用 "Next/Previous" 并勾选 "循环" 选项，可以重新启动被停止的循环，见图 38。

图 37

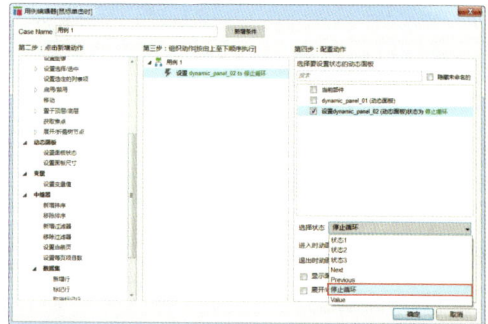

图 38

值（Value）：你可以使用值来设置动态面板状态，但是值必须与你想要显示的动态面板状态名称一致才可以正确显示。比如，你要基于上一个页面存储的变量值在新页面中使用 "页面加载时" 事件来设置动态面板到指定状态。这种情况下，你只需添加一条简单的用例即可，见图 39。

• 动态面板属性

调整大小以适合内容（Fit to content）：动态面板可以基于其内部面板的内容大小改变尺寸，使用调整大小以适合内容。除了上述方法，还是可以双击动态面板四周的小手柄状态，来调整大小以适合内容。注意，当动态面板里的部件被添加或删除时，动态面板会自动改变大小，见图 40。

图 39

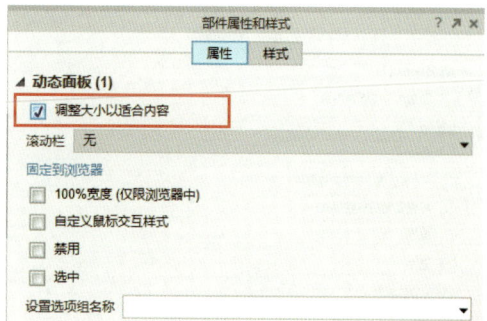

图 40

添加滚动栏（Scroll bars）：使用滚动栏给动态面板添加可滚动内容。在动态面板属性面板中选择滚动栏下拉菜单并选择滚动栏的显示方式。注意，为了让滚动栏正常显示，动态面板状态中的内容必须比动态面板的边界轮廓大，并且不能勾选"调整大小以适合内容"，见图 41。

固定到浏览器（Pin to Browser）：固定到浏览器，允许你创建固定的元素，如页头、页脚或侧边栏。当滚动窗口时，这些元素会停留在固定位置。选择动态面板，在动态面板属性面板中点击"固定到浏览器"，在弹出的对话框中勾选"固定到浏览器窗口"，然后按需选择水平固定 / 垂直固定，如有必要可输入指定边距，见图 42。

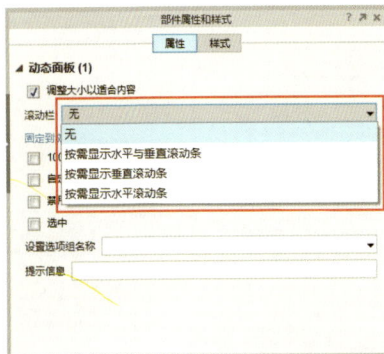

图 41

图 42

触发鼠标交互样式（Trigger Mouse Interaction Styles）：如果对动态面板状态里的部件设置了鼠标悬停时、鼠标按下时的交互样式，如果勾选此项，当对动态面板进行交互时就会触发动态面板状态内部部件的交互样式，见图 43。

100% 宽度（仅在浏览器中生效）：结合动态面板的背景颜色或图片，100% 宽度将会使动态面板背景色或背景图片自适应整个浏览器宽度。在动态面板属性面板中勾选"100% 宽度"，双击该动态面板，在弹出的动态面板状态管理器中双击任意状态，然后在底部的面板状态样式（Panel State Style）中，可以动态编辑动态面板背景，如果勾选了"100% 宽度"，背景在浏览器中会扩展至整个浏览器的宽度，见图 44。

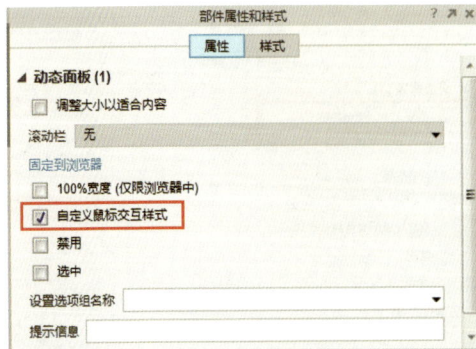

图 43

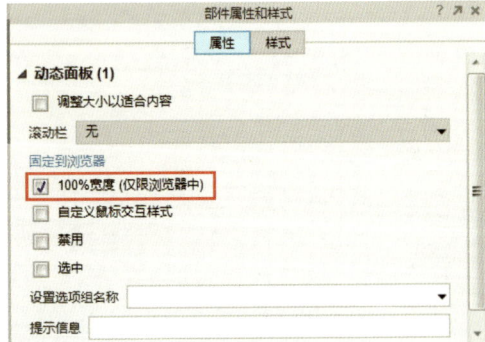

图 44

7. 内部框架（Inline Frame）

使用内部框架，可以嵌入视频、地图和 HTML 文件到原型设计中。

·嵌入外部内容：外部的 HTML 文件、视频、地图等内容都可以嵌入到内部框架中。对于视频和地图，选择链接到外部 URL；链接到本地已经存在的 HTML 文件，内部框架要链接到本地文件路径，见图 45。

·编辑内部框架

指定目标网址或视频地址：拖拽内部框架部件到设计区域，双击内部框架，在弹出的对话框中指定哪些内容要在内部框架中显示。可选择内部页面或者任何站外 URL，见图 45。

隐藏边框：右键点击内部框架，在弹出菜单中勾选"显示 / 隐藏边框"可切换显示内部框架周围的黑色边框，见图 46。

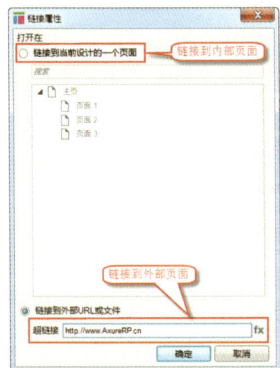

图 45

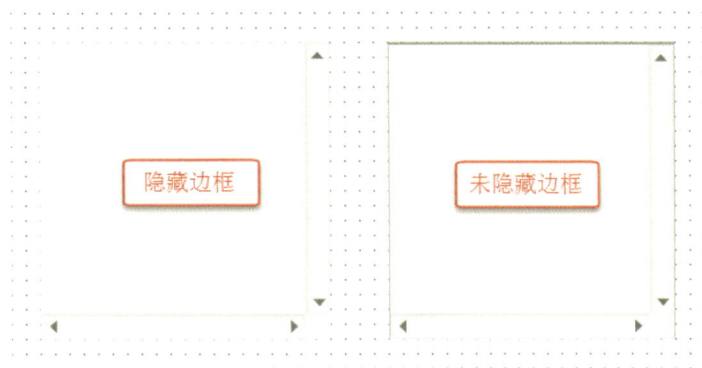

图 46

显示滚动条：要隐藏或按需显示内部框架的滚动条，可以右键点击内部框架，选择滚动条，或者在部件属性面板中设置滚动条。滚动条可以按需要显示（当内部框架内容大小超过内部框架时才显示），也可以总是显示，见图 47。

内部框架预览图片：你可以给内部框架添加 Axure 内置的预览图片，如视频、地图，也可以自定义预览图片。注意，预览图片会在设计区域中显示，但不会在生成的原型中显示，见图 48。

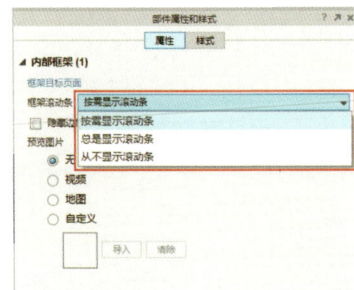

图 47

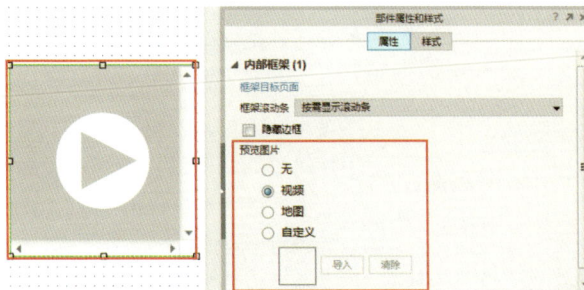

图 48

内部框架的局限性

·样式：内部框架的样式被限定为切换显示边框和滚动栏，如果想添加其他样式，请在内部框架下面添加矩形部件，然后调整矩形部件的样式即可。

·导航和传递变量：内部框架不能用来制作导航，也不能通过父页面传递变量和设置动态面板状态。你可以使用含有内容的动态面板来替代内部框架，实现内容滚动效果。

8. 中继器（Repeater）

中继器部件是 Axure RP7 中新增的一款高级部件，用来显示重复的文本、图片和链接。通常使用中继器来显示商品列表、联系人信息列表、数据表或其他信息。中继器部件由两部分构成，分别是中继器数据集和中继器的项。

·中继器数据集：中继器部件是由中继器数据集中的数据项填充，这些填充的数据项可以是文本、图片或页面链接。双击中继器，进入中继器数据集，在页面底部面板的最左侧标签可以看到，见图 49。

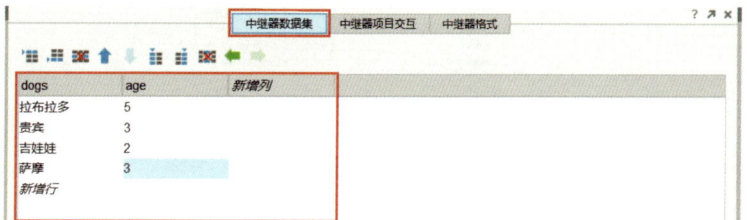

图 49

·中继器的项：被中继器部件所重复的布局叫做项（项目），双击中继器部件进入中继器项进行编辑，在下图（图 50）显示的数据区域中所展示的部件会被重复多次（数据集中有几行就重复几次）。

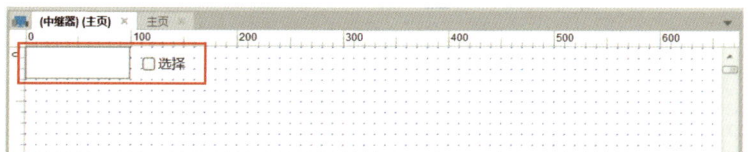

图 50

·填充数据到设计区域：使用每项加载时事件填充数据到设计区域。

插入文本（Inserting Text）：双击"每项加载时，OnItemLoad 事件"并使用设置文本动作插入文本到中继器。在用例编辑器中选择设置文本（Set text）动作，然后在用例编辑器右侧选择想要插入的文本部件，在右下角点击设置文本值（Set text to value），打开编辑文本（Edit text），然后点击 Insert Variable or Function，选择变量 [[Item.ColumnName]]，并点击"确定"按钮。当你的中继器项加载时，就会将数据集中列 (column)

的内容插入到你刚刚设置的文本部件中，见图51A。

导入图片（Import Image）：导入图片到数据集中并使用"设置图像"（Set Image）动作将图片插入到中继器的项中。不过要提前在中继器的项中添加一个图像部件，用来显示中继器数据集里面所导入的图片。在中继器数据集中右键点击要插入图片的项，点击"导入图片"并添加图片。然后双击"每项加载时Onitemload事件"，添加"设置图像"（Set Image）动作。选择要将图片插入到哪个部件，然后在默认下拉选项中选择"值"（Value），并在右侧点击fx，选择[[item.ColumnName]],点击"确定"按钮，见图51B。

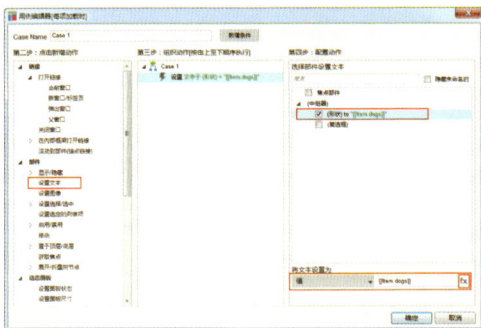

图51A

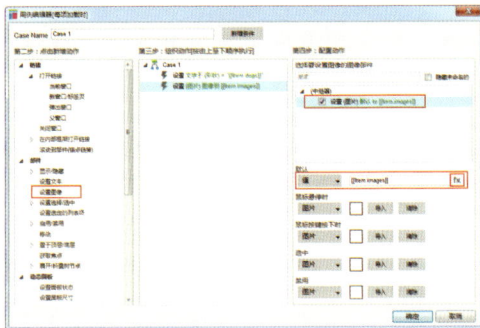

图51B

• 在中继器包含的部件中使用交互：中继器的数据可以添加交互，比如添加基于条件判断的页面链接。

插入页面链接（参照页）：中继器数据集的项中可以添加参照页（页面链接），当用户点击时就跳转到相关页面。右键点击一个空白项并选择"参照页"（Reference Page），然后选择"页面"。在中继器中选择一个想要触发页面跳转动作的部件，对其添加动作"在当前页打开"（Open Link in Current Window），然后选择"链接到外部URL或文件"（Link to an external url or file），点击fx，在弹出的编辑值（Edit Value）窗口中点击Insert Variable or function下拉列表，选择在数据集中添加了参照页的列名，见图52。

使用条件（Using Conditions）：数据集中的项值可以使用带有特定条件的动作进行评估，例如，可以设置数据集中名称为age的列，如果值大于2就设置为选择状态，这样可以突出显示特定的数据项，见图53。

图52

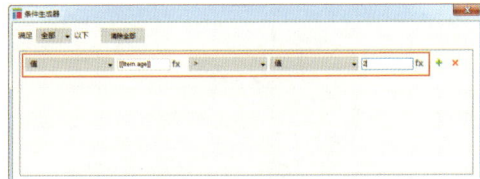

图53

• 中继器格式（Repeater Style），见图 54。

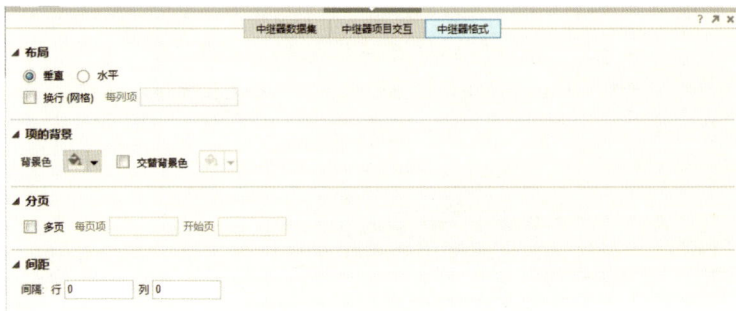

图 54

布局（Layout）：该设置允许改变数据的显示方式。

垂直（Vertical）：设置中继器数据集中的项垂直 / 垂直显示。

水平（Horizontal）：设置中继器数据集中的项水平 / 水平显示。

换行（Wrap Grid）：超过指定数量就换行 / 换列。

每列包含数量（Items Per Column）：设置每列中包含的数据项的数量。

项的背景色（Item Background）：给中继器添加背景色。

背景色（Back Color）：给每个中继器的项添加背景色。

交替背景色（Alternating Color）：给中继器的项添加交替背景色。

分页（Pagination）：设置在同一时间显示指定数量的数据集的项。

多页（Multiple Pages）：将中继器中的项放在多个页面中切换显示。

每页项的个数（Items Per Page）：设置中继器的项在每个单页中显示的数量。

开始页（Starting Page）：设置默认显示页面。

间距（Spacing）：设置行 / 列数据之间的间隔。

Row：设置每行数据之间，相隔的像素大小。

• 编辑文本框

文本框类型：文本输入框可以给定特殊的输入格式，主要用来调用移动设备上不同的键盘。

可选格式：文本、密码、Email、number、phonenumber、url、搜索、文件、日期、month、time。

要设置文本输入框格式，在部件属性面板中进行设置，见图 55。

• 提示文字：在部件属性面板中还可以给文本输入框添加提示文字，同样也可以编辑提示文字的样式。提示文字会在鼠标点击文本框时消失，见图 56。

• 禁用文本框：要防止有文字输入到文本输入框，可以在部件属性面板中勾选"禁用"。文本输入框还可以在用例编辑器中使用禁用动作，将其设置为"禁用"，部件被设为禁用后就变成了灰色，见图 57。

图 55

图 56

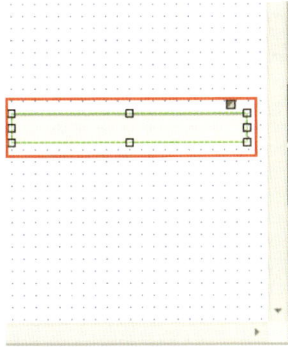

图 57

· 设置文本框为只读：当文本输入框设置为"只读"后，它只可以被选择，但无法对其内容进行删改。要将文本输入框设置为只读，在部件属性面板中勾选"只读"即可，见图 58。

图 58

· 隐藏边框：可以通过切换显示文本输入框的边框来创建自定义文本框。要隐藏文本输入框周围的边框，右键点击该部件并勾选"隐藏边框"，或者到部件属性面板中勾选。你还可以给文本框添加背景色或设置为透明，见图 59。

图 59

9. 文本段落（Text Area）

文本段落大多情况下用在留言 / 评论效果上。文本段落可以输入多行文本，而且可以调整至任意你想要的高度。

· 文本段落的属性除了不能设置类型，其他和文本输入框相同，可参考文本输入框部件。

文本段落部件的局限性在于，不能添加渐变背景色，但可以将其背景设置为透明，再添加一个填充颜色的矩形部件，置于文本段落底部即可。

10. 下拉列表（Drop List）

下拉列表经常用于性别选择、信用卡过期日期、地址列表等形式。所选择的项存储在变量中，然后通过变量进行传递。

· 编辑下拉列表

添加、删除、排序选项：双击下拉列表，打开编辑选项，在这里你可以对下拉列表中的项目进行添加、删除和排序，见图 60。

A：新增列表项
B：使用蓝色箭头管理列表
项顺序
C：删除选中列表项
D：删除全部列表项
E：批量添加列表项
F：列表项

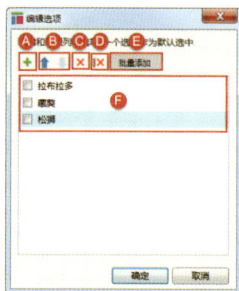

图60

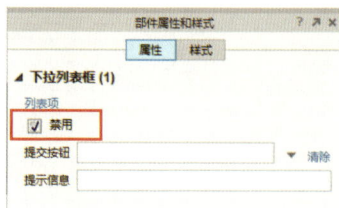

图61

禁用下拉列表：默认情况下，拖拽下拉列表到设计区域中，该部件是启用的。但某些情况下需要禁用下拉列表。你可以右键点击该部件并选择勾选"禁用"，或者到部件属性面板中勾选。下拉列表的启用 / 禁用，可以在用例编辑器的动作中进行设置，见图 61。

创建空白选项：在生成的原型中，下拉列表默认显示最上面/第一个选项。虽然不能创建空白选项，但是可以创建一个选项并添加一个空格，这样可以替代空白选项，见图 62。

11. 列表选择框（List Box）

通常用来替代下拉列表 ，如果你想让用户查看所有选项而不需要点击选择的话，就使用列表选择框替代下拉列表。

· 编辑列表选择框：项目的添加、删除、排序和批量添加操作，和下拉列表框都是一样的。唯一不同的是，列表选择框可以设置为允许多项选择，见图 63。

图62

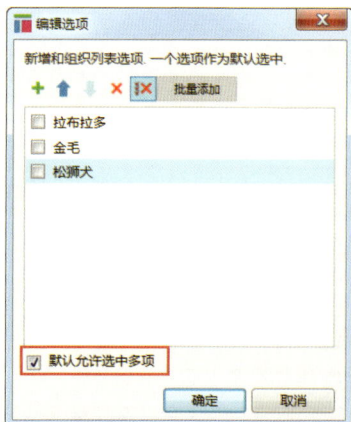

图63

· 列表选择框的局限性

动态添加、删除项目列表框内的选项不能动态改变，但可以使用多个动态面板状态中包含不同的选项来实现。

在一个交互事件中不能同时读取或设置多个选项，即便你勾选了多选功能，列表选择框部件只允许你读取或设置一个选项。

12. 复选框（Check Box）

复选框经常用来允许用户添加一个或多个附加选项。

· 编辑复选框：要将复选框默认设置为勾选，可以在设计区域单击复选框或者右键选择选中。复选框可以通过用例编辑器中的动作设置为"选择 / 选中"进行动态设置。

· 对齐方式：默认情况下，复选框在左侧，文字在右侧。你可以通过部件属性面板调整左右位置。

· 禁用复选框：默认情况下复选框是启用的，但有些情况需要禁用复选框。禁用复选框可右键点击，选择"禁用"，或者在部件属性面板中选择禁用，见图64。

· 复选框的局限性

自定义复选框样式：复选框只可以给文字更改样式。如果想给复选框更改样式，可以使用动态面板制作自定义复选框。

与单选按钮不同：复选框不能像单选按钮那样指定单选按钮组。

13. 单选按钮（Radio Button）

单选按钮经常用于表单中，从一个小组的选择切换到另一组。该选择可以触发该页面上的交互或被存储的变量值跨页交互，见图65。

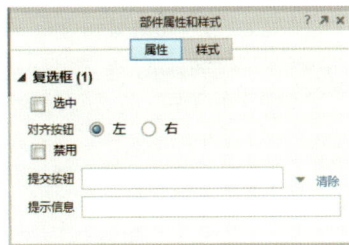

图64

图65

· 指定单选按钮组：当单选按钮添加到组中后，一次只能将一个单选按钮设置为选中状态。选择你想要加入到组中的单选按钮，然后右键点击，指定单选按钮组，或者在部件属性面板中设置单选按钮组名称。如果你想添加多余的单选按钮到组中，右键点击该单选按钮，选择"指定单选按钮组"，在弹出的对话框中选择对应的单选按钮组名称。要将单选按钮从组中移出，右键点击单选按钮，选择"指定单选按钮组"，将群组名称清空，点击"确定"按钮，见图66。

• 对齐方式：默认情况下，单选按钮在左侧，文字在右侧。 你可以通过部件属性面板，调整左右位置。

• 禁用单选按钮：默认情况下单选按钮是启用的，但有些情况需要禁用单选按钮。右键点击单选按钮，选择"禁用"或者在部件属性面板中选择禁用。

• 设置默认选中或动态选中：单选按钮可以在设计区域点击设置为默认选中，或者右键单击勾选选中。这样生成原型单选按钮默认是选中的。单选按钮也可以通过设置"选择 / 选中"动作动态设置其选中状态。

• 单选按钮的局限性：单选按钮是固定的高度和宽度，你可以改变文字，但无法改变按钮形状。

14. 提交按钮（HTML Button）

为操作系统的浏览器体验而设计，HTML 按钮的格式取决于你浏览原型的操作系统中的浏览器。它通常针对你的浏览器内置了鼠标悬停时和鼠标按下时的样式，和你操作系统中应用程序的样式类似。

• 编辑提交按钮：提交按钮的填充颜色、边框颜色和其他大多数样式格式都被禁用了，取而代之的是，生成原型后在浏览器中它会使用内建的样式。不过，提交按钮可以改变大小和禁用。如果你想自定义按钮样式，请使用形状按钮（Button Shape）。

• 提交按钮的局限性

提交按钮无法设置交互样式，如选中时 / 鼠标悬停时 / 鼠标按下时。

提交按钮也无法动态读取或写入按钮上的内容。

15. 树部件（Tree）

树部件可以用来模拟一个文件浏览器，点击不同的节点将隐藏和显示一个动态面板的不同状态。当一个页面内有太多交互的时候，也可以点击树节点来跳转到新页面，见图 67。

图 66

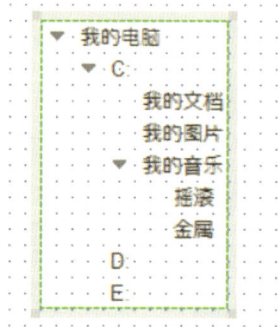

图 67

· 添加 / 删除树节点：右键点击一个节点，在弹出菜单中可以添加 / 删除 / 移动节点。子节点将会添加到该节点的下一层。在该节点前 / 后添加，是同级节点，见图 68。

· 添加树节点图标：给你的树部件添加自定义图标，右键点击一个节点并选择"编辑图标"，导入一个图标，并选择应用到"该节点 / 同级节点"或"该节点、同级节点和所有子节点"。关闭对话框，然后右键点击树，选择"编辑树属性"，在弹出窗口中勾选"显示图标"，见图 69。

图 68

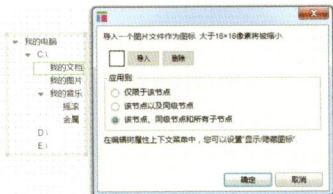

图 69

· 自定义展开 / 收缩图标：右键点击，选择"编辑树属性"，在弹出对话框或部件属性面板中，可自定义展开 / 收缩图标，见图 70。

· 树节点的交互样式：树节点可以添加鼠标悬停时 / 鼠标按下时 / 选中时的样式。右键点击树节点并选择"交互样式"，或者在部件属性面板中设置，见图 71。

图 70

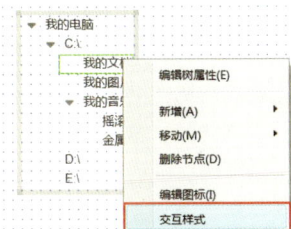

图 71

· 树部件的局限性

包含树部件的边框不能自定义格式。如果想制作自定义的树部件，使用动态面板组合可以制作出你想要的效果。

树节点可以上传图标，但是不能动态隐藏 / 显示嵌入到树节点中的部件。

16. 表格（Table）

通常通过交互（如点击鼠标）在单元格中动态显示数据。

· 添加 / 删除行和列：要添加行 / 列，点击右键单元格，在弹出菜单中选择插入 / 删除行或列，见图 72。

· 交互样式：表格中的单元格可以设置鼠标悬停时 / 鼠标按下时 / 选中的交互样式，右键点击单元格（可以同时按下 Ctrl 进行多选），然后在部件属性面板中设置交互样式。

・表格的局限性

鼠标单击单元格无法输入文字，单元格默认要双击才可以输入文字。要实现单击输入文字状态，可以使用 Text Field 部件覆盖在单元格上面。

不能同时添加多行或多列，表格只允许每次添加一行或一列。

不能动态添加行或列。如果希望使用动态添加行 / 列功能，请使用中继器部件。

不能对表格中的数据进行排序和过滤。

17. 经典菜单（Menu）

菜单部件通常用于母版之中，其目的是在原型中跳转到不同页面。

・编辑菜单：要编辑菜单，点击右键，在弹出菜单中选择在之前 / 之后新增菜单项、删除菜单、新增子菜单，见图 73。

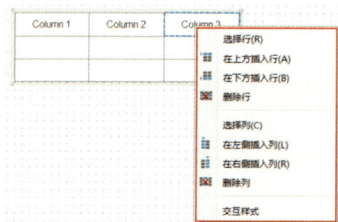
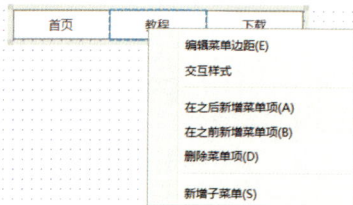

图 72   图 73

・菜单样式：使用工具栏或部件样式面板可以编辑菜单样式，如填充颜色、字体颜色和字体大小等。需要注意的是，子菜单是通过父菜单获取格式的，见图 74。

・菜单的交互样式：菜单可以添加交互样式，鼠标悬停时 / 鼠标按下时 / 选中时，选择要添加样式的菜单（可以按住 Ctrl 多选），右键选择交互样式，或者在部件属性中设置，如仅该菜单项、仅该菜单、该菜单及所有子菜单，见图 75。

Tips

需要注意设置的交互样式被应用到了哪里。

图 74   图 75

・菜单部件的局限性

无法嵌入图标和部件。但是，可以通过创建自定义菜单来实现。

无法点击展开子菜单。菜单部件默认是鼠标悬停展示子菜单的。

1.3.2 部件操作

1. 添加、移动和改变部件大小

• 添加部件：只需在左侧部件面板中拖拽部件到设计区域，也可以从一个页面中复制部件并粘贴到另一个页面中。

• 移动部件：拖拽它们到想要的地方或使用方向键。使用方向键每次移动部件 1 像素；使用 Shift+ 方向键每次移动部件 10 像素；Ctrl+ 鼠标拖放快速复制并移动新部件到指定位置；Shift+ 鼠标拖拽按 X、Y 轴移动部件；Ctrl+Shift+ 鼠标拖放按 X、Y 轴复制并移动新部件到指定位置。

• 改变部件大小：先选中部件，然后拖拽部件周围的手柄工具；也可以使用坐标和大小（在编辑工具栏和部件属性面板，这两个位置都可以）；还可以选取多个部件，同时移动并改变它们的大小。

• 旋转部件：选择想要旋转的形状按钮部件。PC 请按 Ctrl，Mac 请按 Cmd，然后将鼠标悬停在部件的边角上并上下拖拽鼠标；还可以输入要旋转的角度值。在部件属性和样式面板中，选择样式标签并输入要旋转的值。

• 文本链接：链接可以添加到文本部件上，首先双击并选中要添加链接的文字内容，然后在工具栏或属性面板中点击超链接按钮，在弹出的对话框中选择"链接到其他页面或外部链接"，添加链接后，文字将被突出显示。

• 组合多个部件：首先选择多个部件，点击右键，选择组合（按 Ctrl+G），还可以使用工具栏对部件进行组织、对齐、分布或锁定。你可以选择并编辑组合中的指定部件而不会影响到其他部件，见图 76。

• 改变选择模式：在 Axure 中有"选择随选模式"和"选择包含模式"两种选择模式可以在工具栏中找到（PC 在缩放右侧，Mac 在左上角）。

"选择随选模式"是默认的，当你点击或拖动鼠标选择区域时，任何接触到的部件都会被选中。

"选择包含模式"和 Visio 相似，只有在选取完全包含部件时才能选中。

2. 编辑部件样式

• 编辑器工具栏：使用设计区域上面的工具栏按钮可以编辑部件样式，如字体、字号、字体颜色、填充颜色、线条颜色、坐标和大小等。还可以选择多个部件并使用布局工具，如次序、对齐、分布等，见图 77。

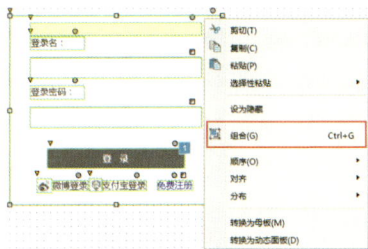

图 76

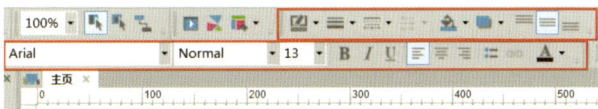

图 77

- 双击编辑：双击部件来编辑该部件是最常用的属性编辑。如双击一个图片部件打开导入图片对话框，双击下拉列表打开添加下拉列表项对话框。
- 右键编辑：右键点击部件显示额外特定的属性，这些属性根据部件的不同而不同。
- 部件属性和样式面板（Widget Properties & Style Tabs）：在样式面板中可以找到部件坐标、大小、字体、对齐、填充、排序线和边界等。在属性面板中可以找到部件的特殊属性。

3. 部件属性面板详解

- 交互样式：交互样式是在特定条件下的视觉属性。

鼠标悬停（MouseOver）：当鼠标指针悬停于部件上。

鼠标按键按下（MouseDown）：当鼠标左键按下保持没有释放时。

选中（Selected）：当部件是选中状态。

禁用（Disabled）：当部件是禁用状态。

- 自动调整宽度（Auto Fit Width）：调整部件宽度适合文本。
- 自动调整高度（Auto Fit Height）：调整部件高度适合文本。
- 禁用（Disabled）：设置部件为禁用状态。
- 选中（Selected）：设置部件为选中状态，生成原型后可见。
- 设置选项组（Selection Group）：将多个部件添加到选项组。
- 提示信息（Tooltip）：当鼠标悬停在部件上时，显示文字提示信息。

4. 部件特定属性

- 图片

保留角部（Preserve Corners）：允许拉伸图片时角部不会改变。

- 单行文本框

类型（Type）：主要用于手机原型，文本输入类型可更改为文本、密码、电子邮件、电话号码、号码、网址和搜索等。

最大文字数（Max Length）：设置最多可输入的文字数。

提示文字（Text Hint）：占位文本，当鼠标点击时就会消失。

提示样式（Hint Style）：编辑提示文字的样式。

只读（Read Only）：生成原型后是不可编辑的文本。

隐藏边框（Hide Border）：隐藏输入框的边框。

禁用（Disable）：将部件设置为禁用状态。

提交按钮（Submit Button）：分配一个按钮或形状按钮，当按下回车时执行点击按钮事件。

- 内部框架

框架目标页面（Frame Target）：将页面或 URL 加载到内部框架中。

框架滚动条（Frame Scrollbars）：按需显示内部框架的滚动条。

隐藏边框（Hide Border）：切换显示内部框架周围的边框。

预览图片（Preview Image）：显示 Axure 内部的预置图片。

· 复选框

选中（Slected）：默认设置为选中状态。

对齐按钮（Align button left/right）：相对于复选框旁边文字的位置。

· 单选按钮

指定单选按钮组（Assign Radio Group）：创建或分配单选按钮组，当选择或切换时只有一个按钮被选中。

· 多行文本框

隐藏边框（Hide Border）：隐藏文本区域周围的边框。

· 下拉列表 / 列表选择

列表项（List Items）：添加 / 删除列表的选项。

· 菜单

菜单项（Menu Item）：新增 / 删除菜单项。

· 树

展开 / 折叠图标（Expand/Collapse Icon）：改变展开 / 折叠树节点的小图标。

加减号（Plus/minus）：改变图标为 + / −。

三角形（Triangle）：改变图标为三角形。

自定义（Custom）：设置自定义图标。

显示树节点图标（Show Tree Node Icons）：切换显示额外的树节点的图标，可以通过右键单击一个树节点并选择"编辑图标"添加。

5. 部件样式面板详解

· 位置 + 尺寸

选中项（Selected Item）：编辑选中部件的位置、尺寸和旋转。

每个选中项（Each Selected Item）：当多个部件被选中时出现，同时编辑每个部件的位置、尺寸和旋转。

整体选中（Entire Selection）：当多个部件被选中时出现，编辑选中区域的位置、尺寸和角度。

· 基本样式

基本样式下拉列表（Custom Style Droplist）：允许你选择在部件样式编辑器中创建的自定义样式。

部件样式编辑器（Widget Style Editor）：允许你编辑任何控件的默认样式或创建自定义可应用于多个部件的样式。

格式刷（Format Painter）：允许你复制部件的格式属性并选择性地将它们应用到其他部件（格式刷的位置在顶部工具栏，字体左面的小刷子）。

· 字体（Font）：选择字体、字体大小、字体颜色、粗体、斜体、下划线、添加项目符号和超文本链接。

· 边框，线 + 填充: 选择线的颜色、线宽、线条样式、箭头样式、圆角半径、填充颜色、透明度和阴影。

· 对齐 + 边距: 设置部件的水平和垂直对齐、填充和行间距。

6．部件样式编辑器（Widget Style Editor）

部件样式编辑器允许你编辑默认部件的格式、创建自定义样式，并集中管理所有部件的样式。要打开部件样式管理器，点击菜单栏的"项目 > 部件样式管理器"或者点击工具栏中的部件样式管理器图标。

· 部件默认：编辑默认部件样式会影响所有部件的样式，当添加新的部件到设计区域时，部件会使用你所设置的默认样式。

· 自定义：创建自定义样式可以快速将指定部件风格设为一致，你可以选择哪些属性将覆盖默认的样式。

要将自定义风格应用到部件，在工具栏最左侧的下拉列表中选择你设置的自定义样式。

编辑部件自定义样式会影响到所有使用此风格的部件，见图 78。

7. 格式刷 （Format Painter）

格式刷允许你从一个部件复制样式，并可选择性地粘贴给其他部件。它的行为就像一个样式剪贴板。

要复制部件的样式，首先在工具栏中单击格式刷小图标（在字体左侧），弹出格式刷对话框，然后点击要复制样式的部件，在格式刷对话框中你还可以选择想要的属性，取消勾选复选框去掉不想要的，然后点击想要粘贴样式的部件，在格式刷底部点击"应用"。在复制粘贴部件样式的时候，你可以保持格式刷对话框打开，这样方便你快速工作，见图 79。

图 78

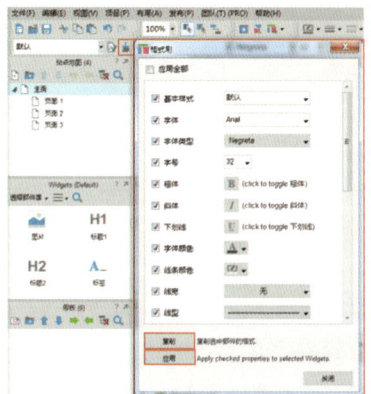

图 79

1.3.3 页面样式

1. 页面样式（Page Style）

页面样式允许你使用自定义页面样式或默认页面样式，对不同页面进行设置和编辑，见图 80。

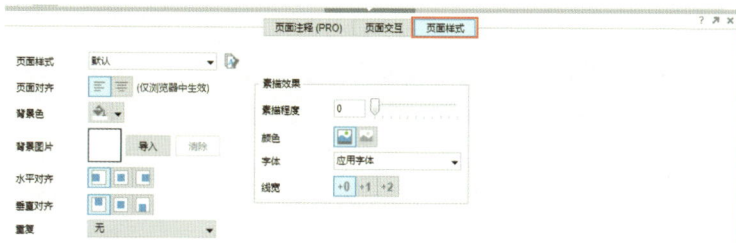

图 80

- 页面样式（Page Style）：你可以自定义页面样式。要编辑页面的默认样式或创建新的自定义样式，点击默认样式下拉列表旁边的小图标或者点击菜单栏"项目 > 页面样式编辑器"。
- 页面对齐（Page Align）：可设置原型在页面中居左或居中对齐。这项设置只有在生成 HTML 之后才有效，在 Axure 设计区域中是无效的。需要注意的是，居中是根据部件在页面中的位置来确定的。
- 背景色（Back Color）：给页面添加背景颜色。
- 背景图片（Back Image）：导入图片来当作页面背景。
- 水平和垂直对齐（Horiz Align and Vert Align）：设置背景图片水平对齐和垂直对齐。水平居中和垂直居中将会让背景图片固定在一个位置上。
- 重复（Repeat）：设置背景图片水平重复、垂直重复、水平垂直重复、覆盖或包含。
- 重复图片（Image Repeat）：水平和垂直重复背景图片。
- 水平重复（Repeat Horizontal）：仅水平重复背景图片。
- 垂直重复（Repeat Vertical）：仅垂直重复背景图片。
- 拉伸以覆盖（Stretch to Cover）：拉伸图片让其完整覆盖背景的宽度和高度。
- 拉伸以包含（Stretch to Contain）：缩放图像的最大尺寸，让它可以适应背景的水平尺寸或垂直尺寸。
- 素描效果：素描可以快速将一个原型项目设置为手绘线框图效果。这可以让大家将精力集中在结构、交互和功能上。素描效果是页面样式的一部分，所以你可以在页面样式编辑器中对其进行设置。此外，素描效果还有如下选项：

素描程度（Sketchiness）：值越高，部件线条越弯曲，推荐 50。

颜色（Color）：将整个页面填充为灰色，包含所有图片、填充色、背景色和字体颜色。

字体（Font）：在所有页面上应用统一的字体。

线宽（Line Widt）：给部件的边框增加宽度，这样看上去更像手绘效果，见图 81。

2．页面样式编辑器（Page Style Editor）

页面样式编辑器允许你对原型的每个页面样式进行设置。此外，你还可以为特定页面创建自定义页面样式。在页面样式管理器中可以集中管理所有自定义样式。要打开页面样式编辑器，点击页面样式下拉列表右侧的小图标。编辑"默认"样式可以改变原型设计中的每一个页面。点击绿色加号，添加自定义样式。添加完毕后在页面样式的下拉列表中选择即可，见图 82。

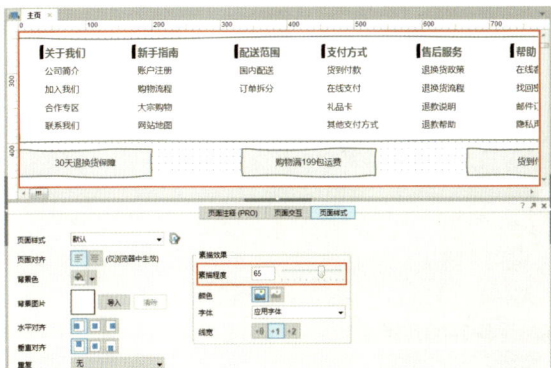

图 81

图 82

3．网格、辅助线和对象对齐

辅助线对保持布局与部件对齐有非常大的帮助。你可以为单独页面创建辅助线（局部辅助线），也可以给所有页面创建全局辅助线。

·添加局部辅助线：添加辅助线到当前页面，把从水平或垂直辅助线拖拽到设计区域。绿色的线条表明是当前选中的。

·添加全局辅助线：给所有页面添加辅助线，PC 摁住 Ctrl，Mac 按住 Cmd，然后拖拽辅助线到设计区域，这样所有页面都被添加了辅助线，见图 83。

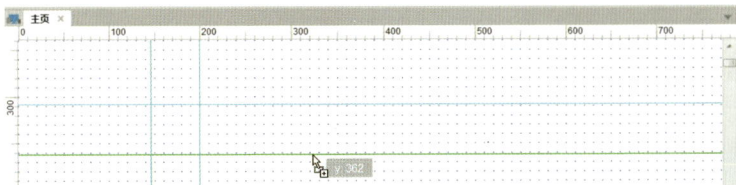

图 83

4．使用预置设置创建辅助线（Create Guides from Preset）

你可以通过 Axure 预设添加辅助线，点击菜单栏"布局 > 网格和辅助线 >
创建辅助线"，或者右键点击设计区域，选择"网格和辅助线 > 创建辅助
线"。这里有多种预置可供选择；或者自定义你的布局；还可以选择添加
全局辅助线或当前页面辅助线，见图 84。

5. 网格设置（Grid Settings）

- 显示网格（Show Grid）：切换网格的显示状态。
- 对齐网格（Snap to Grid）：切换部件与网格对齐。
- 间距（Spacing）：定义网格的交叉点之间的距离。
- 样式（Style）：改变网格交叉线的风格样式。
- 线（Line）：将网格样式设置为线。
- 交叉点（Intersection）：将网格样式设置为点。
- 颜色（Color）：改变网格的颜色，见图 85。

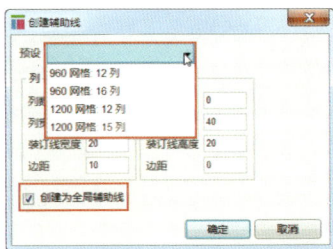

图 84

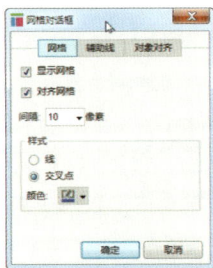

图 85

6. 辅助线设置（Guide Settings）

- 显示全局辅助线（Show Global Guides）：切换项目中全局辅助线的可
见性。
- 显示页面辅助线(Show Page Guides)：切换项目中页面辅助线的可见性。
- 吸附到辅助线（Snap to Guides）：切换部件吸附到辅助线状态。
- 锁定辅助线（Lock Guides）：切换设计区域中辅助线的锁定状态。
- 全局辅助线颜色（Global Guide Color）：改变全局辅助线颜色。
- 页面辅助线颜色（Page Guide Color）：改变页面辅助线颜色。

7. 对象对其设置（Object Snap Settings）

- 对齐对象（Snap to Objects）：切换部件是否与其他部件边缘对齐。
- 对齐边缘（Snap to Margin）：切换部件之间对齐的像素大小。
- 垂直（Vertical）：设置部件垂直对齐的像素。
- 水平（Horizontal）：设置部件水平对齐的像素。
- 对齐辅助线颜色（Snap Guide Color）：设置当部件对齐时辅助线的
颜色，见图 86。

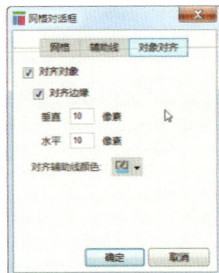

图 86

1.4 交互基础

本节将给大家讲解一些 Axure 中比较基础但非常实用的交互，可以让不懂代码的人制作出可交互的高保真用户体验原型。在 Axure 中创建交互包含以下 4 个构建模块：**交互**（Interactions）、**事件**（Events）、**用例**（Cases）**和动作**（Actions）。交互是由事件触发的，事件是用来执行动作的，这就是本章要重点讲解的 4 个主题。

客户对更好的用户体验的期望持续上升，很明显，我们正处在设计软件所带来的巨大变化中，加上响应式网页设计的广泛传播与移动 APP 的巨大需求，用户体验更是被推向浪尖。在国内且不论公司规模大小、甚至并不真正了解用户体验的意义，当需要制作网站或 APP 的时候都会提出"用户体验"这个词。

在项目中（尤其是响应式网站设计和 APP 设计），利益相关者越早参与进来充分沟通，工作效率与项目成功率越高。但是在项目早期仅仅靠带有很多文字注释的静态线框图是难以与利益相关者顺畅沟通的，因为他们难以想象出静态线框图实现出来的"响应式"是什么样子，或者他们会想象成其他任何样子，这就造成了巨大的理解差异。

使用 Axure，设计师们可以快速制作高参与度的用户体验，并可以在目标设备上测试带有交互效果的线框图。本节将给大家介绍如何将静态线框图转换为动态，使用 Axure 制作简单但高效的交互。

交互（Interactions）是 Axure 中的构建模块，用来将静态线框图转换为可交互的 HTML 原型。在 Axure 中，通过一个简洁的、带有指导的界面选择指令和逻辑就可以创建交互，每次生成 HTML 原型，Axure 都会将这些交互转换为浏览器可以识别的真正的编码（JavaScript、HTML、CSS）。但是**请牢记：这些编码并不是产品级别的，并不能作为最终的产品使用。**

每个交互都是由 3 个最基本的单元构成，这里为了便于大家理解，我们借用 3 个非常简单的词来讲解：**什么时候**（When）、**在哪里**（Where）**和做什么**（What）。

什么时候发生交互行为（When）？在 Axure 中对应 When 的术语是事件（Events），举几个例子。

· 当页面加载时（其中页面加载时，就是事件）。

· 当用户点击某按钮时（其中鼠标点击时，就是事件）。

· 当文本输入框中的文字改变时（其中文字改变时，就是事件）。

在 Axure 界面右侧的部件交互面板中，你可以看到很多事件的列表，这些事件根据部件的不同而有所不同（并不是所有部件的事件都是相同的），在设计区域底部的页面交互面板中可以看到页面相关的事件。

在哪里找到这些交互（Where）？ 交互可以附加在任意部件上，如矩形部件、下拉列表和复选框等，也可以附加在页面上。要给部件创建交互，就到部件交互面板的选项中进行设置；要给页面创建交互，就到页面交互面板的选项中进行设置。在 Axure 中对应 Where 的术语是用例（Cases），一个事件中可以包含一个或者多个用例。

做什么（What）？ 在 Axure 中对应 What 的术语是动作（Actions），动作定义交互的结果，举几个例子。

· 当页面加载时，第一次渲染页面时显示哪些内容（其中显示哪些内容，就是动作）。

· 当用户点击某按钮时，就链接到其他某个页面（其中链接到某个页面，就是动作）。

· 当文本输入框失去焦点时（光标从文本输入框中移出时），文本输入框可根据你设置的条件进行判断，并显示错误提示（其中显示错误提示就是动作）。

多用例（Multiple Cases）： 有些情况下，一个事件中可能包含多个替代路径，要执行某个路径中的动作是由条件逻辑（Condition Logic）决定的，关于条件逻辑我会在后面的章节中给大家讲解。

1.4.1 事件（Events）

总体来说，Axure 的交互是由以下两个类型的事件触发的。

· 页面事件：是可以自动触发的，比如当浏览器中加载页面时，还有滚动时。

· 部件事件：对页面中的部件进行直接交互，这些交互是由用户直接触发的，比如点击某个按钮。

页面事件，以页面载入时事件（OnPageLoad）为例，给大家详细描述一下，见图 87。

· 浏览器获取到一个加载页面的请求（A），可以是首次打开页面，也可以是从其他页面链接过来的。

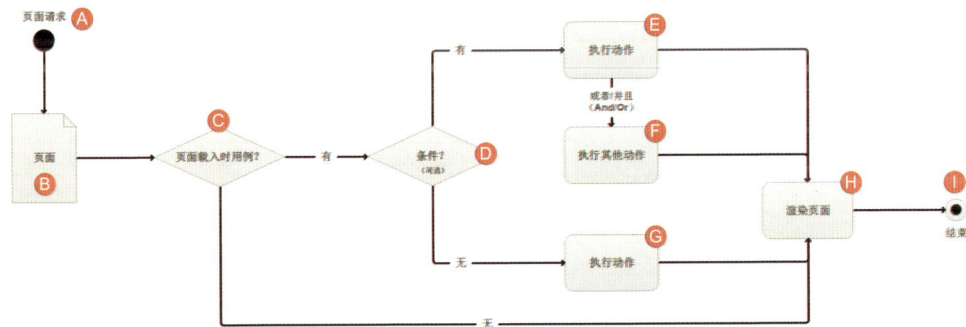

图 87

·页面首先检测是否有页面加载时交互，页面加载时事件（C）是附加在页面上的（B）。

·如果存在"页面加载时"事件，浏览器会首先执行页面加载时的交互。在后面的章节中，会给大家讲解不同页面间基于"页面载入时"事件的变量值的传递。

·如果页面载入时的交互包含条件(D)，浏览器会根据逻辑来执行合适的动作(E/F)；如果页面载入时不包含条件，浏览器会直接执行动作(G)。

·被请求的页面渲染完毕（H），页面载入时的交互执行完毕（I）。

下面是 Axure RP7 中所有可用的页面事件。

·页面载入时（OnPageLoad）：当页面启动加载时。

·窗口改变大小时（OnWindowResize）：当浏览器窗口大小改变时。

·窗口滚动时（OnWindowScroll）：当浏览器窗口滚动时。

·鼠标单击时（OnClick）：页面中的任何部件被点击时（不含空白处）。

·鼠标双击时（OnDoubleClick）：当页面中的任何部件被双击时（不含空白处）。

·鼠标右键单击时（OnContextMenu）：当页面中的任何部件被鼠标右键点击时（不含空白处）。

·鼠标移动时（OnMouseMove）：当鼠标在页面任何位置移动时。

·按键按下时（OnKeyDown）：当键盘上的按键按下时。

·按键弹起时（OnKeyUp）：当键盘上的按键释放时。

·自适应视图更改时（OnAdaptiveViewChange）：当自适应视图更改时。

部件事件，如"鼠标点击时"（OnClick）就是最基本的触发事件，可以用于鼠标点击时，也可用于在移动设备上手指点击时，下面给大家描述一下部件事件的执行流程，见图 88。

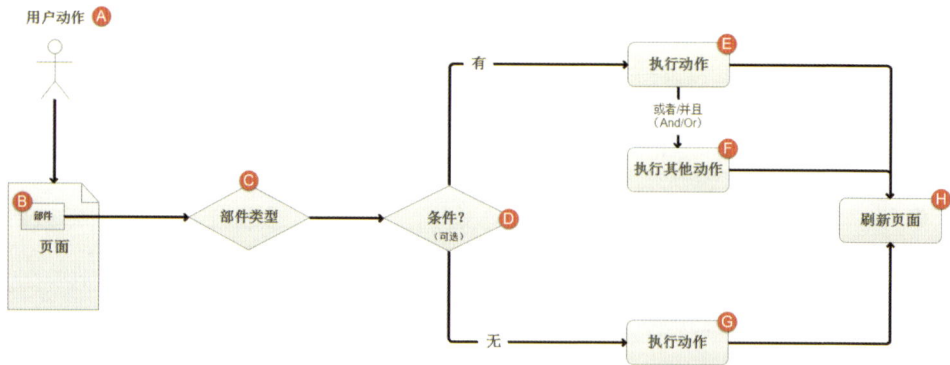

图 88

·用户（A）对部件执行了交互动作，如鼠标点击，这个"鼠标点击时"事件是附加在部件（B）上的。

· 不同的部件类型（如按钮、复选框和下拉列表等）拥有不同的交互响应（C）。比如，当用户点击一个按钮之前，鼠标移入该按钮的可见范围内，我们可以使用"鼠标移入时"（OnMouseEnter）事件改变这个按钮的样式。

· 浏览器会检测这个部件的事件上是否添加了条件逻辑（D）。比如，你可能添加了当用户名输入框为空时就执行显示错误提示动作（G）；如果用户名输入框不为空，就执行动作（E / F）。

· 如果没有条件，浏览器会直接执行附加在该部件上的动作（G）。

· 根据事件中动作的不同，浏览器可能会在当前屏幕刷新或者加载其他页面（I）。

下面是 AxureRP7 中所有可用的部件事件

· 鼠标单击时（OnClick）：当部件被点击。

· 鼠标移入时（OnMouseEnter）：当光标移入部件范围。

· 鼠标移出时（OnMouseOut）：当光标移出部件范围。

· 鼠标双击时（OnDoubleClick）：当时鼠标双击时。

· 鼠标右键单击时（OnContextMenu）：当鼠标右键点击时。

· 鼠标按键按下时（OnMouseDown）：当鼠标按下且没有释放时。

· 鼠标按键释放时（OnMouseUp）：当一个部件被鼠标点击，这个事件由鼠标按键释放触发。

· 鼠标移动时（OnMouseMove）：当光标在一个部件上移动时。

· 鼠标悬停超过 2 秒时（OnMouseHover）：当光标在一个部件上悬停超过 2 秒时。

· 鼠标点击并保持超过 2 秒时（OnLongClick）：当一个部件被点击并且鼠标按键保持超过 2 秒时。

· 按键按下时（OnKeyDown）：当键盘上的键按下时。

· 按键弹起时（OnKeyUp）：当键盘上的键弹起时。

· 移动（OnMove）：当面板移动时。

· 显示（OnShow）：当面板通过交互动作显示时。

· 隐藏（OnHide）：当面板通过交互动作隐藏时。

· 获取焦点（OnFocus）：当一个表单获取焦点时。

· 失去焦点时（OnLostFocus）：当一个部件失去焦点时。

· 选项改变时（OnSelectionChange）：当一个下拉列表被选中时，这是条件的典型应用。

· 选中状态改变时（OnCheckedChange）：当复选框或单选按钮被选中时。

· 文字改变时（OnTextChange）：当单行文本框或多行文本框中的文字被添加或删除时。

· 动态面板状态改变时（OnPanelStateChange）：当动态面板被设置了"设置面板状态"动作时。

• 开始拖动时（OnDragStart）：当一个拖动动作开始时。

• 正在拖动时（OnDrag）：当一个动态面板正在被拖动时。

• 结束拖动时（OnDragDrop）：当一个拖动动作结束时。

• 向左拖动结束时（OnSwipeLeft）：当一个面板向左拖动结束时。

• 向右拖动结束时（OnSwipeRight）：当一个面板向右拖动结束时。

• 载入时（OnLoad）：当动态面板从一个页面的加载中载入时。

• 滚动时（OnScroll）：当一个有滚动栏的面板上下滚动时。

• 改变大小时（OnResize）：当一个面板通过交互改变大小时。注意，如果动态面板属性中勾选了"调整大小以适合内容"，那么面板状态会自动调整大小。

1.4.2 用例（Cases）

通过图 87 和图 88 的模型，你应该已经对用例有所了解了。用例是用户与应用程序或网站之间交互流程的抽象表达，每个用例中可以封装一个独立的路径。通常情况下，我们让原型按主路径执行动作，但是为了响应用户的不同操作或其他一些条件，我们还需要制作可选路径来执行其他动作。举例来说，当用户点击超链接时，可能有一个打开新页面的用例。或者点击登录按钮时，可能有两个用例，如果登录成功就打开一个新页面，如果登录失败就显示提示错误信息。由此可见，使用 Axure 中的用例，可以用来给同一个任务创建不同的路径。

如果通过上面的描述依然对用例没有清晰的认识，下面这张图一定能帮你加深印象，见图 89。

图 89

用例通常用于以下两种方式。

• 每个交互事件中只包含一个用例，用例中可以有一个或多个动作，不包含条件逻辑。

• 每个交互事件中包含多个用例，每个用例中又包含一个或多个动作。包含条件逻辑或者手动选择需要执行的交互。

概括来讲，Axure 中的用例基本上就是动作（Actions）的容器，可以帮助我们构建模拟原型中的替代途径。我们制作的原型保真度越高，用到的多用例交互也就越多。

添加用例（Adding Cases）： 在设计区域中选中部件，在部件交互和注释面板中可以看到该部件可用的事件。要添加用例，可以双击选中的事件或者点击"新增用例"。在弹出的用例编辑器对话框中，你可以选择并设置你想要执行的动作。

用例编辑器（Case Editor）：

见图90，打开用例编辑器后，

·第一步：用例说明。你可以编辑用例说明，这里的说明会显示在用例名称中。

·第二步：新增动作。点击鼠标新增动作，这里可以新增多个动作。

·第三步：组织动作。这里会显示你所添加的动作，每个动作都可以添加多次。动作是按自上至下顺序执行的。比如，你添加的设置变量值在"打开新页面"之后，那么浏览器会先执行打开页面，然后再执行设置变量值的动作。这里的动作顺序是可以调整的，使用鼠标拖拽或者在点击每个动作右侧的小三角（右键点击也可以）选择蓝色小箭头，可以调整动作上移或下移。

·第四步：配置动作。选择动作后，可以对动作进行详细的设置。完成之后，点击"确定"按钮，用例和动作就会出现在部件交互和注释面板中了。

图90

1.4.3 动作（Actions）

动作是由用例定义的对事件的响应。做个最简单的说明：点击按钮在当前页面打开窗口。 这个用例中的动作是 "在当前窗口打开页面"。

Axure RP7 当前支持以下 6 组动作。

Tips
变量、自定义事件和中继器动作我们将在高级交互一章中给大家讲解。

- 链接
- 部件
- 动态面板
- 变量
- 中继器
- 杂项

下面是 Axure RP7 中所有可用的动作。

打开链接（Open Link）

- 当前窗口（Current Window）：在当前窗口打开页面或外部链接。
- 新窗口 / 新标签（New Window/Tab）：在新窗口或新标签中打开页面或外部链接。
- 弹出窗口（Popup Window）：在弹出窗口中打开页面或外部链接，你可以定义弹出窗口的属性和位置。
- 父窗口（Parent Window）：在父窗口中打开页面或外部链接。
- 关闭窗口（Close Window）：关闭当前窗口。
- 在内部框架中打开链接（Open Link in Inline Frame）：在内部框架中加载页面或外部链接。
- 在父框架中打开链接（Open Link in Parent Frame）：在父框架中打开页面或外部链接，用于在内部框架中加载页面。
- 滚动到部件（锚点链接）（Scroll to Widget , Anchor Link)：滚动页面到部件位置。

部件（Widgets）

- 显示（Show）：将隐藏的部件设置为显示（可见）。
- 隐藏（Hide）：隐藏部件（不可见）。
- 切换可见性（Toggle Visibility）：基于动态面板当前的可见性切换显示或隐藏。
- 设置文本（Set Text）：改变部件上的文字。
- 设置图片（Set Image）：改变图片。
- 选中（Set Selected/Checked）：设置部件到其选中的状态。
- 未选中（Not Selected）：设置部件到其未选中状态（默认状态）。
- 切换选中（Toggle）：根据部件当前的选中状态切换选中 / 未选中。
- 设置选定的列表项（Set Selected List Option）：设置下拉列表 / 列表选择框中的项为选中。
- 启用（Enable）：设置部件为活动的 / 可选择的 / 默认的。
- 禁用（Disable）：设置部件为禁用的 / 不可选择的。
- 移动 Move ：移动部件到特定坐标。

- 置于顶层（Bring to Front）：将部件置于页面布局的顶层。
- 置于底层（Send to Back）：将部件置于页面布局的底层。
- 获取焦点（Set Focus on Widget）：设置光标聚焦在表单部件上（如文本输入框）。
- 展开树节点（Expand Tree Node）：展开树部件的节点。
- 收起树节点（Collapse Tree Node）：收起树部件的节点。

动态面板（Dynamic Panel）

- 设置面板状态（Set Panel State）：显示动态面板指定的状态。
- 设置面板尺寸（Set Panel Size）：改变动态面板的尺寸。

变量（Variables）

- 设置变量值（Set Variable Value）：设置一个或多个变量或 / 和部件的值（例如，一个部件的文本值）。

中继器（Repeaters）

- 新增排序（Add Sort）：使用查询对数据集中的项排序。
- 移除排序（Remove Sort）：移除所有排序。
- 新增过滤器（Add Filter）：使用查询过滤数据集中的项。
- 移除过滤器（Remove Filter）：删除所有过滤器。
- 设置当前页（SetCurrent Page）：使用分页时显示指定的页面。
- 设置每页项目数（Set Items per Page）：使用分页时设置每页显示中继器项的数目。

数据集（Data Sets）

- 新增行（Add Rows）：添加一行数据到数据集。
- 标记行（Mark Rows）：选择数据集中的数据行。
- 取消标记行（Unmark Rows）：取消选择数据行。
- 更新行（Update Rows）：编辑数据集中选中的行。
- 删除行（Delete Rows）：删除选中的行。

杂项（Miscellaneous）

- 等待（Wait Time (ms)）：按指定时间延迟动作，1 秒 =1000 毫秒。
- 其他（Other）：在弹出窗口中显示文字描述。

使用多个用例（Defining Multiple Cases）

有些情况下，一个事件会执行多个用例。要在事件上添加多个用例，重复添加即可。你可以使用用例说明来描述用例的使用场景。比如，当点击一个按钮时，你添加两个用例，一个用例描述是"如果登录成功"，另一个用例描述是"如果登录失败"。在生成的原型中，点击按钮会显示用例描述，可以选择执行哪一个。

良好的用例说明可以将条件流程清晰地表达出来，这样也利于维护和更新。如果想让原型将用例正确地表达出来，在用例中定义条件逻辑来表达基于存储在变量中的值，或用户在原型中输入的值。

1.4.4 交互基础案例

1. 导航菜单样式

在我们只做网站原型的项目中，最常见的用户体验效果就是通过全局导航菜单清晰地反应出当前用户是在哪个页面。在这个简单的小案例中，我们的目标是：当页面加载时，全局导航菜单的样式会发生改变，反映出当前是哪个页面。现在，我们就来趁热打铁，利用前面刚刚讲过的内容，实现我们想要的效果，可以这样描述。

- 什么时候（When）：页面加载时。
- 在哪里（Where）：全局导航菜单。
- 做什么（What）：改变相应菜单的样式，反应当前所处的页面。
- 条件逻辑（Condition Logic）：无。

在这个案例中，要实现"做什么"这一步，也就是改变相应的样式的实现方法不只一种。事实上，使用 Axure 制作大多数交互的方法都不只一种。随着你对 Axure 这款软件不断熟悉，你的思维会更加灵敏、缜密，也会逐渐掌握这些不同的实现方法。

因为我们目前还没有详细讲解母版的使用，所以这个案例就使用动态面板来扮演内容部分。根据上面的案例描述，在页面第一次加载时，显示的是首页，所以全局导航菜单中首页这个标签是被选中的（我们只需要给全局导航菜单的每一个标签添加选中时的交互样式即可）。当用户点击其他标签时，动态面板的状态转换至与标签相应的内容，并且设置当前点击的标签为选中状态，其他为未选中。详细流程如下，见图 91。

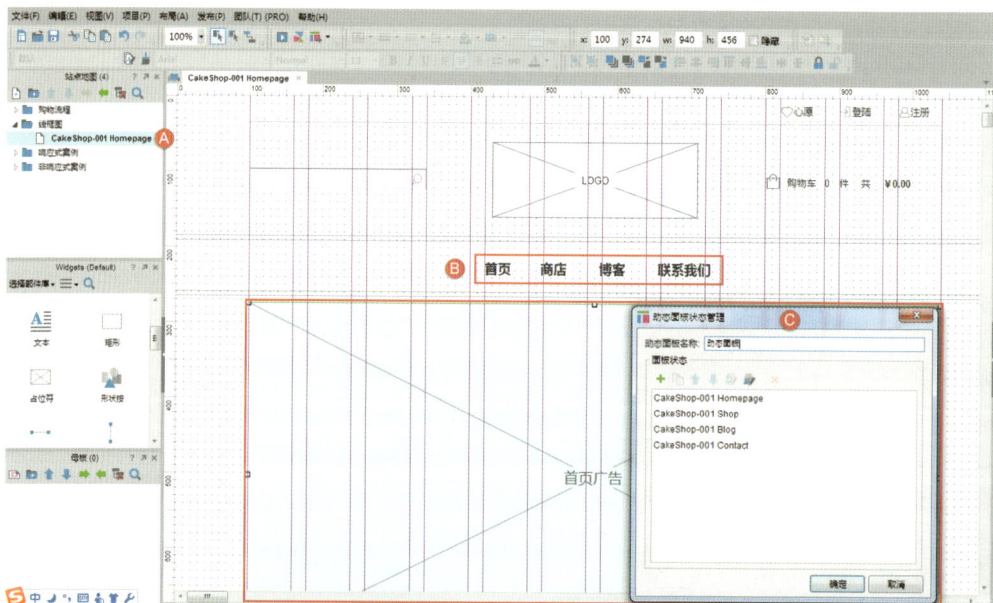

图 91

01 选择导航中的首页（B）；在部件属性面板中点击选中，在弹出的
设置交互样式对话框中设置选中时的字体颜色，点击"确定"，见
图 92；给导航中的其他几个菜单重复这个操作。

Tips

可以复制首页，然后改
变文字内容即可，因为
选中时的交互样式也会
被复制到新的部件上。

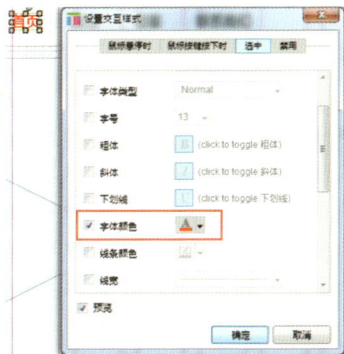

图 92

02 当用户点击首页时：设置动态面板状态为 Cakeshop-01 Homepage，
见图 93；设置首页选中为真（true），商店、博客、联系我们为假
（false），养成良好的习惯，给该用例命名，见图 94。

图 93

图 94

03 对其他标签进行相应的操作。在制作原型的过程中，经常要把之前
做好的用例使用到其他部件上，这种情况下只需右键点击该用例，
选择"复制"，然后选中目标部件，并右键点击相应的事件选择
"粘贴"即可，你也可以使用常规的复制和粘贴快捷键（Ctrl+c，
Ctrl+v）。需要注意的是，粘贴用例后要检查用例中的动作是否需
要修改，避免造成错误。

04 现在，我们就来复制首页中刚刚写好的用例，见图 95。然后，选择导航中的菜单部件，右键点击部件交互面板中的"鼠标点击时"事件，选择粘贴，见图 96。

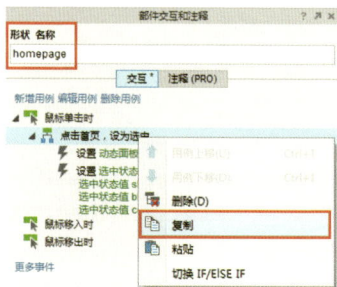

图 95

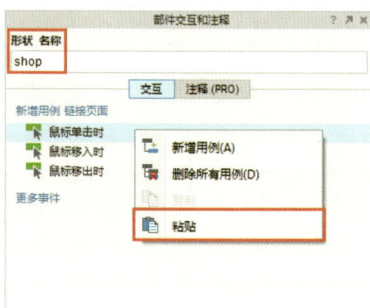

图 96

05 继续修改刚才粘贴的用例中的动作，我们要设置动态面板状态为 Cakeshop-001 Shop ，并且设置"菜单部件"为选中，其他都为未选中，见图 97。

重复上述操作，并修改用例中的动作，当你对全局导航中的菜单都添加并修改完用例，按下 F5 键快速预览并测试效果。此时你会发现，页面第一次载入的时候，首页并没有设置为选中状态，这是因为我们还没有在"页面载入时"事件中添加用例，现在就来操作，见图 98。

图 97

图 98

按下 F5 键，再次预览测试，已经没有问题了。

2. 显示 / 隐藏部件

在这个案例中，我们来制作会员登录框的显示和隐藏。接下来简单描述一下我们要实现的效果。

·首先设计登录区域，并将其转换为动态面板，默认为隐藏，并将其放在右上角合适的位置。

·给登录按钮添加选中时的交互样式。

·给登录按钮添加交互，当点击该按钮时就显示登录框并设置登录按钮为选中，再次点击该按钮就隐藏登录框并设置登录按钮为未选中。

01 设计登录区域

· 将设计区域中包含的所有部件选中，然后点击右键，选择"转换为动态面板"，见图99。

· 给动态面板命名。

· 设置动态面板为隐藏，见图100。

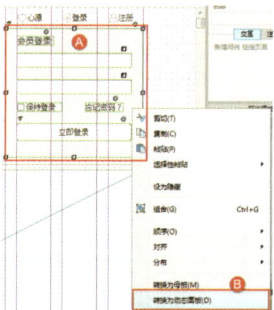

图99

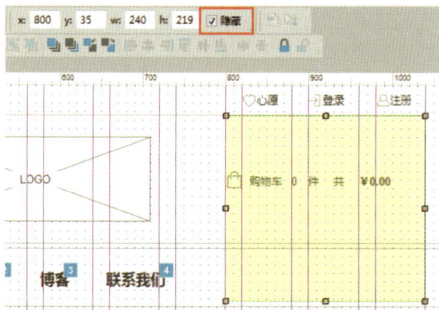

图100

02 给登录按钮添加选中时的交互样式。首先选中登录按钮，在部件属性面板中点击选中，然后在弹出的设置交互样式对话框中勾选"粗体"，并设置选中时的文字颜色，见图101。

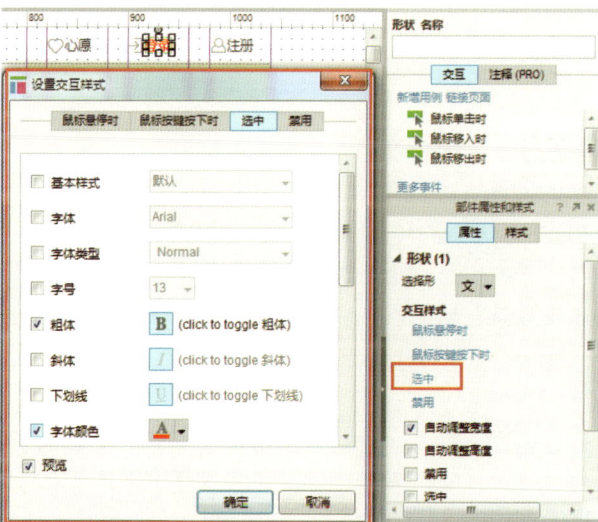

图101

03 给登录按钮添加交互，在这个案例中，登录按钮扮演了一个切换操作的触发器角色。

· 如果会员登录面板隐藏，点击登录按钮时就变为显示，并且登录按钮为选中。

· 如果会员登录面板显示，点击登录按钮时就变为隐藏，并且登录按钮为未选中。

这是一个非常简单的案例，并不需要添加条件逻辑来实现。我们只需使用切换（Toggle）就可以轻松实现。

· 选中登录按钮。

· 在部件交互面板中双击"鼠标单击时"事件，弹出用例编辑器对话框。

· 在用例编辑器的第二步中，新增 切换选中（Toggle Selected）动作，并在第四步配置动作中选中登录按钮部件，见图 102。

· 不要关闭用例编辑器，在第二步中，继续新增动作"切换可见性"（Toggle Visibility），并在第四步中勾选会员登录的动态面板，见图 103。

· 最后养成好习惯，给用例命名，然后点击确定，摁下 F5 键预览并测试，见图 104。

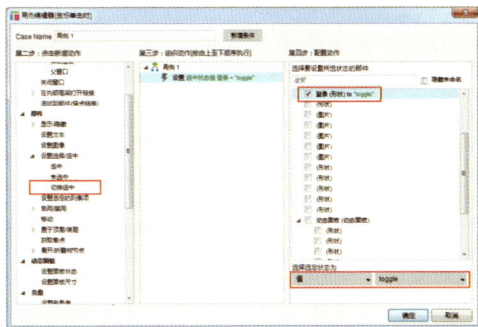

图 102

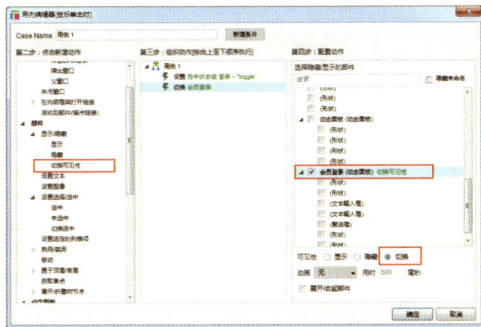

图 103

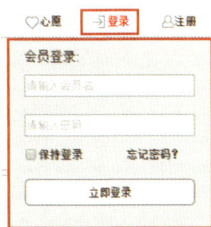

图 104

1.5 总结

在本章中，我们介绍了 Axure 交互的基础内容。作为经验总结，需要从一开始就提醒各位读者的是：在制作原型交互的过程中一定要考虑到可交付资料，比如 UI 规范文档、线框图等。原型的保真度和复杂度越高，就越难以呈现一份清晰和容易理解的 UI 规范文档。

第 2 章

母版详解

母版可用来创建可重复使用的资源和管理全局变化，是整个项目中重复使用的部件容器。对母版的任何修改提交后，任何页面中所使用的相同的母版都会同时改变。

2.1 母版基础

母版可用来创建可重复使用的资源和管理全局变化，是整个项目中重复使用的部件容器。用来创建母版的常用元素有：页头、页脚、导航、模板和广告等。母版的强大之处在于，你可以在任何页面轻松地使用母版，而不需要再次制作或复制粘贴，并且你可以在母版面板对母版进行统一管理。对母版的任何修改提交后，任何页面中所使用的相同的母版都会同时改变。你还可以使用多个母版并将其添加到任何页面上。比如，你创建了一个全局导航菜单并将其放在了多个页面中，但是你想在全局导航菜单中添加一个"最新团购"栏目，为此你可以直接编辑母版，在全局导航菜单母版中添加这个栏目，所有页面中的全局导航菜单母版也将同步发生改变。当每个页面中有大量相同重复的部件时，使用母版能够节省时间，提高效率。

2.1.1 创建母版的两种方法

· 方法一：在母版面板中点击"新增母版"，给新创建的母版命名，双击该母版进入编辑，见图 1。

· 方法二：在设计区域中选中要转换为母版的部件，然后点击右键，选择"转换为母版"，见图 2。在弹出对话框中设置母版的名称，你还可以选择母版的拖放行为，稍后会讲解到。

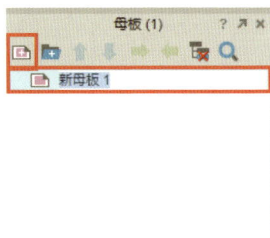

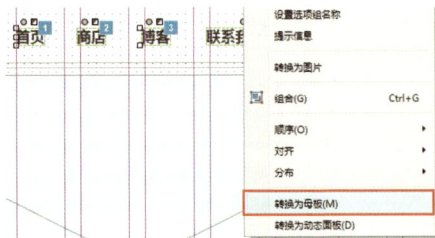

图 1　　　　　　　　　　　　　　　　　　　　　　　　　　图 2

2.1.2 使用母版

使用母版面板对母版进行管理，见图 3。

· 在母版面板中，你可以对母版进行添加、删除、排序等管理。

· 要对母版重新命名，请慢速双击母版，或者点击右键选择"重命名"。

· 删除母版，点击选中母版，并点击删除母版图标。

· 拖拽母版或点击上下箭头图标可以对母版进行排序。

• 母版面板还可以添加文件夹，与站点地图相似，母版还可以新增子母版。

添加母版到设计区域中，见图 4。

• 拖放（Drag and Drop）：拖放母版到设计区域中，就像平时操作部件一样。

• 批量添加/删除（Bulk Add/Remove）：右键点击母版，选择"新增到页面"，在弹出的"新增母版到页面"对话框中选择想要添加母版的页面。

右键点击母版，选择"从页面删除"，可以在页面中批量删除母版。

母版遮罩：可以看到，在添加的母版上会覆盖一层粉红色的遮罩，这是为了让我们快速区分设计区域中哪些元素是母版。不过，你可以点击菜单中的"视图 > 遮罩"，取消显示这层粉红色的遮罩。同样，在这里你还可以给动态面板、中继器、图片热区取消/添加遮罩层，见图 5。

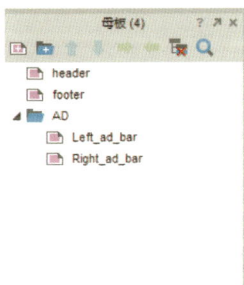

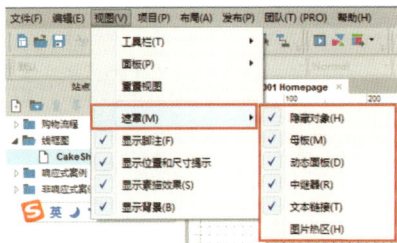

图 3　　　　　　　　　　图 4　　　　　　　　　　图 5

2.1.3 母版的行为特性（Master Behaviors）

母版可以设置 3 种不同的行为：拖放到任何位置、锁定母版位置、从母版脱离。要改变母版行为，右键点击母版，"选择拖放行为"，在弹出的子菜单中进行选择。你可以随时修改母版行为，但这只会影响到当前要拖放到设计区域的母版，见图 6。

任何位置（Place Anywhere）：当拖动母版到设计区域时，你可以任意指定母版的位置，见图 7。

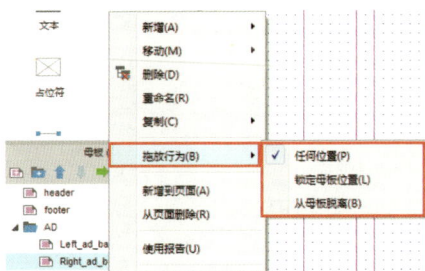
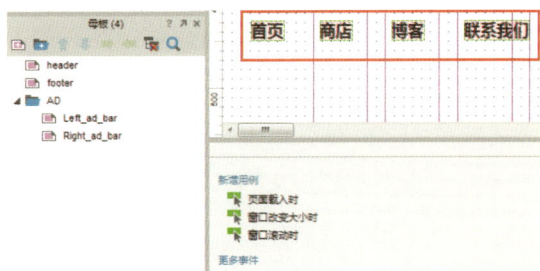

图 6　　　　　　　　　　　　　　　图 7

· 锁定母版位置（Lock to Master Location）：当拖动母版到设计区域时，母版会被自动锁定到创建母版时的位置，见图 8。

· 从母版脱离（Break Away from Master）：当拖动母版到设计区域时，这些部件会与母版脱离关系，变成可以编辑的部件。这对于创建有预置属性的部件库非常有帮助（比如一个深灰色带有文字的按钮），见图 9。

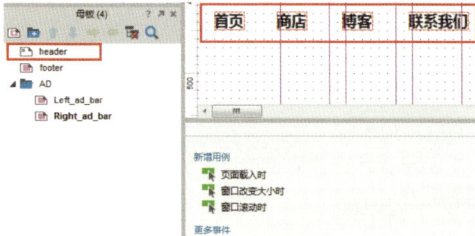

图 8

图 9

2.2 自定义事件

2.2.1 自定义事件概述

自定义事件是创建在母版中的，允许为母版的每个不同实例添加不同交互。当你想让母版内的部件影响到页面中母版外部的部件时，也可以使用自定义事件。自定义事件的交互是由母版内部的部件触发的。

例如，在母版中创建了"上一页 / 下一页"按钮，可以在按钮上添加一个鼠标点击时的自定义事件，当点击按钮时跳转到不同页面，而这个事件取决于当前母版所在的页面。这样做的好处就是，这里的按钮是一个母版，可以在一个地方轻松对其进行维护 / 更新。

或者，你的页面中有一个母版和一个动态面板，使用母版中的按钮来控制动态面板隐藏。你可以在母版中的按钮上添加自定义交互事件，然后就可以在母版上定义这个事件来设置动态面板为隐藏。要熟悉自定义事件可能会花一点儿时间，但是当你在工作用到它的时候，你会发现它的强大。

下面是关于自定义事件的重点。

· 自定义事件只能在母版中的部件上创建。

· 一个母版可以有多个自定义事件。

· 创建自定义事件需要两个步骤。1. 在母版中的部件上创建自定义事件。2. 将母版拖入到页面的设计区域中，选中该母版，在部件交互面板中使用自定义事件创建交互来影响当前页面中的元素。

2.2.2 创建和使用自定义事件

双击母版进入编辑，选中母版中要触发自定义事件的部件，然后在部件交
互面板中双击想要触发自定义事件的事件，在弹出的用例编辑器中第二步，
添加"自定义事件"动作，继续在第四步配置动作中设置自定义事件的名称，
最后勾选自定义事件前面的复选框，点击"确定"，见图 10。

· 此外，你还可以双击母版，进入编辑状态。然后点击菜单栏中的"布局
＞管理自定义事件（仅限母版）"，对自定义事件进行管理，见图 11。

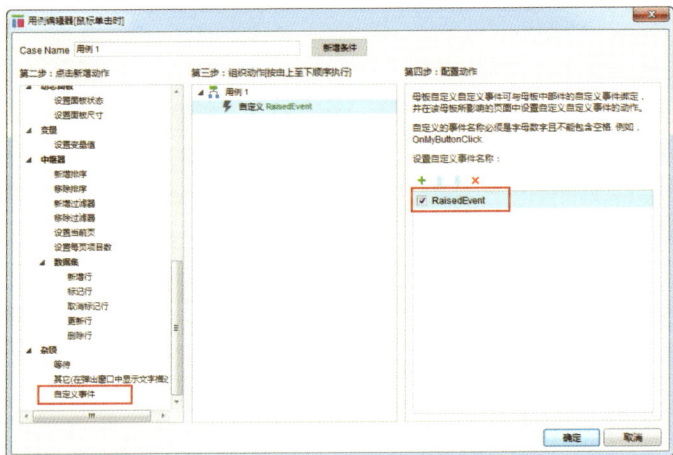

图 10

图 11

当添加完毕自定义事件之后，将母版拖放到任意页面的设计区域中，选
中该母版，在部件交互面板中就可以看到刚刚添加的自定义事件了。自
定义事件的操作方法，和平时操作其他事件是一样的。

2.3 母版使用案例

这个案例是为了帮你进一步理解什么是自定义事件及其重要性。在这个
案例中，我将演示如何使用一个带有自定义事件的母版在 4 个不同的页
面中触发不同的动作。在 Axure 中，如果没有自定义事件，这是无法实
现的。

01   在站点地图中创建 4 个页面，在任意页面的设计区域中添加"上一
页"和"下一页"两个部件，还有两条水平线，并将其转换为母版，
见图 12。

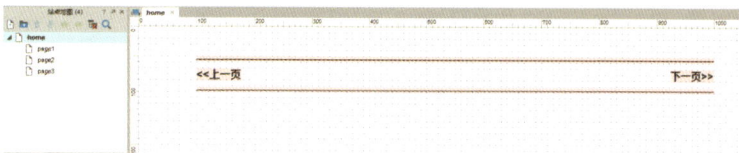

图 12

02 双击母版，进入编辑状态，选中上一页，在部件交互面板中双击"鼠标单击时"事件，在弹出的用例编辑器中新增自定义事件动作，并在第四步配置动作中新增自定义事件，给其命名为 previous（注意：不支持中文），勾选其前面的复选框（如果不勾选，在母版的交互面板中是看不到该事件的），点击"确定"按钮，见图 13。

03 选中下一页部件，在部件交互面板中双击"鼠标单击时"事件，在弹出的用例编辑器中新增自定义事件动作，并在第四步配置动作中新增自定义事件，给其命名为 next（注意：不支持中文），勾选其前面的复选框（如果不勾选，在母版的交互面板中是看不到该事件的），点击"确定"按钮，见图 14。

图 13

图 14

04 将该母版拖放到每个页面的设计区域中。

05 为不同页面中的母版添加自定义交互事件。注意，首页中只能点击"下一页"，所以此页面的母版只添加点击 next 事件，在当前页面打开 page1 即可。在 page1/page2 的母版中分别添加 previous 和 next 事件，让其跳转到相应的页面。在 page3 的母版只添加 previous 事件，让其跳转到 page2，见图 15。

06 按下 F5 键，快速预览测试效果。

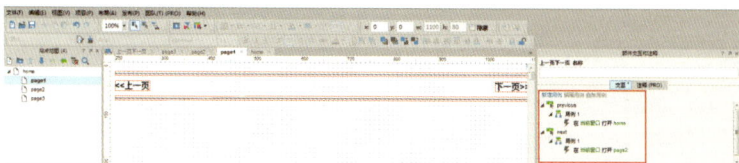

图 15

第 3 章

动态面板高级应用

在使用 Axure 制作原型的过程中，动态面板部件是使用频率
最高的部件，很多高级交互都必须结合动态面板才能实现。

3.1 动态面板事件

在动态面板中，有几个特定事件：动态面板状态改变时、开始拖动时、正在拖动时、拖动结束时、向左/右/上/下拖动结束时、载入时和滚动时。这些事件中的一些是由你创建的动作触发的，比如显示或移动动态面板。你可以使用这些事件来创建高级交互，比如展开折叠区域或者轮播广告。使用拖拽事件可以制作出拖放交互效果，并且可以在拖拽开始时、正在拖拽时和拖拽结束时触发你想要的其他交互。

3.1.1 状态改变时（OnPanelStateChange）

动态面板状态改变时，事件是由"设置面板状态"这个动作触发的。这个事件经常用来触发面板状态改变的一连串交互。

3.1.2 拖动时（OnSwipe）

拖动事件是由面板的"拖动"或者快速点击、拖、释放而触发的。这个事件通常用于 APP 原型中的幻灯和导航。最常见的使用方法是配合"设置面板状态"到"下一个/上一个"。

3.1.3 滚动时（OnScroll）

动态面板的滚动事件是由动态面板滚动栏的滚动所触发的。要触发特定的滚动位置交互，你可以添加条件，如 [[this.ScrollX]] 和 [[this.ScrollY]]。举个简单例子，如果动态面板 Y 轴滚动距离超过 200 像素，就隐藏动态面板，if [[this.ScrollY]]>200, then hide dynamic panel。

3.1.4 改变大小时（OnResize）

改变大小时事件是当动态面板大小改变时，由"设置面板尺寸"动作触发的。当"设置面板尺寸"这个动作用在其他部件上时，可以用来触发一连串事件。

3.1.5 载入时（OnLoad）

动态面板的载入时事件，是由页面初始加载动态面板时触发的。可以使用此事件代替页面载入时事件。

3.2 拖动事件

开始拖动时、正在拖动时、拖动结束时，这 3 个事件，允许你在拖动的每个阶段添加交互。如果你想让一个部件或者一组部件都能够被拖动，就把它们放入动态面板中。

开始拖动时（OnDragStart）：发生在面板拖动动作刚刚触发时。

正在拖动时（OnDrag）：发生在面板拖动的过程中。

结束拖动时（OnDragDrop）：发生在面板拖动结束时。

3.3 动态面板案例

案例 1：图片轮播

01 拖放两个动态面板部件到设计区域中，分别给动态面板添加 4 个状态。给第一个动态面板命名为 D_pictures，并给每个不同的状态中添加图像部件并导入图片；给另一个动态面板命名为 D_indcator，每个状态中放入 4 个矩形部件并将其调整为圆形，然后分别给不同状态中的圆形部件填充相应的颜色。这个动态面板是用来当做状态指示器的，让用户看到当前显示的是第几张图片。最后在动态面板左右两侧各添加一个三角形按钮，使用矩形部件编辑形状样式即可，见图 1。

02 给左右两个三角形按钮添加点击时改变动态面板状态事件（注意：这里要同时改变两个动态面板的状态）。首先选中右侧三角按钮，在部件交互面板中双击鼠标单击时事件，在弹出的用例编辑器中添加设置面板状态动作，并在第四步配置动作中分别设置 D_images 和 D_indicator 这两个动态面板状态到 next，并勾选"循环"复选框，见图 2。左侧三角按钮也是同样的操作，只是要将动态面板的状态设置为"Previous"，见图 3。

03 按下 F5 键，预览并测试。

图 1

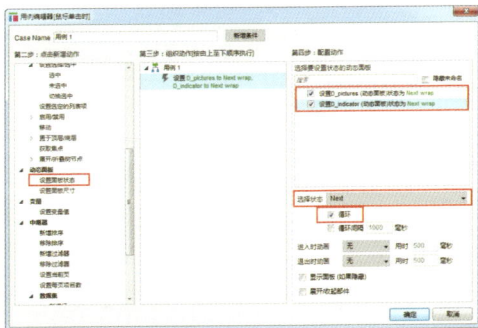

图 2

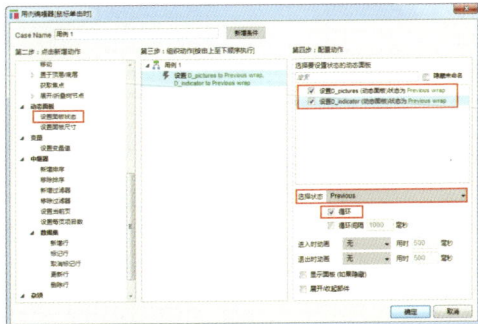

图 3

案例 2：手风琴菜单

01　准备好手风琴菜单所需的部件。分别拖入 3 个主菜单和 3 个子菜单
　　　到设计区域，并设计菜单样式、填充内容，见图 4。

02　将子菜单转换为动态面板，并给部件分别命名。在学习工作的过程
　　　中，要养成给部件命名的良好习惯，见图 5。

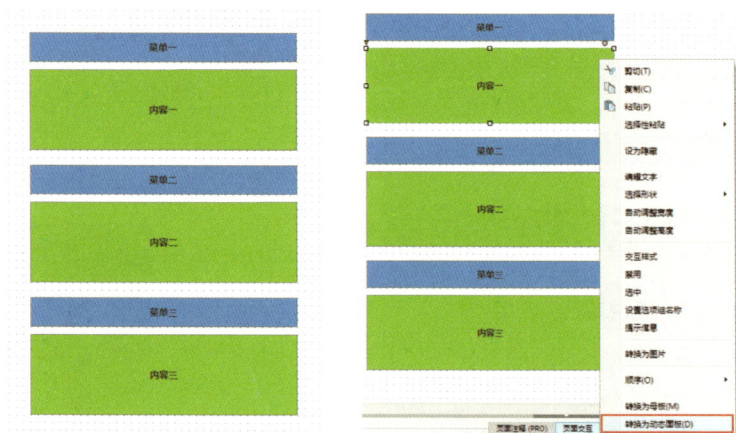

图 4　　　　　　　　　　　　　　　　　　　　　　　　　　图 5

03　分别将 3 个子菜单设置为隐藏，并调整至合适位置，这一步操作非常
　　　重要，见图 6。

04　给 3 个主菜单分别添加事件。当鼠标点击菜单 1 时，设置动态面板
　　　content1，将可见性设置为"切换"(toggle)，并同时勾选"展开收起部件"，
　　　方向是"下方"；然后勾选并设置 conten2 和 content3 两个动态面板
　　　的可见性为隐藏，并且勾选收起部件，方向是"下方"，见图 7。

05　按下 F5 键，快速预览并测试。

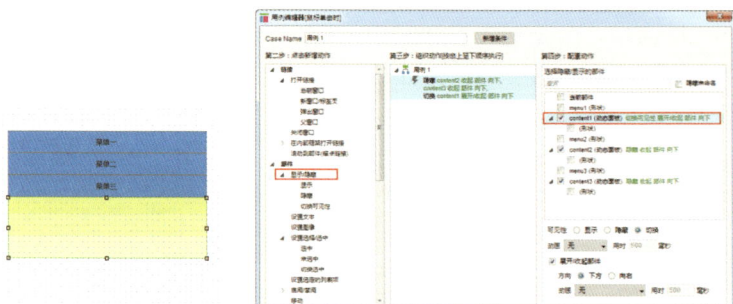

图 6　　　　　　　　　　　　　　　　　　　　　　　　　　图 7

3.3.1 灯箱效果

灯箱效果在网站中经常用于显示较大的图片或者视频。通常情况下，灯
箱周围的颜色都会变暗，这样容易让用户将注意力集中在显示的内容上。

点击灯箱周围的任意位置或者点击"关闭"按钮，灯箱会动态隐藏。在 Axure RP7 中，你可以使用"显示/隐藏"动作中的"设为灯箱效果"（treat as lightbox）来轻松实现。首先准备一大一小两张图片，当点击小图片时，以等效效果显示大图片。

01 拖放一个图像部件到设计区域中，导入大图片并将其转换为动态面板（命名为 Big_picture），然后右键点击该动态面板，选择"固定到浏览器"，在弹出窗口中勾选"固定到浏览器窗口"，选择"居中"，然后将该动态面板设置为隐藏，见图 8。

02 再拖放一个图像部件到设计区域中，将小图片导入（命名为 Small_pic）。在这一步中，为了便于我们在设计区域中的操作，可以在部件管理面板中将 Big_pic 这个动态面板设置为"在设计区域隐藏"状态，见图 9。注意，这里只是在设计区域中视觉上看不到而已，并不是删除。关于部件管理面板我们会在后面的章节中给大家详细讲解。

图 8

图 9

03 给小图像部件添加鼠标点击时的交互事件，选中小图像部件，在部件交互面板中双击"鼠标单击时"事件，在弹出的用例编辑器中新增"显示动作"，在配置动作中勾选 Big_pic 动态面板，在更多选项下拉列表中选择"灯箱效果"（并且可以设置灯箱周围的背景颜色），此外你还可以给"显示该动态面板时"添加过渡动画效果，见图 10。

04 按下 F5 键，快速预览并测试。

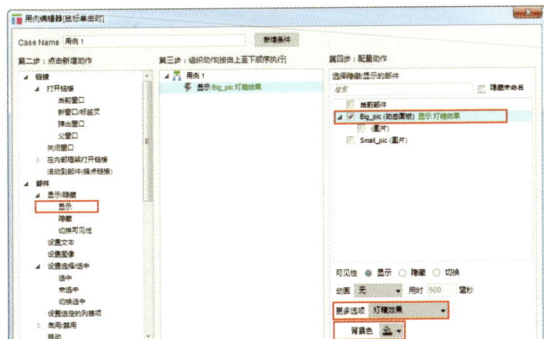

图 10

3.3.2 自动图片轮播

现在我们来制作自动图片轮播效果，为了方便大家可以重复使用手动图片轮播中制作好的部件，只需要把左右两个三角部件删掉就可以了。在我们浏览互联网时，见到最多的就是自动图片轮播的效果。

01 将案例所需部件准备好，见图 11。

图 11

02 理想的效果是：当网页打开后，等待 3 秒钟，图片开始循环播放下一张。所以，我们使用"页面载入时"事件来创建交互（当然，你也可以使用"动态面板载入时"事件）。双击"页面载入时"事件，在弹出的用例编辑器中新增"等待"动作，并配置该动作的等待时间为 3000 毫秒，见图 12。然后继续新增"设置面板状态"动作，在配置动作中将 D_picture 和 D_indictor 这两个动态面板的选择状态设置为"Next"，并勾选循环和循环间隔，将循环间隔设置为 3000 毫秒。此外还可以添加不同动态面板状态间替换时的过渡动画效果，见图 13。最后点击"确定"，关闭用例编辑器。

03 按下 F5 键，快速预览效果。

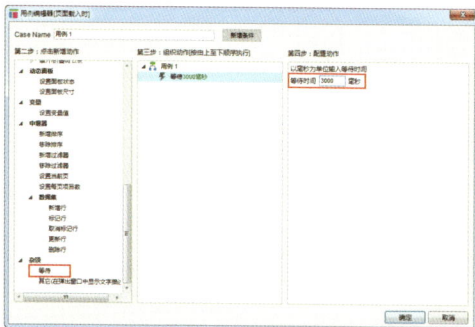

图 12

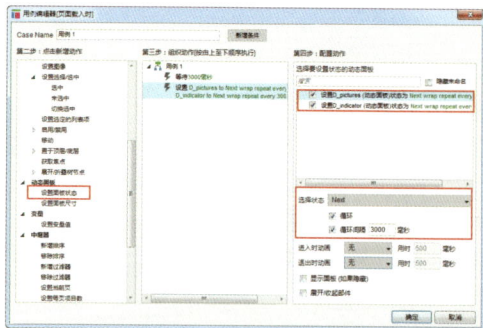

图 13

第 4 章

流程图

在 Axure 中使用流程图来表达思路是一种极好的沟通方法，
虽然一些流程图形状的意义是存在公约的，但是 Axure 并不
限制它们的使用。一般来说，使用它们的最好方式，就是让
你的沟通对象理解它们的意思。

4.1 流程图概述

在 Axure 中使用流程图可以对各种过程进行交流，包括用例、页面流程和业务流程，正如我在前面章节中解释页面事件和部件事件时所表达的那样。很多人使用流程图来表达不同页面间的交互与层级关系。在流程中不同的形状可以代表不同的步骤。虽然一些形状的意义是存在公约的，但是 Axure 并不限制它们的使用。一般来说，使用它们的最好方式，就是让你的沟通对象理解它们的意思。

4.2 创建流程图

4.2.1 流程图形状

流程图形状与默认部件不同，因为它们在每一边都有连接点，用来匹配连接线。要查看流程图形状，在部件面板的下拉列表中选择 Flow 部件库。使用方法与默认部件库类似，你可以拖放它们到设计区域中，见图 1。

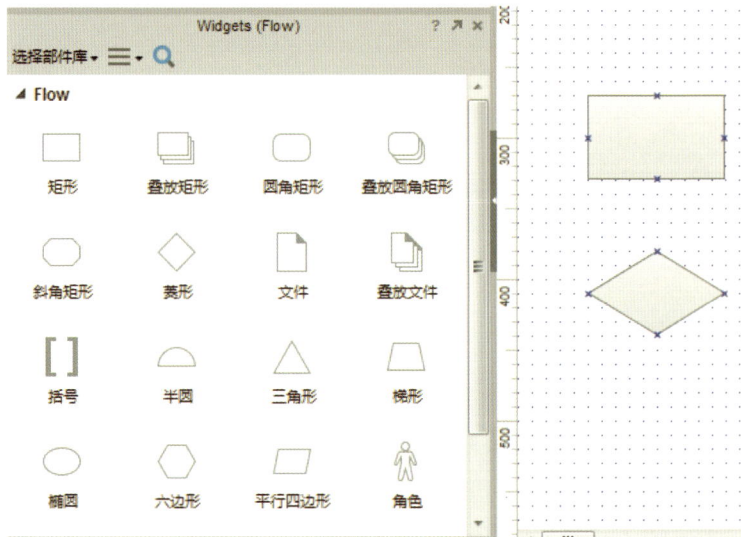

图 1

4.2.2 连接模式

在给不同的流程图形状添加连接线之前，必须要将选择模式改变为连接模式。连接模式按钮，就在工具栏选择模式的右侧，见图 2。

图 2

4.2.3 标记页面为流程图

页面流程图是使用站点地图中的页面进行管理的。虽然并不十分必要将页面标记为流程图，但这样做有助于我们将其与其他页面区分开来。要将页面标记为流程图，右键点击该页面，选择"图表类型 > 流程图"，该页的小图标就变成了流程图的样式，见图 3。

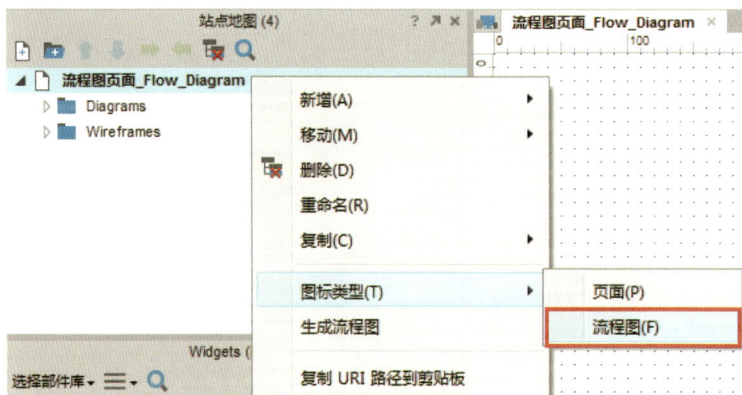

图 3

4.2.4 连接线

要连接流程图中的不同形状，鼠标指向形状上的一个连接点，并点击拖拽，当连接到另一个形状的连接点后，松开鼠标。要改变连接线的箭头形状，选中连接线，并在工具栏中选择箭头形状，见图 4。

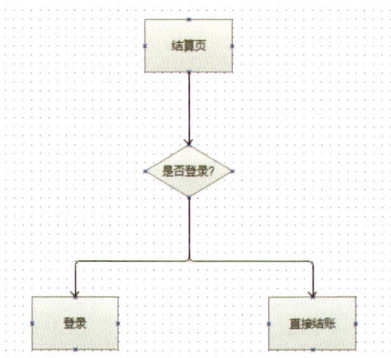

图 4

4.3 添加参照页

给流程形状添加参照页，允许你点击流程图形状后跳转到站点地图中的指定页面。如果改变了站点地图中页面的名字，那么流程形状上的文本也对应变化，这对流程图页面来说非常有用。点击流程形状会自动跳转到指定的参照页，无需添加事件。

要给流程形状指定参照页，右键点击该形状（A），并选择"参照页"，或者在部件属性面板中进行设置（B），然后在弹出的参照页对话框中选择对应的页面（C），点击"确定"。还可以直接在站点地图中拖拽一个页面到设计区域，创建一个流程部件的引用页。用自定义事件创建交互来影响当前页面中的元素，见图 5。

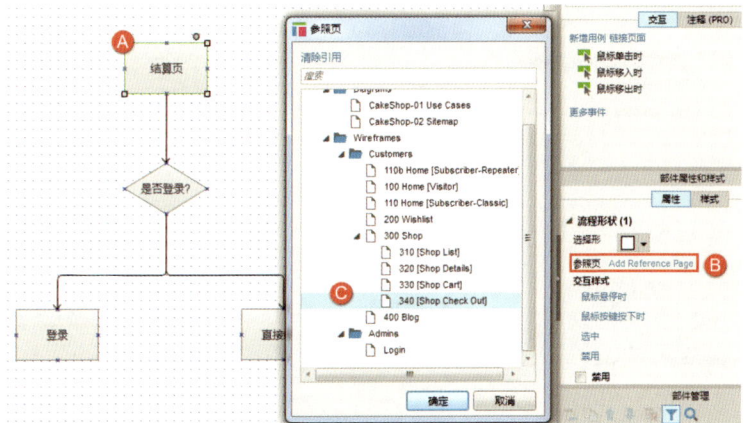

图5

4.4 生成流程图

要生成基于站点地图层级关系的流程图，首先打开想要生成流程图的页面，然后选择想要生成流程图的站点地图的分支的根页，再点击右键，选择"生成流程图"。在弹出对话框中，可以选择水平生成或者垂直生成。这会根据你的页面分支自动创建流程图，见图 6。

图6

第 5 章

自定义部件库

自定义部件库功能允许你创建属于自己的图标、设计样式和品牌元素等，并且可以直接在部件面板中加载使用它们。设计规模较大的项目时，在团队中共享自定义部件库可大幅度提升工作效率。

5.1 自定义部件库概述

自定义部件库功能允许你创建自己的图标、设计样式和品牌元素，等等，并且可以直接在部件面板中加载使用它们。自定义部件库是独立的 .rplib 文件（与 .rp 文件不同），你可以很方便地与团队成员或其他 Axure 用户共享，见图 1。

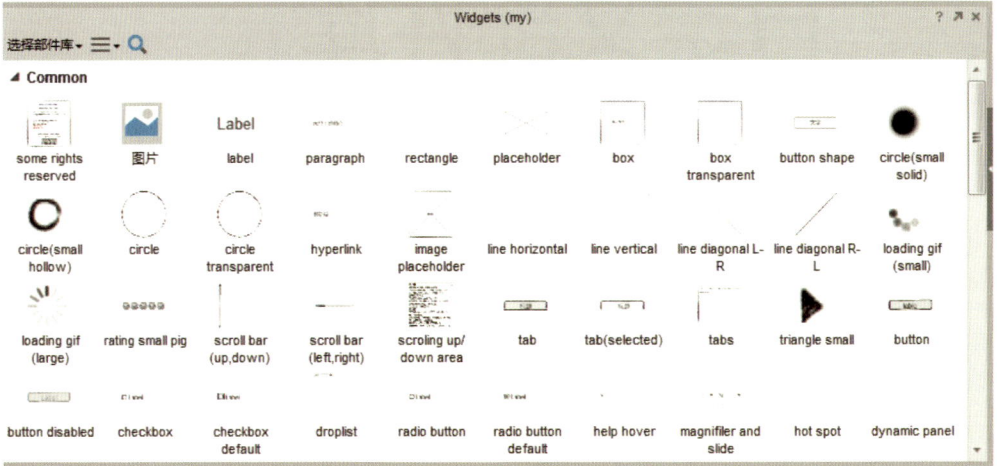

图 1

5.2 加载和创建自定义部件库

加载自定义部件库：要加载自定义部件库，在部件面板中点击下拉列表，选择载入部件库并且浏览定位 .rplib 文件，见图 2。载入部件库后它就会出现在部件面板中了，你可以拖拽它们到设计区域开始设计。要想让 Axure 每次启动时自动加载自定义部件，把 .rplib 文件放在 Axure 安装目录的 \Axure RP Pro7.0\DefaultSettings\Libraries 文件夹中即可。如果想卸载部件库，点击"卸载部件库"即可，你加载的部件就从部件面板中移除了。

创建自定义部件库：要创建自定义部件库，在部件面板工具栏名称下拉菜单中点击"创建部件库"，并给 .rplib 文件命名，见图 3。新创建的这个 .rplib 文件会打开第二个 Axure 窗口，你可以在部件面板中添加、删除和管理部件。你还可以使用已有的部件来创建你自己的部件库，操作方法和平时在设计区域操作部件一样。

图2

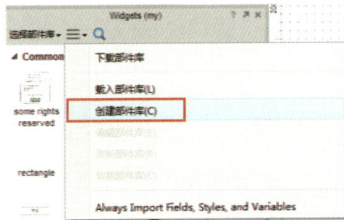

图3

5.2.1 添加注释和交互

创建自定义部件库时给部件添加了注释和交互的话，当你使用该部件时，注释和交互也会被添加到设计区域。比如，你使用动态面板创建了一个有开/关切换交互效果的按钮，当你把这个自定义按钮拖入到设计区域中时，它依然带有你设计好的交互效果。

5.2.2 组织部件库到文件夹

和操作站点地图中的页面相似，自定义部件可以添加到文件夹中以便管理。在自定义部件面板中点击文件夹小图标，可以添加文件夹。拖拽自定义部件到文件夹层级下，或者使用箭头来移动部件，见图4。

5.2.3 使用自定义样式

自定义部件可以被指定自定义样式，设计自定义部件时，像平时那样创建并使用自定义样式即可。当自定义部件添加到项目中时，它的样式也被动态地导入 RP 文件中了，见图5。

> **Tips**
> 要想让创建的自定义部件是组合形式的，请在创建自定义部件的时候将其全选，然后设置为组合 (PC：Ctrl+A 全选 >Ctrl+G 组合；MAC：Cmd+A>Cmd+G)。要查看自定义部件，点击"文件 > 保存"，并在部件面板的下拉列表中点击刷新部件库。

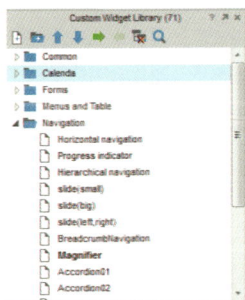

图4

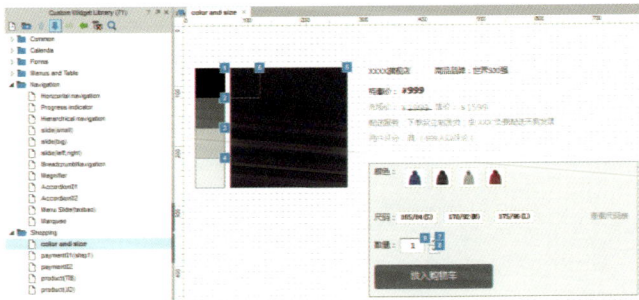

图5

5.2.4 编辑自定义部件属性

你可以编辑自定义部件属性，如部件的小图标、描述和注释。要导入部件图标，点击"自定义图标"单选按钮，然后导入小图标即可，见图 6。

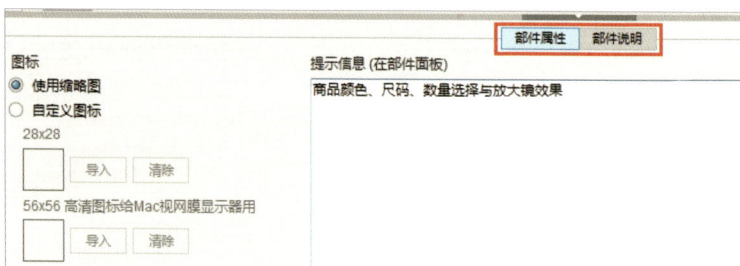

图 6

5.2.5 保留角部

保留角部功能允许你调整图像大小时不拉伸图像的边角，这对于创建图片部件（如对话框或图片按钮）非常有用。要使用保留边角，到部件属性面板中勾选"保留边角"，在部件上方和左侧会出现两个小箭头。当拖动箭头时，引导线会出现，并帮助你设置要保存的边角大小，见图 7。

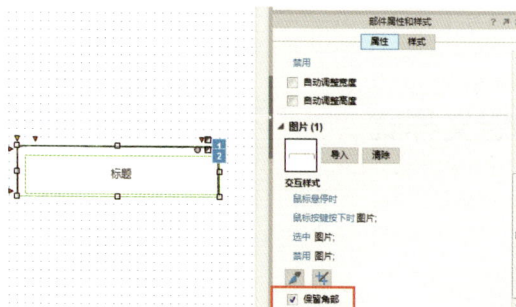

图 7

第 6 章

高级交互

若要驾驭 Axure 这款工具，随心所欲地制作你想要的原型，
高级交互部分一定要付出 200% 的努力与耐心。

6.1 条件逻辑（Condition Logic）

6.1.1 条件逻辑概述

现在，你已经熟悉了 Axure 的交互和用例编辑器的操作，只需使用鼠标点击并从弹出菜单中选择选项就可以构建交互，而你唯一要输入的内容只有部件名称和用例名称（当你更加熟悉 Axure 之后，用例名称也可以不用写了）。使用条件生成器或者制作拖放交互时，你会发现操作方法也很简单，并没有想象中那样复杂。

当你在原型中使用条件逻辑时，你为工作节省了大量开支，因为你可以通过多种方法重复使用已经制作好的条件逻辑模式。

逻辑无处不在，我们本身就生活在逻辑中，即使有些结果并不符合逻辑。而在计算机科学和交互设计中，条件逻辑必须适应各种业务规则和例外情况。在我们日常使用的很多软件中都包含着条件逻辑，比如百度高级搜索（网址：http://www.baidu.com/gaoji/advanced.html），见图1。

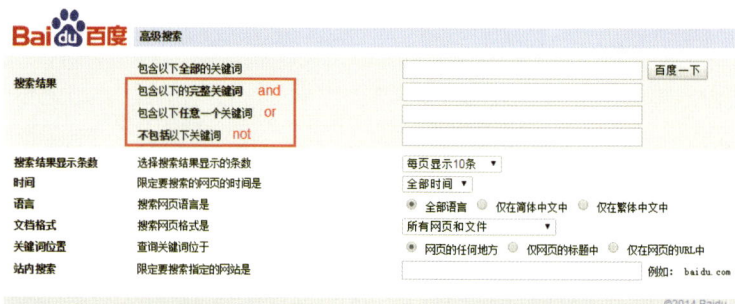

图 1

1.IF-THEN-ELSE

IF-THEN-ELSE 语句是最常见的逻辑，用于整个设计过程中帮助捕获各种影响系统和用户的行为规则与交互模式。大约 2300 年前，古希腊的亚里士多德发明了逻辑（又称三段论），这条抽象推理至今深刻影响着我们的生活和数字世界。在 Axure 中，良好的用例说明可以将条件流程清晰地表达出来，这样也利于维护和更新。如果你想让原型将用例正确地表达出来，在用例中定义条件逻辑是必不可少的操作。

举例来说吧，假如想要一张水果的图片，点击下拉列表可以选择我们想要显示的水果，你就可以创建一个每个状态中都含有不同水果的动态面板。当下拉列表的选项改变时，你就可以在用例中定义条件逻辑（如果

选中的项 = 苹果）就设置相应的动态面板状态。

下面用图片来描述一个小案例，如果我们在下图的文本输入框部件中输入的值等于"Axure"，就打开页面Home1；如果文本输入框中输入的值不等于"Axure"，就打开Home2，见图2。

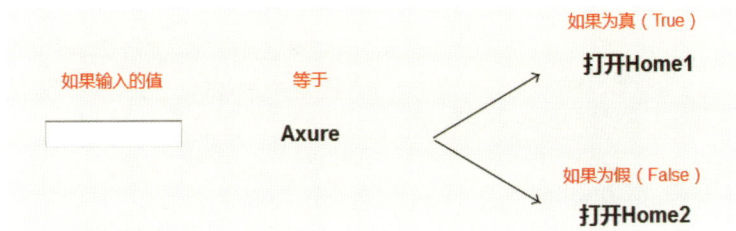

图2

2.And 和 Or

And 和 Or 是条件运算符，用于连接两个或两个以上的句子来创造有意义的复合语句。当有多种情况需要评估时，使用复合语句来确定到底执行哪个动作。

例如，当用户执行会员登录动作时，我们判断用户输入的用户名和密码是否正确。如果（If）用户名 =Axure，并且（And）密码 =Axure，Then显示登录成功；否则，显示登录失败。

6.1.2 交互和条件逻辑

1.条件生成器

要添加条件到你的交互中，首先要在部件交互和注释面板的事件中添加用例。在用例编辑器的顶部（第一步，用例说明）右侧，点击"新增条件"，打开条件生成器对话框，见图3。

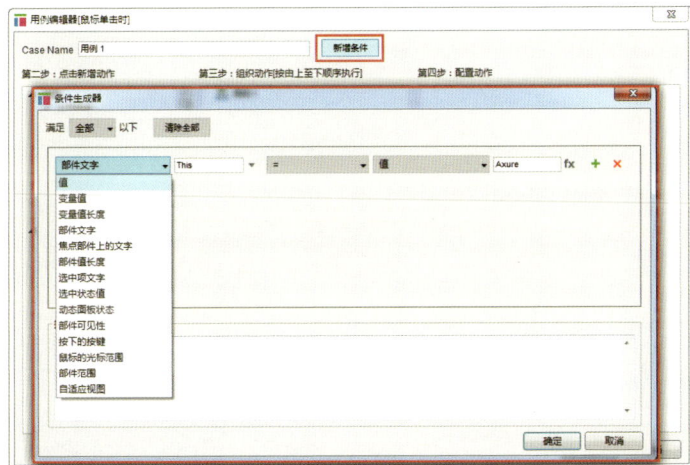

图3

条件生成器允许你创建条件表达式，比如，如果选中项文字（下拉列表框）= "苹果"，使用下拉列表和输入框，你可以轻松建立自己需要的条件。一个非常简单的办法是把表达式拆成 3 部分来看：你要对比的两个项，和对比的类型。**换句话说就是 [一个值]+[怎样对比]+[另一个值]**

每一行中的第一个和第二个项分别是值的类型和特定的部件或者是你要检查的变量。第三项是要对比的类型，比如等于、不等于 ... 第四项和第五项是你要对比的指定部件和值的类型。

2. 条件（Conditions）

下面是 Axure RP 中所有可用的条件列表 ，你可以建立基于以下类型的值的条件。

- 值（Value）：文本 / 数字的值或变量。
- 变量值（Value of Variable）：存储在变量中的当前值 。
- 变量值长度（Length of Variable Value）：一个变量的值的字符数 。
- 部件文字（Text on Widget）：表单中输入的文字 。
- 焦点部件上的文字（Text on Focused Widget）：光标焦点所在部件上的文字 。
- 部件值长度（Length of Widget Value）：表单中文本的字符数 。
- 选中项文字（Selected Option of）：下拉列表或列表选择框被选中项的文字。
- 选中状态值（Is Selected of）：检测复选框或单选按钮是否选中，或者一个部件是否是选中状态。
- 动态面板状态（State of Panel）：动态面板的当前状态。
- 部件可见性（Visibility of Widget）：无论一个部件当前状态是可见还是隐藏。
- 按下的键（Key Pressed）：键盘上按下的键或组合。
- 鼠标拖拽（Drag Cursor）：拖拽过程中光标的位置。
- 部件范围（Area of Widget）：部件之间是否接触（拖拽使用）。
- 自适应视图（Adaptive View）：自适应视图当前的视图 。

3. 创建条件（Building Conditions）

你可以在同一个用例中添加多个条件，点击表达式右侧的加号。比如，如果部件文字 email 等于 love@axure.com，并且部件文字 password 等于 axure。要删除条件，点击表达式右侧的叉号，见图 4。

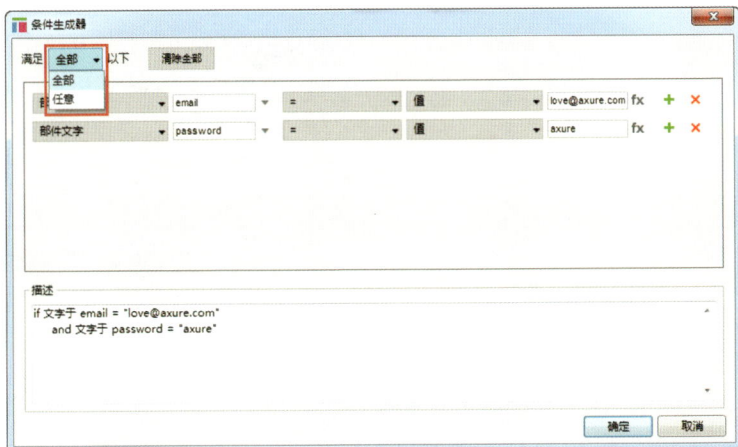

图4

如果所有的条件都必须同时满足（用例表达式中是 and 状态），在条件生成器左上角的下拉列表中选择"满足全部以下"条件。如果只需要满足条件中的任意一个（用例表达式中是 or 状态），在条件生成器左上角的下拉列表中选择"满足任意以下"条件。默认情况下，条件表达式被设置为"满足全部以下"条件。

条件设置完毕之后，点击"确定"按钮回到用例编辑器中，选择当条件能够满足的情况下想要执行的动作。比如，如果部件文字 email 等于 love@axure.com，并且部件文字 password 等于 axure，就执行在新页面打开页面 1 的动作。

6.1.3 多条件用例

一个事件下可以添加多个条件用例。举个简单的例子：你有一个下拉列表框,其中的项是不同的水果,你可以给"当选项改变时"（OnSelectionChange）事件添加多个带有条件的用例，来判断不同的下拉列表项，并执行相应的动作。

默认情况下，每个用例都是"Else If"的语句。如果添加一个没有条件的用例，它将会是"Else If True"的语句。在原型中，用例是按顺序执行的。你也可以设置让每个满足条件的用例都执行。要做到这一点，你可以在部件交互和注释面板中，右键点击用例，并选择"切换 If/Else If"。将 Else If 切换到 If 条件。

例如，在一个注册用户的表单中，对每个文本输入框进行单独验证。 当点击注册按钮时，你可以为每个输入框添加 If 结构的条件用例，如果不符合条件，用例就动态显示错误提示，见图5。

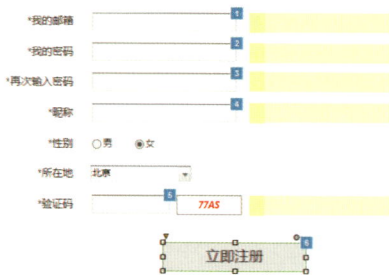
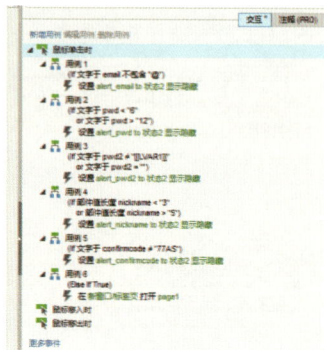

图 5

6.1.4 条件逻辑案例

1. 会员登录验证

01 使用矩形部件和文本输入框部件，制作好会员登录窗，见图 6。

02 给登录按钮添加"鼠标点击时"事件，选中登录按钮，在部件交互面板中双击"鼠标点击时"事件新增一个用例，在弹出的用例编辑器中点击"新增条件"，见图 7。

图 6

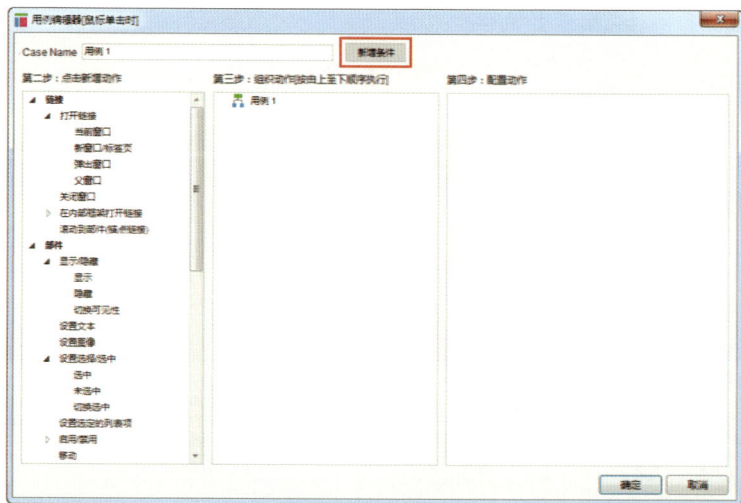

图 7

03 添加条件。我们这个案例要实现的效果是，对用户登录名和密码进行判断，如果正确就打开登录成功页面，如果失败就打开登录失败页面。在条件生成器中，配置如果部件文字 username= 值"LoveAxure"，通过条件描述，我们可以清晰地检测所写的条件是否正确。

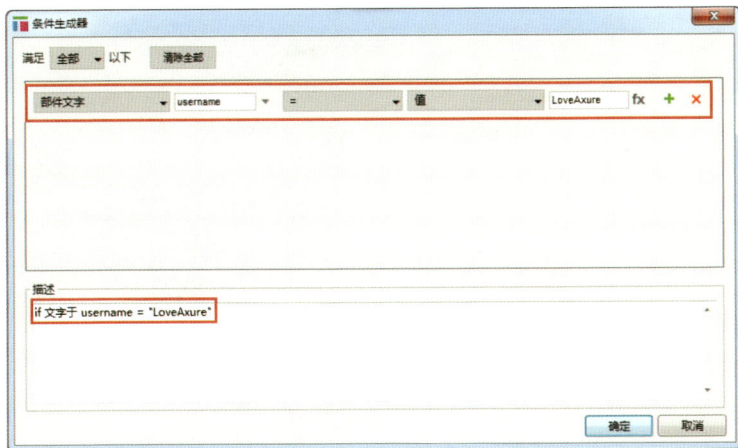

图 8

04 继续添加第二个条件，在条件生成器中，点击条件表达式右侧的加号，添加一个条件：配置部件文字 password= 值 "Yes"。要注意的是，在条件生成器的左上角，我们使用的是 "满足全部以下" 条件，也就是 and 状态。意思就是要同时满足我们添加的两个条件才执行动作，见图 9。

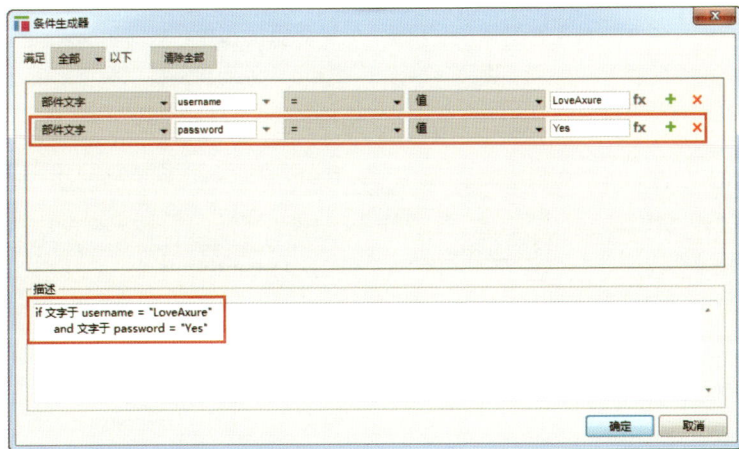

图 9

05 点击 "确定" 按钮，关闭条件生成器，在用例编辑器中给用例添加动作。当条件定义完毕后，我们就要添加当条件被满足后所要执行的动作了。

在用例编辑器左侧新增动作 "新窗口 / 新标签"，然后在第四步配置动作中选择 Login_success 页面，点击 "确定"，关闭用例编辑器，见图 10。

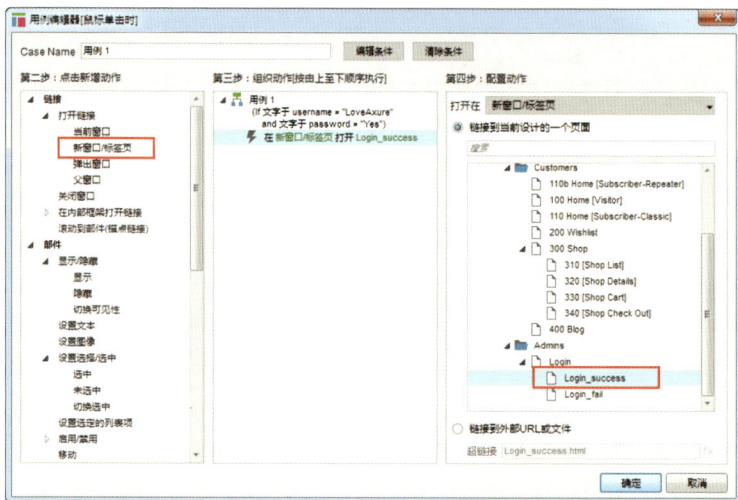

图 10

06 添加第二个用例 Else If。现在我们已经添加了"登录成功"时的用
例，让我们来继续添加"登录失败时"的用例。双击"鼠标单击时"
事件或者点击"新增用例"，注意 Else If True 会自动添加到第二
个用例中。 默认情况下，第二个用例是设定在第一个用例不被满足
的情况下执行的。 在这个例子中，我们就不需要给第二个用例添加
条件了，直接新增动作"新窗口 / 标签页"，并在第四步配置动作
中选择 Login_fail 页面，点击"确定"，关闭用例编辑器（因为没
有其他条件，如果登录不成功，就是失败），见图 11。

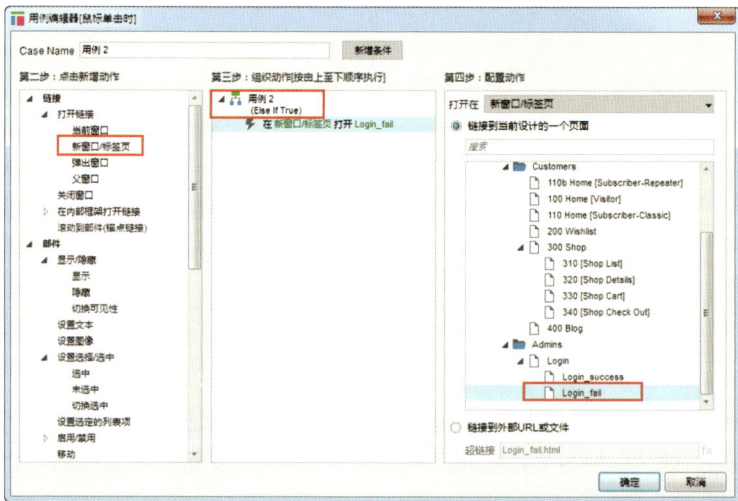

图 11

07 按下 F5 键，快速预览并测试。

对于下拉列表选项，在这个案例中，我们要实现的效果是：通过选择下拉列表中不同的项来控制动态面板显示不同的状态。比如，在下拉列表部件中分别有：空白、苹果、香蕉、橘子和哈密瓜，这 5 个列表项（注意：默认第一个列表项为空，当列表项为空白时，动态面板隐藏）；动态面板部件中分别有 4 个不同的状态，每个状态中分对应这 4 种水果。当用户通过下拉列表选择橘子时，动态面板就显示橘子的图片；当用户通过下拉列表选择苹果时，动态面板就显示苹果的图片，以此类推。

01 拖放下拉列表和动态面板到设计区域中，并进行相应的设置，给动态面板命名为 fruit_picture，下拉列表命名为 fruit_list。注意，动态面板默认是隐藏的，见图 12。

02 给下拉列表部件添加"选项改变时"（OnSelectionChange）事件，首先选中下拉列表部件，在部件交互面板中双击"选项改变时"事件，弹出用例编辑器对话框。

03 在用例编辑器中点击"新增条件"，弹出条件生成器对话框。在条件生成器中新增条件：如果选中项文字 This（也就是当前部件，这个下拉列表部件 fruit_list）= 选项为空，见图 13。在这个案例中，当下拉列表项为空时，就隐藏动态面板 fruit_picture。所以这里新增这个条件，点击"确定"，关闭条件生成器。

图 12

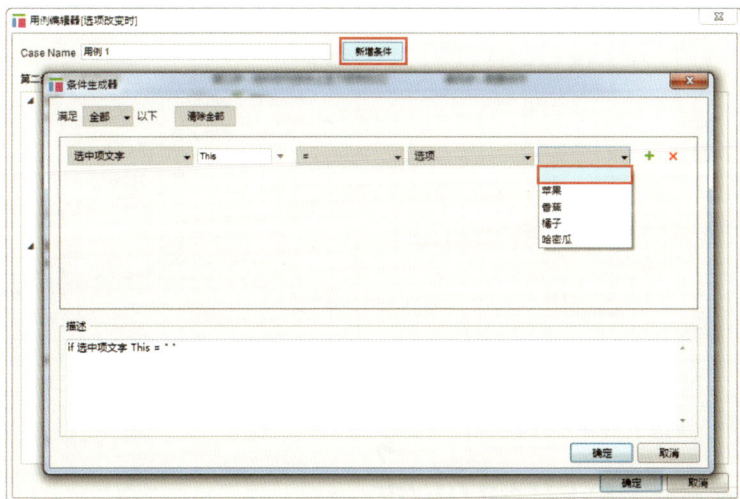

图 13

04 在用例编辑器中新增"隐藏"动作，在配置动作中勾选动态面板 fruit_picture。通过用例编辑器中的第三步组织动作，我们也可以清晰地观察条件和动作，见图 14。点击"确定"关闭用例编辑器。

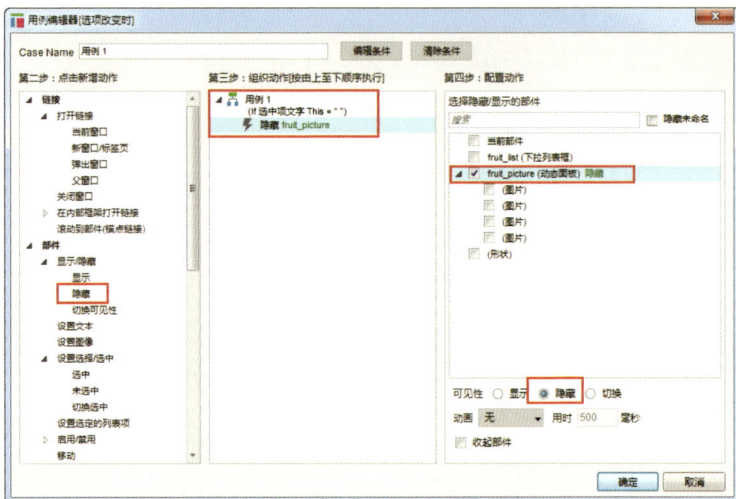

图 14

05 继续添加其他用例。重复上个用例的操作，继续给下拉列表部件添加
"选项改变时"事件，添加条件和满足该条件需要执行的动作即可（需
要注意的是，在满足水果条件的设置面板状态动作里需要勾选"显示
面板"复选框，见图 15）。添加完全部用例后的截图，见图 16。

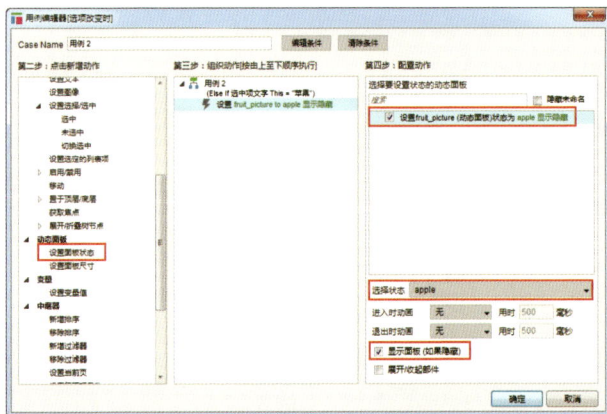

图 15

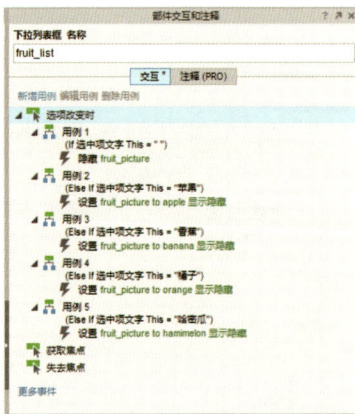

图 16

06 按下 F5 键，快速预览并测试。

6.2 设置部件值

使用交互，你可以动态地设置部件的值，比如文本框中的内容或者下拉
列表项中的内容。这对于一些交互来说非常有用，比如要设置一个文本
框的值内容等于变量值中存储的内容，或者动态地检测复选框是否符合
条件。你还可以使用函数和变量值来计算部件的值。

6.2.1 设置文本（Set Text）

01 在用例编辑器中，使用设置文本动作可以动态的编辑一个部件上的文本内容，在用例编辑器的第四步配置动作中选择你想要修改的部件，然后点击 "fx"，见图17。

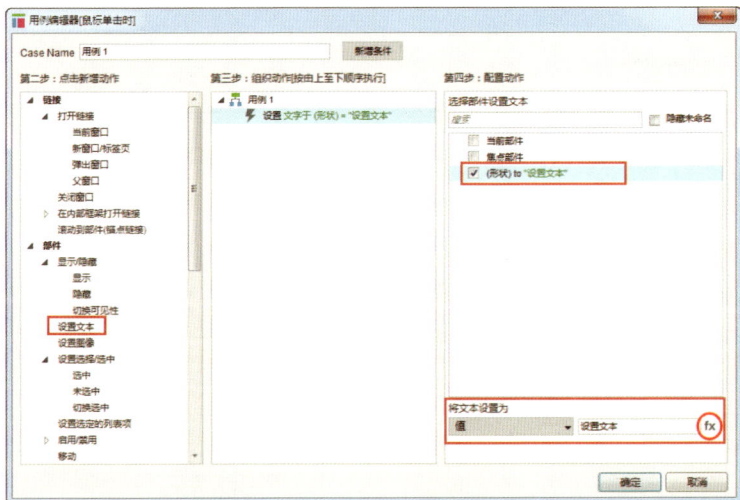

图17

02 点击 "fx" 之后，在弹出的编辑文字对话框中，你可以看到部件上已有的文字。这些文字可以替换、删除或增加。你还可以插入变量值、函数。这些值和函数都是被两个中括号（[[]]）包括起来的，见图18。

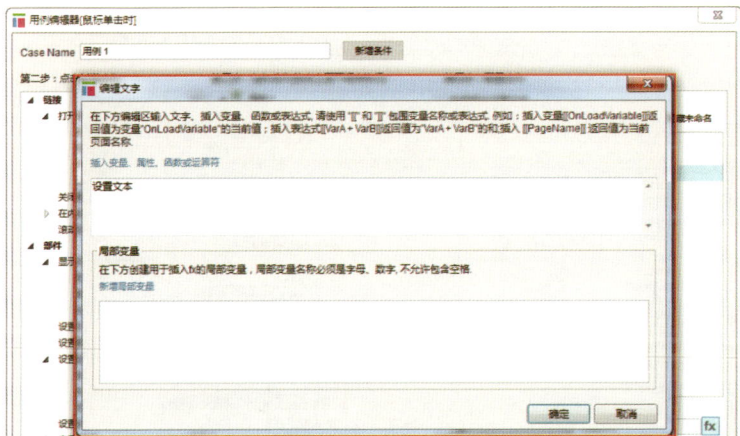

图18

03 当你要给一些部件设置文本值时（比如给文本输入框），你可以选择设置文本的值、变量值选中项文字、部件文字、焦点部件上的文字，以及部件值的长度。当设置文本的时候，如果想使用其他部件的值，

你可以创建一个局部变量来临时储存那个值（注意，局部变量只存在于一个动作范围内，并不能传递到其他页面），要插入局部变量，在编辑文字对话框下面点击"新增局部变量"，然后给文本部件分配局部变量，你可以设置局部变量的值为 [[LVAR1]]，见图 19。在该图中，A 是局部变量名称，B 是要使用局部变量的部件类型，C 是要使用局部变量的部件。

图 19

6.2.2 设置图像（Set Image）

设置图像动作，可以动态地更新页面中的图像，见图 20。

- 默认（Default）：当前显示的图片。
- 鼠标悬停时（MouseOver）：鼠标悬停在部件上时显示的图片。
- 鼠标按键按下时（MouseDown）：鼠标按键按下还没释放时显示的图片。
- 选中（Selected）：当部件为选中时显示的图片。
- 禁用（Disabled）：当部件禁用时显示的图片。

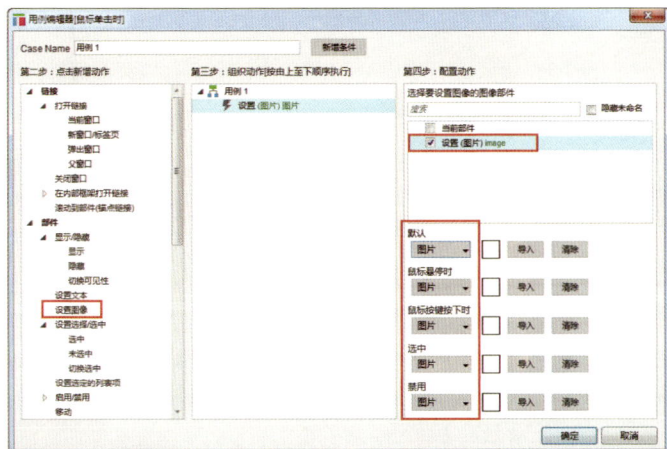

图 20

6.2.3 设置选择 / 选中 （Set Selected/Checked）

可以动态设置一个部件到选中状态，或者检测单选按钮 / 复选框，见图 21。

· 真（True）：设置一个部件为选中状态。

· 假（False）：设置一个部件为默认状态。

· 切换（toggle）：基于一个部件当前的状态来切换选中 / 默认。

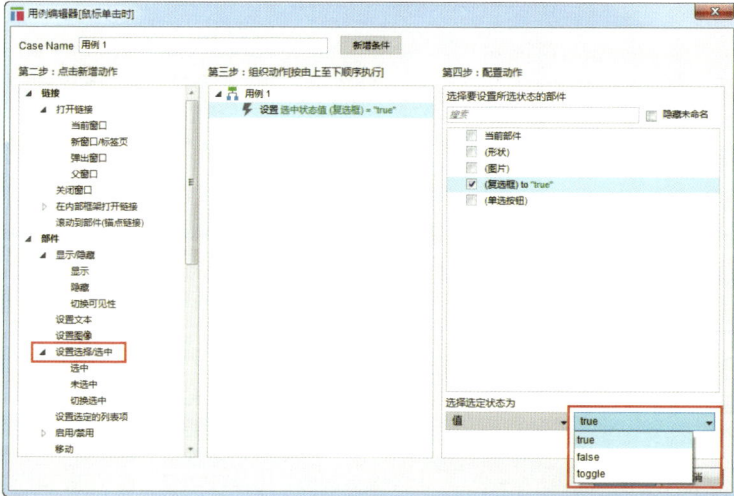

图 21

6.2.4 设置选定的列表项（Set Select List Option）

可以动态设置下拉列表或列表选择框的选项，见图 22。

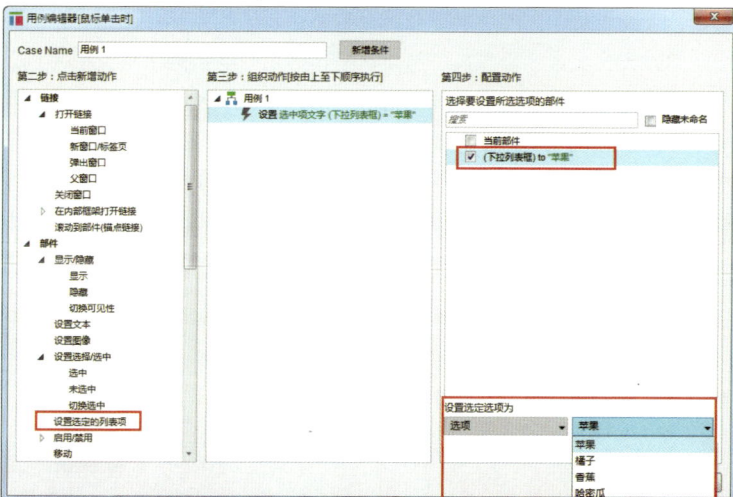

图 22

6.3 变量

6.3.1 变量概述

在我们的日常生活中，时时刻刻都在使用变量。比如，当我们想到自己银行卡里的账户余额时，"账户余额"就是一个变量；今天测一下体重，和一个月前的体重对比，"体重"也是一个变量。虽然账户余额和体重都是在变化的，但是我们对它们的引用并没有改变。

变量除了用于存储数据以外，经常用于将数据从一个事件中传递到另一个事件，并影响到另外一个事件中的值。当你使用条件逻辑时，变量就显得十分必要了，因为它可以检查变量的值，以确定该执行哪个路径中的动作。

下面就来认识一下 Axure 中的变量。

局部变量： 只在使用该局部变量的动作中有效，在这个动作之外就无效了，因此局部变量不能与原型中其他动作里的函数一起使用。不同的动作可以使用相同的局部变量名称，因为它们的作用范围不同，并且都是只在其当前动作中有效，所以不会相互干扰。

全局变量： 在整个原型中都是有效的，因此全局变量的命名不能重复。当你想要把数据从一个页面传递到另一个页面时，就要使用全局变量了。

Tips

当浏览器中模拟的原型关闭后，该原型中的所有全局变量都会被重置为默认值。

上面的描述也许不容易理解，下面我们使用大脑的记忆力来加以说明。比如，今天早晨你出门后发现自己没带手机，你的大脑立刻会在记忆中搜索你昨天晚上或今天早晨（总之，是你最后一次接触手机）把手机丢在了什么位置，而不是告诉你上个月或者去年某个时候你把手机丢在哪里了，这就是短期记忆（局部变量）。在此之后，你的大脑就会把它忘掉（过滤掉），避免在你下一次又忘记带手机的时候与这次的回忆造成混淆，这个短期记忆就可以理解为局部变量；而长期记忆（全局变量）就是那些在你一生中都无法忘怀的事情（在整个原型中都有效）。

6.3.2 创建和设置变量值

要管理项目中的变量，点击菜单栏中的"项目 > 全局变量"。在全局变量对话框中，你可以对全局变量进行添加、删除、重命名和排序操作。默认情况下有一个名为"OnLoadVariable"的变量。在创建变量名时，请使用字母或数字，并少于 25 个字符，不能包含空格。

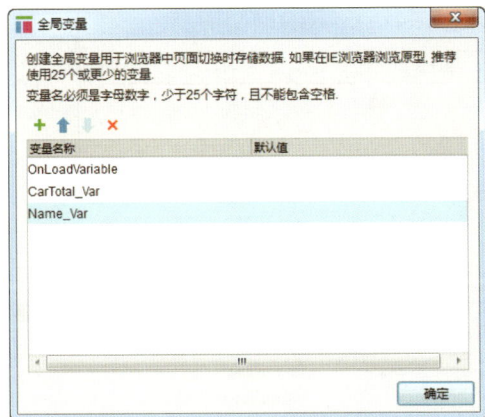

图 23

Tips

请给变量添加描述性名称，如 UsernameVar 或 CartTotalVar 和 Var1andVar2 对比起来更容易区分，见图 23。

6.3.3 在动作中设置变量值

在用例编辑器左侧，新增"设置变量值"动作，在右侧配置动作中选择你想设置的变量值，然后在底部的下拉列表中选择你要怎样设置变量值。如果没有提前新增全局变量，那么在用例编辑器中选择"设置变量值"动作之后，在右侧的配置动作中可以点击"新增变量"。使用"值选项"，你可以建立把变量设置为指定值的表达式。例如，"设置变量值 Name_Var=用户名文本文本输入框部件（UserName）中的文字"，换句话来解释：当用户点击提交按钮时，就将用户名这个文本输入框中的值存储到全局变量 Name_Var 中。一旦全局变量值被设置，这个变量值就可以在整个原型中传递使用了，见图 24 和图 25。

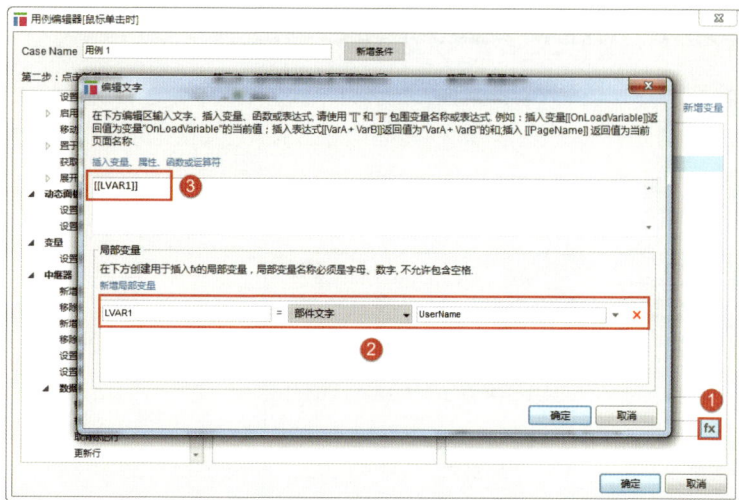

图 24

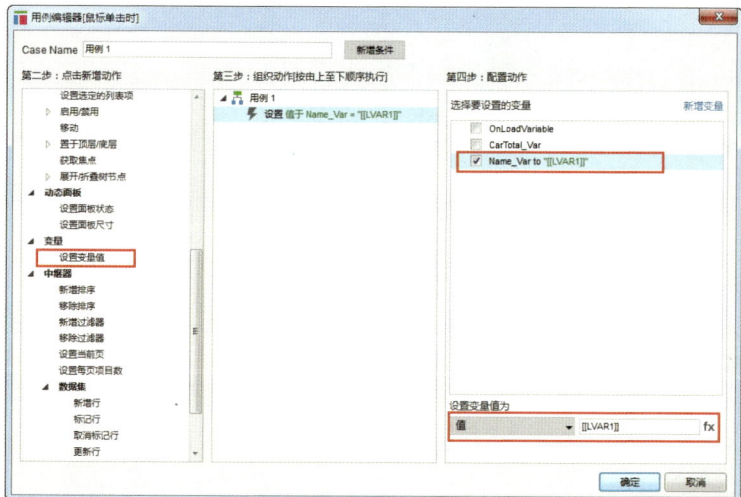

图 25

在 Axure RP7 中，你可以将变量设置为以下几种类型的值，见图 26。

·值（Value）：一个手动输入的值。

·变量值（Value of Variable）：装载在其他变量中的值，可以从变量列表中选择，也可以新增。

·变量值长度（Length of Variable Value）：另外一个变量值的长度（数字），可以从变量列表中选择，也可以新增。

·部件文字（Text on Widget）：文本部件中的文字，在当前页面的文本部件列表中选择。

·焦点部件上的文字（Text on Focused Widget）：当前获取焦点部件中的文字。

- 部件值长度（Length of Widget Value）：部件中字符的长度（数字）。
- 选中项文字（Seleted Option of）：下拉列表或列表选择框中被选中项的文字。
- 选中状态值（Is Selected of）：设置变量值为部件的选中状态值（true/false）。
- 动态面板状态（State of Panel）：设置变量值为动态面板当前的状态名称。

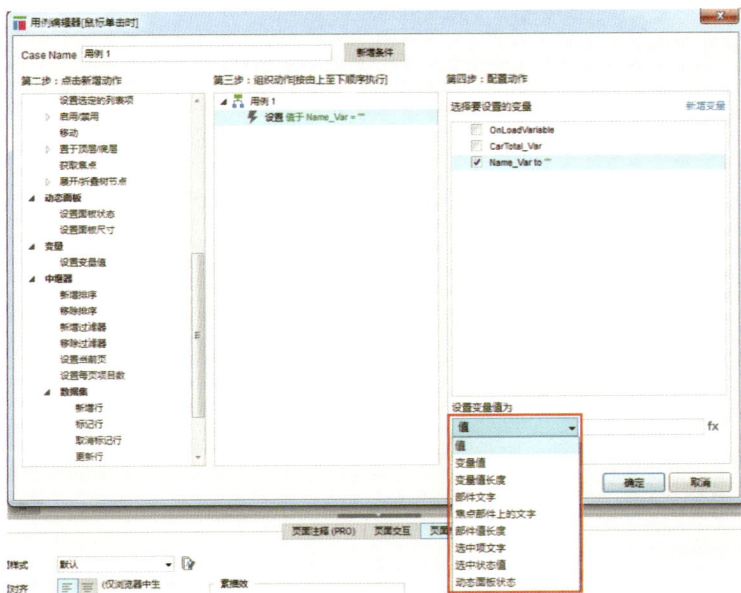

图26

6.3.4 使用变量值

1. 条件和变量

你还可以在条件中使用变量值。在条件生成器对话框中，你可以找到两个基于变量的可用值：一个是变量值，另一个是变量值长度，见图27。

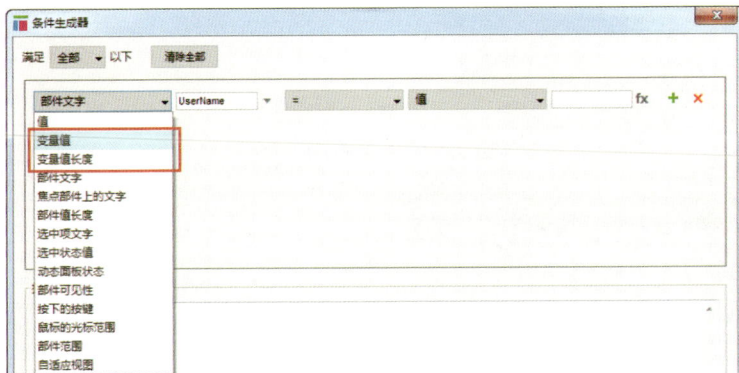

图27

举例来说，如果你想在原型的不同页面载入时判断会员的登录状态，如果会员按照指定的条件登录成功就可以访问任意页面，否则就跳转到会员登录页，提示用户必须登录成功之后才能访问其他页面。或者给某些会员设置不同的权限，只有符合指定条件的会员才能访问登录页以外的其他页面。

在这个案例中，我们就可以在条件中使用变量，描述如下：如果（If）用户点击登录按钮时用户名 = "LoveAxure"并且密码 = "Axure"，就（Then）执行动作①设置全局变量 Login=True ②在当前窗口中打开指定的新页面；否则（Else If True）就执行动作①设置全局变量 Login=False ②显示错误提示，见图 28。

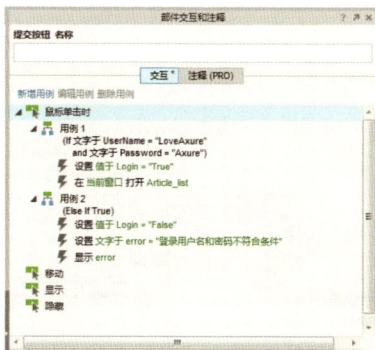

图 28

然后给登录页以外的其他页面设置"页面载入时"事件：当页面载入时，如果（If）全局变量 ≠ True ，就在当前窗口中打开登录页面（引导用户必须登录成功才有权访问其他页面）；（Else If True）全局变量 Login=True 就什么也不做（不加入任何动作即可），见图 29。

图 29

2. 使用变量值设置部件文本内容

在这个案例中，我们制作一种常见的交互，当会员登录成功后，在新页面中显示 "Welcome（会员名）"。很明显，这里需要使用到全局变量，因为在 Axure 中只有全局变量可以在整个原型中跨页面传递。

首先，选中登录按钮，在部件交互面板中双击"鼠标单击时"事件，在弹出的用例编辑器中新增动作设置变量值，并在配置动作中选中全局变量 Name_Var，见图 30A。然后点击配置动作底部的"fx"，在弹出的编辑文字对话框中新增局部变量（A），并将该局部变量插入到 Name_Var 全局变量的值中（B）。点击"确定"，关闭编辑文字对话框，继续在用例编辑器中新增动作"当前窗口打开 welcome 页面"，见图 31。点击"确定"，关闭用例编辑器。

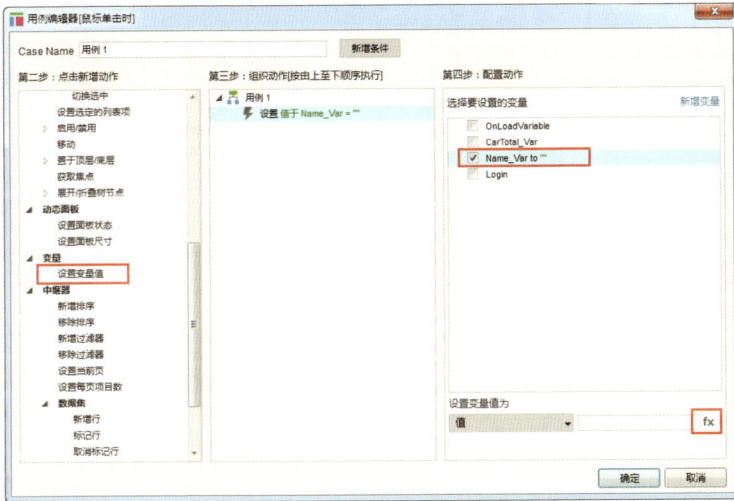

图 30A

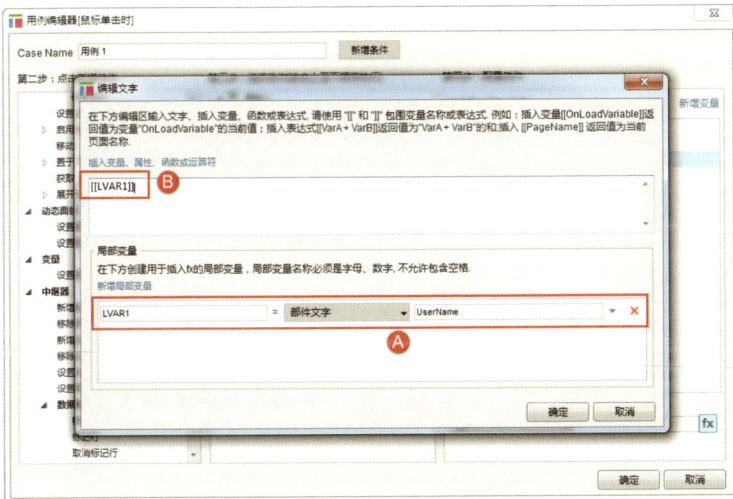

图 30B

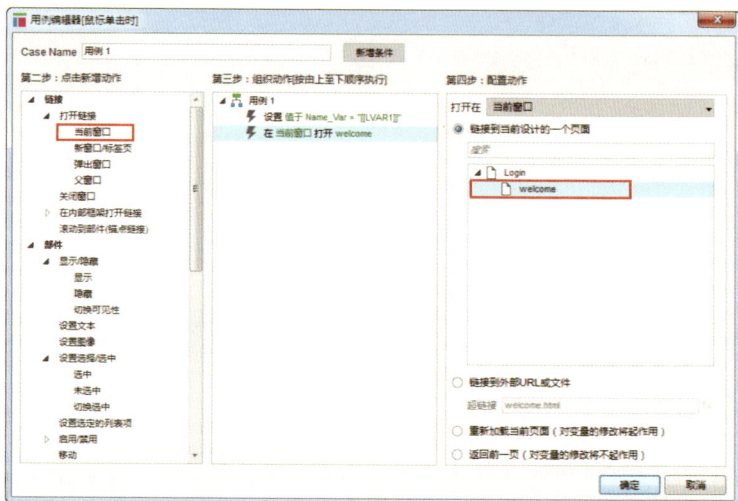

图 31

然后，在站点地图面板中，双击 welcome 页面，并拖放一个标题部件到设计区域中，给其命名为 Welcome_user，见图 32。

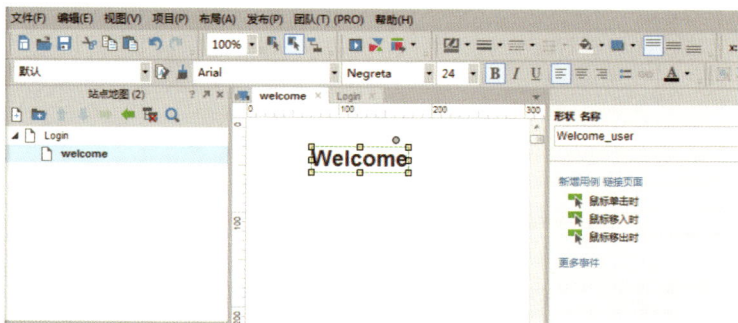

图 32

最后的效果是，当用户输入会员名称点击登录按钮后，链接到 welcome 页面。当 welcome 页面载入时，设置部件 Welcome_user 的值 = 全局变量 Name_var。

Tips

在全局变量 [[Name_var]] 前面添加的文字 welcome 会与全局变量连接在一起显示，一定要放在 [[]] 外面。

双击"页面载入时"事件，在弹出的用例编辑器中，新增"设置文本"动作，在右侧的配置动作中选中 Welcome_user 部件，见图 33。点击"fx"，弹出编辑文字对话框，在编辑文字对话框中点击插入变量，并选择 Name_var，见图 34。连续点击两次"确定"，关闭编辑文字对话框和用例编辑器。

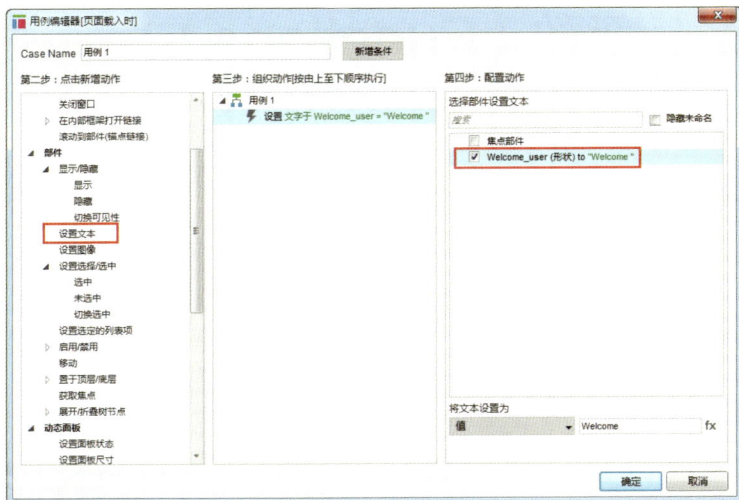

图33

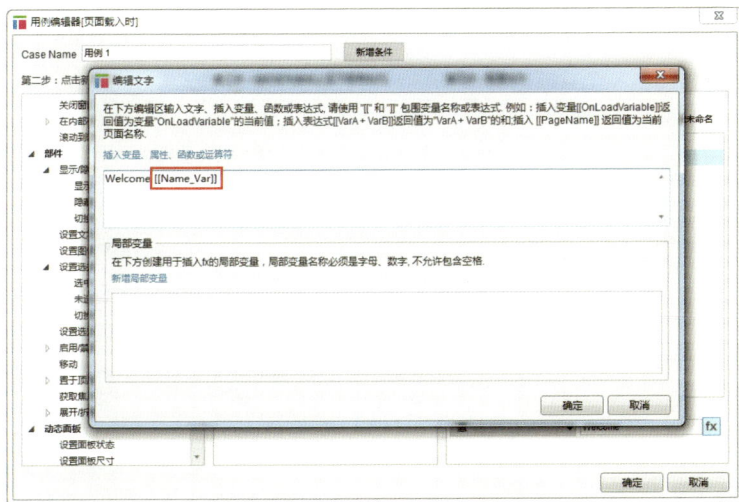

图34

至此，案例制作完毕，双击 Login 页面后，按下 F5 键快速预览测试。

也许你会发现，在这个案例中，如果用户名输入框为空（不输入任何内容），点击登录按钮后也可以在当前窗口打开 welcome 页面，并且欢迎信息中没有会员名称。非常好，现在你已经对 Axure 有所掌握，根据前面所讲的条件逻辑，你可以自己试着增加条件：如果用户名为空，就显示错误提示；如果不为空，就执行任何你想设置的动作。

如你所见，Axure 中的条件逻辑、变量、函数，并没有想象中那样难以掌握，只要你认真阅读基础知识并且配以大量的动手练习，相信你很快就可以把 Axure 变成得心应手的工具。

6.4 函数（Functions）

6.4.1 函数列表

在我们制作原型的过程中，保真程度越高，使用到函数的频率就越高。若要让我们完全掌握所有这些函数确实有些困难，但其中使用频率较高的函数一定要牢记于心，其他使用频率低的（甚至很少使用到）函数我们也要对其有所了解，避免"书到用时方恨少"的尴尬局面出现。下面是 Axure RP7 中所有函数列表，大家也可以到 http://www.w3school.com.cn 进行查阅。

1. 字符串函数（String Functions）

length	返回字符串中的字符数目
charAt()	返回在指定位置的字符
charCodeAt()	返回指定位置的字符的 Unicode 编码
concat()	用于连接两个或多个字符串
indexOf()	返回某个指定的字符串值在字符串中首次出现的位置
lastIndexOf()	返回一个字符串中最后一个出现的指定文本位置
replace()	用于在字符串中用一些字符替换另一些字符，或替换一个与正则表达式匹配的子串
slice()	用于提取字符串的片断，并在新的字符串中返回被提取的部分
split()	用于把一个字符串分割成字符串数组
substr()	从起始索引号提取字符串中指定数目的字符
substring()	用于提取字符串中介于两个指定下标之间的字符
toLowerCase()	用于把字符串转换为小写
toUpperCase()	用于把字符串转换为大写
trim()	用于删除字符串中开头和结尾多余的空格
toString()	返回字符串

2. 数学函数 (Math Functions)

+ : 加	返回数的和
− : 减	返回数的差
* :	返回数的积
/ :	返回数的商
% : 余	返回数的余数
abs(x) :	返回数的绝对值
acos(x) :	返回数的反余弦值
asin(x) :	返回数的反正弦值
atan(x) :	以介于 −PI/2 与 PI/2 弧度之间的数值来返回 x 的反正切值
atan2(y,x) :	返回从 x 轴到点 (x，y) 的角度（介于 −PI/2 与 PI/2 弧度之间）
ceil(x) :	对数进行上舍入
cos(x) :	返回数的余弦
exp(x) :	返回 e 的指数
floor(x) :	对数进行下舍入
log(x) :	返回数的自然对数（底为 e）
max(x,y):	返回 x 和 y 中的最高值
min(x,y) :	返回 x 和 y 中的最低值
pow(x,y):	返回 x 的 y 次幂
random():	返回 0~1 之间的随机数
sin(x) :	返回数的正弦
sqrt(x) :	返回数的平方根
tan(x) :	返回角的正切

3. 日期函数（Date Functions）

now	根据计算机系统设定的日期和时间返回当前的日期和时间值
genDate	输出 Axure 原型生成的日期和时间值
getDate()	从 Date 对象返回一个月中的某一天 (1~31)
getDay()	从 Date 对象返回一周中的某一天 (0~6)
getDayOfWeek()	返回基于计算机系统的时间周
getFullYear()	从 Date 对象以 4 位数字返回年份

getHours()	返回 Date 对象的小时 (0~23)
getMilliseconds()	返回 Date 对象的毫秒 (0~999)
getMinutes()	返回 Date 对象的分钟 (0~59)
getMonth()	从 Date 对象返回月份 (0~11)
getMonthName()	基于与当前系统时间关联的区域，返回指定月份的完整名称
getSeconds()	返回 Date 对象的秒数 (0~59)
getTime()	返回 1970 年 1 月 1 日至今的毫秒数
getTimezoneOffset()	返回本地时间与格林威治标准时间 (GMT) 的分钟差
getUTCDate()	根据世界时从 Date 对象返回月中的一天 (1~31)
getUTCDay()	根据世界时从 Date 对象返回周中的一天 (0~6)
getUTCFullYear()	根据世界时从 Date 对象返回四位数的年份
getUTCHours()	根据世界时返回 Date 对象的小时 (0~23)
getUTCMilliseconds()	根据世界时返回 Date 对象的毫秒 (0~999)
getUTCMinutes()	根据世界时返回 Date 对象的分钟 (0~59)
getUTCMonth()	根据世界时从 Date 对象返回月份 (0~11)
getUTCSeconds()	根据世界时返回 Date 对象的秒钟 (0~59)
parse()	返回 1970 年 1 月 1 日午夜到指定日期（字符串）的毫秒数
toDateString()	把 Date 对象的日期部分转换为字符串
toISOString()	以字符串值的形式返回采用 ISO 格式的日期
toJSON()	用于允许转换某个对象的数据以进行 JavaScript Object Notation (JSON) 序列化
toLocaleDateString()	根据本地时间格式，把 Date 对象的日期部分转换为字符串
toLocaleTimeString()	根据本地时间格式，把 Date 对象的时间部分转换为字符串
toLocaleString()	根据本地时间格式，把 Date 对象转换为字符串
toTimeString()	把 Date 对象的时间部分转换为字符串
toUTCString()	根据世界时，把 Date 对象转换为字符串
UTC()	根据世界时返回 1970 年 1 月 1 日到指定日期的毫秒数
valueOf()	返回 Date 对象的原始值
addYears(years)	返回一个新的 DateTime，它将指定的年数加到此实例的值上

addMonths(months)	返回一个新的 DateTime，它将指定的月数加到此实例的值上
addDays(days)	返回一个新的 DateTime，它将指定的天数加到此实例的值上
addHours(hours)	返回一个新的 DateTime，它将指定的小时数加到此实例的值上
addMinutes(minutes)	返回一个新的 DateTime，它将指定的分钟数加到此实例的值上
addseconds(seconds)	返回一个新的 DateTime，它将指定的秒数加到此实例的值上
addMilliseconds(ms)	返回一个新的 DateTime，它将指定的毫秒数加到此实例的值上

4. 数字函数（Number Functions）

toExponential (DecimalPoints)	把对象的值转换为指数计数法
toFixed(decimalPoints)	把数字转换为字符串，结果的小数点后有指定位数的数字
toPrecision(length)	把数字格式化为指定的长度

5. 部件函数（Widget Functions）

this	当前部件，指在设计区域中被选中的部件
target	目标部件，指在用例编辑器中配置动作时选中的部件
widget.x	部件的 x 轴坐标
widget.y	部件的 y 轴坐标
widget.width	部件的宽度
widget.height	部件的高度
widget.scrollX	动态面板 x 轴的滚动距离
widget.scrollY	动态面板 y 轴的滚动距离
widget.text	部件上的文字内容
widget.name	部件的名称
widget.top	部件的顶部
widget.left	部件的左侧
widget.right	部件的右侧
widget.bottom	部件的底部

6. 页面函数（Page Functions）

PageName	可把当前页面名称转换为字符串

7. 窗口函数（Window Functions）

Window.width	可返回浏览器窗口的宽度
Window.height	可返回浏览器窗口的高度
Window.scrollX	可返回鼠标滚动（滚动栏拖动）x 轴的距离
Window.scrollY	可返回鼠标滚动（滚动栏拖动）y 轴的距离

8. 鼠标函数（Cursor Funcitons）

Cursor.x	鼠标指针的 x 轴坐标
Cursor.y	鼠标指针的 y 轴坐标
DragX	部件延 x 轴瞬间拖动的距离（拖动速度）
DragY	部件延 y 轴瞬间拖动的距离（拖动速度）
TotalDragX	部件延 x 轴拖动的总距离
TotalDragY	部件延 y 轴拖动的总距离
DragTime	部件拖动的总时间

9. 中继器 / 数据集（Repeater/DataSet）

Item	中继器的项
Item.Column0	中继器数据集的列名
index	中继器项的索引
isFirst	中继器的项是否第一个
isLast	中继器的项是否最后一个
isEven	中继器的项是否偶数
isOdd	中继器的项是否奇数
isMarked	中继器的项是否被标记
isVisible	中继器的项是否可见
repeater	返回当前项的父中继器
visibleItemCount	当前页面中所有可见项的数量
itemCount	当前过滤器中的项的个数
datacount	中继器数据集中所有项的个数
pagecount	中继器中总共的页面数
pageindex	当前的页数

10. 条件操作符（Conditional Operator）

==	等于	>	大于
!=	不等于	>=	大于等于
<	小于	&&	并且
<=	小于等于	||	或者

6.4.2 创建数学表达式

我们以餐厅账单结算为例：如果局部变量 LVAR1 代表账单的总金额，餐厅的小费是 5%（局部变量 LVAR2 代表小费），我们可以这样设置。

总金额：总账单金额是 [[LVAR1]] 元，应付总金额为 [[LVAR1+LVAR1*LVAR2/100]] 元，包含 5% 小费。应付总金额应该是账单总金额 + 账单总金额的 5%，也就是 [[LVAR1+LVAR1*LVAR2/100]]，见图 35。

Tips
如果这里的文字描述难以理解也不必着急，在视频教程中会有详细讲解。

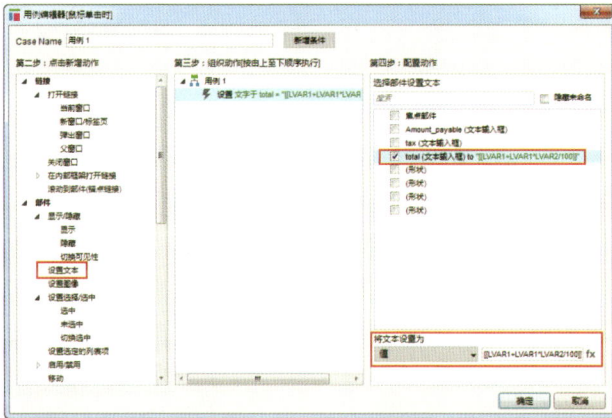

图 35

6.4.3 创建字符串表达式

字符串函数的使用方法和数学函数是一样的。比如，我们来把一个文本框中内容的最后一个字符删掉（就像我们操作键盘上的 backspace 删除键一样），表达式是这个样子：[[LVAR1.substring(0,LVAR1.length-1)]]。substring 函数需要两个值，开始索引值和结束索引值（上标、下标）。在上面的表达式中，我们想要截取从 0（第一个字符）开始到 LVAR1 这个字符串长度 -1 的文本内容，见图 36。

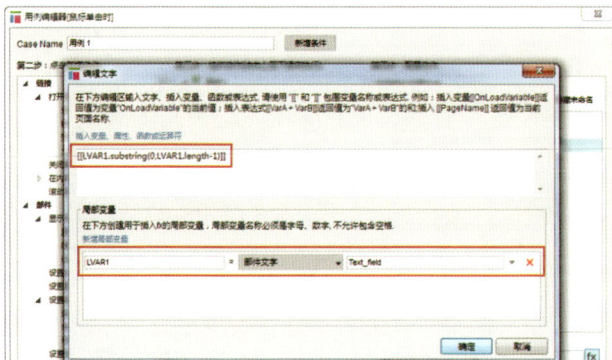

图 36

6.5 案例

6.5.1 账单四舍五入

这个案例要做的是计算器提示效果，不过难度有所增加。当用户输入账单金额和手续费的费率之后，点击计算按钮，会显示"账单 + 手续费"的总金额（四舍五入后，保留个位后的一位小数），见图 37。

01 选中计算按钮，在部件交互面板中双击"鼠标点击时"事件，在弹出的用例编辑器中新增"设置文本"动作，然后在配置动作中勾选应付总金额（total），见图 38。

图 37

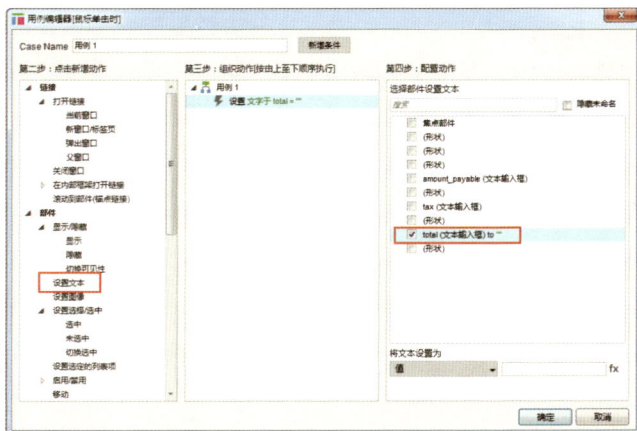

图 38

02 点击"fx"，弹出编辑文字对话框。新增两个局部变量：应付金额（amout_payable）和税（tax），因为我们要得出的结果是应付金额 + 应付金额 * 税之后的总金额，再四舍五入保留个位后的一位小数，所以在这里需要新增两个局部变量来存储应付金额和税，见图 39。

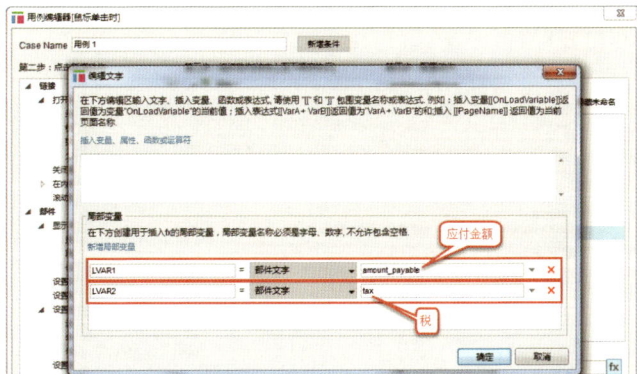

图 39

03 紧接着我们来编辑公式（注意格式和运算顺序）：
[[(LVAR1+LVAR1*LVAR2/100).toFixed(1)]]，这个公式对应的意思是，
[[(应付金额 + 应付金额 * 税) 保留一位小数]]，见图 40。

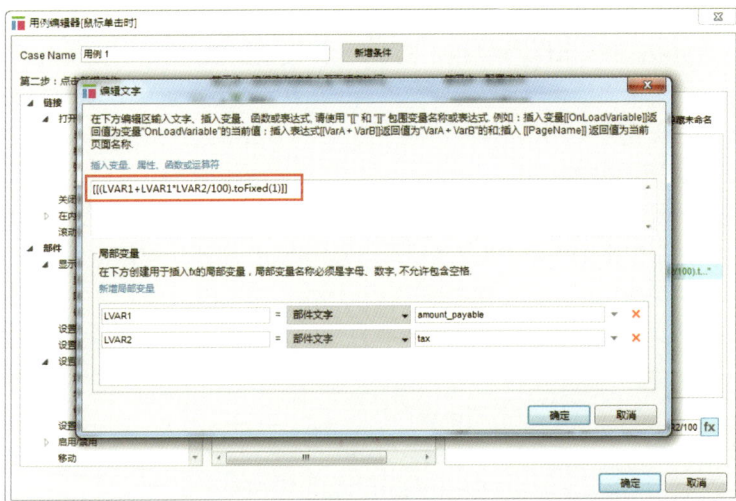

图 40

这里用到了数字函数 toFixed(decimalPoints)：把数字转换为字符串，结果的小数点后有指定位数的数字。

参数	描述
decimalPoints（必需）	规定小数的位数，是 0~20 之间的值，包括 0 和 20，有些实现可以支持更大的数值范围。如果省略了该参数，将用 0 代替

04 连续点击两次"确定"，关掉编辑文字和用例编辑器，按下 F5 键，快速预览并测试。

6.5.2 全局变量在不同页面间传递与动态面板交互

在这个案例中，我们使用下拉列表项来影响其他页面中动态面板的不同状态。比如，在页面 A 的下拉列表部件中有很多水果给用户选择，苹果、香蕉、哈密瓜、橘子。当用户通过下拉列表选择苹果后，在当前窗口打开页面 B，页面 B 中的动态面板显示苹果的图像。正如前面所讲，要实现这个交互的方法不只一种，我们将当前所学的知识综合运用一下。
首先，当用户通过下拉列表进行选择时（也就是"选中项改变时"事件），如果选中项的值等于苹果，就将苹果存入全局变量 fruit_selected

中；如果选择了香蕉，就将香蕉这个选中项的值存入全局变量 fruit_
selected，以此类推，你可以增加更多的下拉列表项。用户选择完毕后
就执行在当前窗口打开新页面动作。

然后，当新页面打开时（也就是"页面载入时"事件，当然你也可以使用"动
态面板载入时"事件）增加条件逻辑：如果全局变量 fruit_selected＝苹
果，就设置面板状态为苹果；如果全局变量 fruit_selected＝香蕉，就
设置面板状态为香蕉，其他以此类推，相信通过前面的讲解和案例你已
经掌握了这种方法。

不过，我们在学习的过程中要灵活运用所学知识。在这里我们可以使用
动态面板的值（value）来操作，只需要一个用例就可以搞定上面那种方
法的全部操作。

当新页面打开时（页面载入时）设置动态面板状态的"选择状态"为
value，然后点击"fx"，将全局变量 fruit_selected 插入即可。

01 新增一个全局变量，命名为 fruit_selected，并且在页面 A 中将下
拉列表框部件拖放到设计区域中，给其增加选择项，见图 41。

图 41

02 选中下拉列表部件，在部件交互面板中双击"选项改变时"事件，
在弹出的用例编辑器中点击"新增条件"，在条件生成器中设置条
件，如：选中项文字 this＝选项苹果，见图 42；点击"确定"关闭
条件生成器，在用例编辑器中新增动作设置变量值，然后在配置动
作中勾选 fruit_selected，并设置变量值为"苹果"，继续新增动作，
当前窗口打开页面 B，见图 43。点击"确定"，关闭用例编辑器。

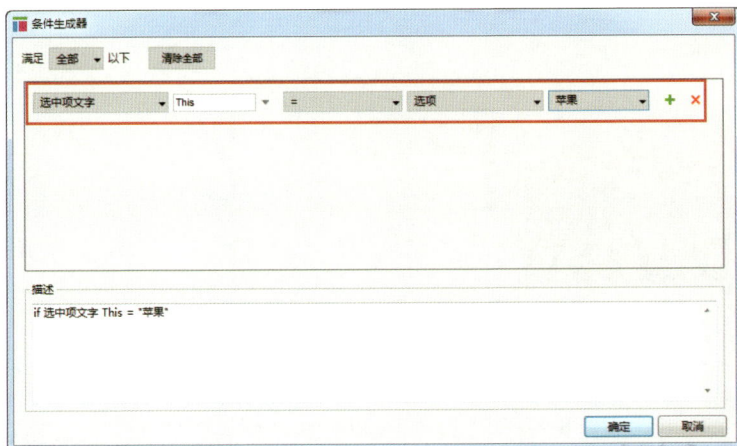

图 42

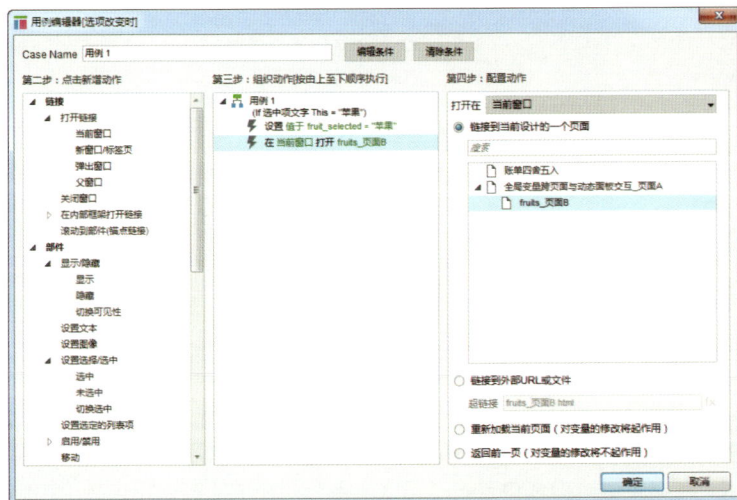

图 43

03 继续新增用例，添加其他条件，并设置对应变量值（注意，这一步可以复制之前写好的用例，粘贴后进行相应的修改可以提高效率，节省时间），见图 44。

04 在站点地图中双击页面 B（你可以任意新增一个页面），然后将动态面板部件拖放至设计区域中，新增 3 个动态面板状态（共 4 个状态），分别给这 4 个状态命名为：苹果、香蕉、橘子、哈密瓜（这一点非常重要，这里的命名必须与之前存储在全局变量中的水果名称一致），然后在这 4 个状态中分别添加对应的水果图像，见图 45。

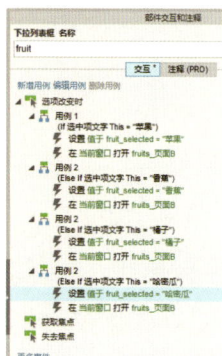

图 44

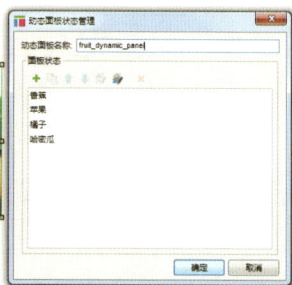

图 45

05 双击"页面载入时"事件，在弹出的用例编辑器中新增"设置面板状态"动作，在右侧的配置动作中选中装有水果图像的动态面板，并设置其选择状态为 value，见图 46。

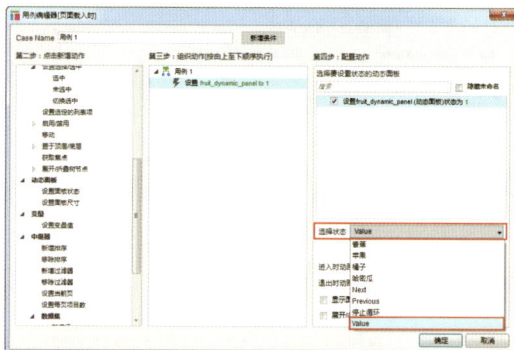

图 46

06 在用例编辑器中点击选择状态下面的"fx"（A），弹出编辑值对话框，在编辑值对话框中点击"插入变量"，在下拉列表中选择 fruit_selected 全局变量（B），连续点击两次"确定"，关闭选择值和用例编辑器，见图 47。

图 47

07 在站点地图中，双击页面 A，按下 F5 键，快速预览测试。

第 7 章

团队项目

团队项目允许整个设计团队之间在同一个项目文件中协作，也可以与项目中其他成员沟通协作。

7.1 团队项目概述

在本章中，我们一起来探索 Axure 中的团队项目功能（注意，Axure RP Pro 版本中才有此功能）。

针对本章内容，我想引用一句亨利·福特的名言作为开场：

"相会在一起只是开始，凝聚在一起只是过程，工作在一起才是成功。"

因为，我们接下来要讲解的内容与这句名言紧密相连：

"相会在一起"涉及工作中的计划与训练；

"凝聚在一起"涉及工作中的沟通与同步；

"工作在一起"涉及个体间的衔接与配合。

如果用户体验设计团队还在使用以文件为中心的工具（如 Word 或 Visio），时刻都需要关注线框图或者其他任何相关的内容是否已经同步。而且每个文件只能由一个人进行编辑，这就意味着如果要多名设计师同时编辑一个文件的话，就需要把一个文件拆成多个部分。要完整体验这个项目，就要不停地将每个分离的文件整合到一起。团队越大，项目越复杂，就越难以保证每个设计师手中文件交互模式和小部件的一致性。

此外，用户体验设计团队还面临着从客户、投资者、用户等人群获取反馈的巨大挑战。比较常见的做法是，用户体验团队会将最终设计的线框图设计成 PPT 或者 Word 格式，并配以大量的文字说明，来描述静态线框图的交互应该是什么样子的，然后将报告发送给股东或其他利益相关者，等待他们的书面反馈。股东收到报告后再结合自己的想象力阅读你的 PPT 或 Word 文档，制作这类演示文档需要花费很多额外的努力，但效果往往不尽如人意，尤其是有多个股东的时候。挑战还没有结束，当股东针对你的报告表达完自己的反馈意见后，你还需要将这些信息专业化地传递给团队中的每个成员，商讨修改工作。

由此可见，在用户体验设计团队中使用传统工具进行协作面临着巨大的沟通障碍。

Axure RP Pro 7 支持两种形式的合作，非常巧妙、高效地解决了上述问题。

团队项目：允许用户体验设计团队之间在同一个项目文件中协作，也可以与项目中其他成员沟通协作，如业务分析师。

讨论面板：在生成的 HTML 原型文档中，每个页面左侧的讨论面板都可以添加对原型的反馈，并且可以回复反馈，这种问答的设计形式可以帮助用户体验设计师与客户、用户或投资人更加顺畅地沟通。

和其他重要的功能一样，这个功能可以帮助用户体验团队甚至整个项目节省大量成本。不过有一点需要注意，讨论功能是我们将制作好的原型上传至 Axshare 云服务时才可以使用的，这个功能可以在发布原型时设置为开启或关闭。

团队项目允许多个用户同时编辑同一个项目文件，并且同时保存项目的历史版本，我们随时可以调用任意历史版本。团队中的成员通过编辑团队项目的本地副本并使用签入和签出进行管理更新。团队项目是建立在 Subversion（SVN）上的版本控制系统。下面是一个典型的工作流程，编辑、分享和获取 Axure RP 团队项目的变化，主原型文件存放于 SVN 服务器或共享驱动器中（A），团队中的每个成员都可以在 PC 或 Mac 中使用 Axure 与服务器连接，并且可以对以下元素签出。

- 页面
- 母版
- 注释字段
- 全局变量
- 页面样式
- 部件样式
- 生成器

如果团队中的 UX 设计师 C 要编辑存放于服务器版本库中的原型文件，首先要签出该元素（B），此时团队中的其他成员无法对已经签出的元素再次进行签出。当 UX 设计师 C 编辑完毕后，将该元素签入到服务器(C)之后，其他成员才可以签出该元素进行编辑，见图1。

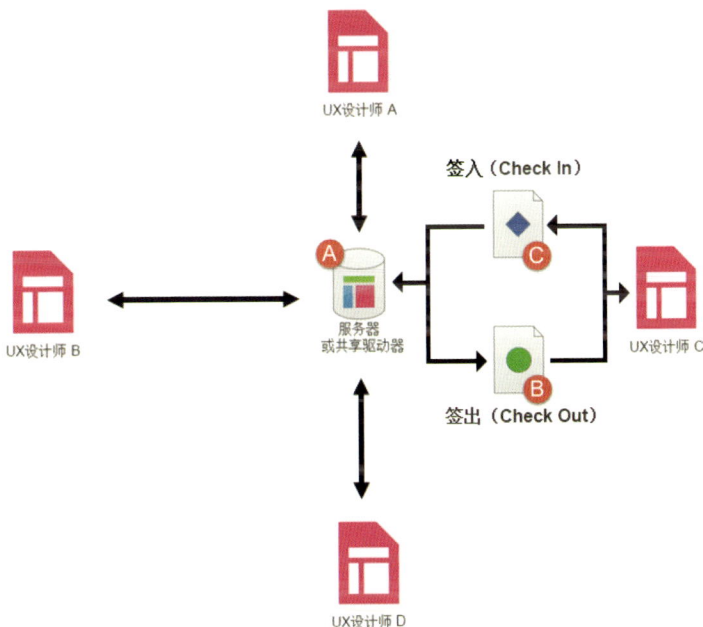

图 1

团队项目可以存储在网络驱动器或 SVN 服务器中。网络驱动器通常更容易安装，但是如果你需要通过 VPN 进行远程连接的话，建议你创建一个 SVN 服务器存储团队项目目录，使用 VPN 访问网络驱动器通常都很慢。也不推荐将团队项目放在 Onedrive、Dropbox 之类的云服务器上，不仅同步的速度慢而且还会给 SVN 带来问题。

7.2 创建团队项目

团队项目可以从一个新的文件或从现有的 RP 文件创建。一个团队项目是由一个存储在网络驱动器或 SVN 服务器上的团队项目目录（每个用户都可以访问）和一个在每个用户的机器上的团队项目本地副本组成的。

要创建团队项目，点击"文件 > 新建团队项目"。或者将已有的 RP 文件创建为团队项目，点击菜单栏中的"团队 > 从当前文件创建团队项目"。在打开创建团队项目对话框之后，需要你通过 3 个步骤来完成创建团队项目。

01 团队项目名称：输入团队项目的名称，与之相关的文件和目录都会使用这个项目名称，见图 2。

02 团队项目目录：选择你要创建的团队项目放在哪个目录下。该目录通常是一个网络驱动器（共享），其他用户也能访问。这不需要安装任何额外的软件来操作；你也可以创建一个 SVN 服务器来存放团队项目目录，这样可以提高效率和性能。如果你是自己工作，但想使用团队项目来保留你对原型的修改历史，你可以选择自己电脑上的驱动器来存放，比如放在 D:\，见图 3。

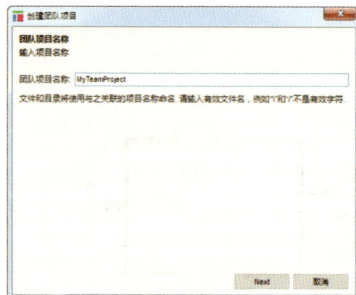

图 2

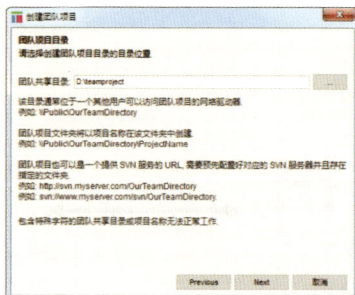

图 3

03 团队项目本地目录：选择一个你电脑上的目录，本地团队项目的副本将被创建在这个目录里，见图 4。点击"完成"后，弹出团队项目创建成功提示，见图 5。

图 4

图 5

7.3 团队项目环境和本地副本

当创建完团队项目后，Axure 会打开你的本地副本，你会发现 Axure 的工作环境发生了一些变化。

·站点地图面板和母版面板：在页面和母版列表的左侧出现了不同的小图标，而不同的图标样式代表着当前页面或当前母版的状态，见图 6。

·设计区域和工具栏：在设计区域顶部的工具栏中，多出了两个小图标，分别是：从团队目录获取所有更新和全部签入，见图 7。

图6

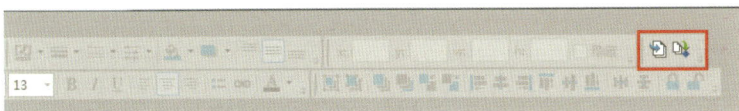

图7

·团队项目的本地副本：包含一个 .rpprj 文件和一个 do_not_edit 文件夹。这个文件夹包含项目数据和版本控制信息，不要用 Axure 以外的软件修改。如果你移动 .rpprj 文件的话，要确保与 do_not_edit 文件夹一起移动，见图 8。

Tips

当你下次想打开团队项目的时候，直接打开本地副本的 .rpprj 文件即可，不需要每次都创建本地副本！

图8

7.4 获取并打开已有团队项目

要使用其他电脑打开一个已经创建团队项目，点击菜单栏中的"团队 > 获取并打开团队项目"。在弹出的获取团队项目向导中，一步步设置团队项目目录、本地副本目录，并创建本地项目副本。完成后，可以在本地目录中看到 .rpprj 文件和 do_not_edit 文件夹。

01 在菜单栏中点击"团队 > 获取并打开团队项目"，见图 9。

02 在弹出的获取团队项目对话框中输入 SVN 服务器版本库地址或共享驱动器的路径，点击"Next"，见图 10。

图9

03 设置团队项目本地副本的目录，点击"完成"，见图 11。

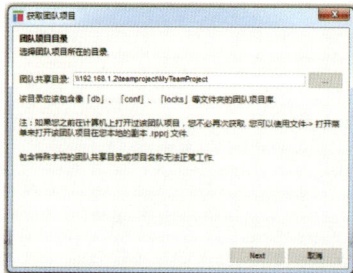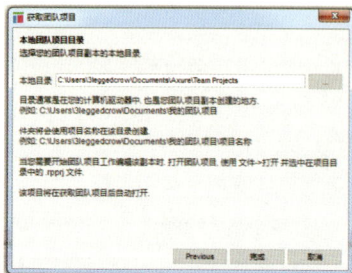

图 10   图 11

如果你找不到本地副本目录，注意一下，团队项目的目录名称是包含项目名称的。你也可以点击菜单栏中的"团队 > 浏览团队项目历时记录"，在弹出的对话框中点击"获取团队历史记录"，所有对团队项目的历史操作都会出现在这里，选择你想要的，然后点击"导出 RP 文件"即可。

多台电脑项目协作

要使用多台电脑进行项目协作，应该给每台电脑都按照上面介绍的操作流程来创建本地副本。

不要复制本地副本到另一台电脑，也不要使用邮件将创建好的本地副本传送给其他人，这样会导致项目冲突。

7.5 使用团队项目

要熟练使用团队项目工作，首先我们要来了解一下签入/签出的不同状态，见图 12。

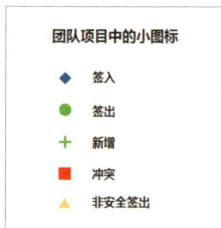

图 12

签出（绿色圆形）：要编辑页面、母版或其他元素，必须先使用签出操作。这个操作会检测当前项目的所有改变，并为你保留编辑权，然后你就可以在设计区域进行设计了，见图 13。你还可以点击菜单栏中的"团队 >全部签出"来签出所有页面和母版。

签入（蓝色菱形）：要发送你对页面或母版做出的修改并释放编辑权，以便让其他队友执行签出操作，你就要使用签入操作了。点击"签入"后会弹出签入对话框，在这里你可以对本次的签入信息进行备注说明。要签入所有的页面和母版，点击菜单栏中的"团队 >全部签入"，见图 14。

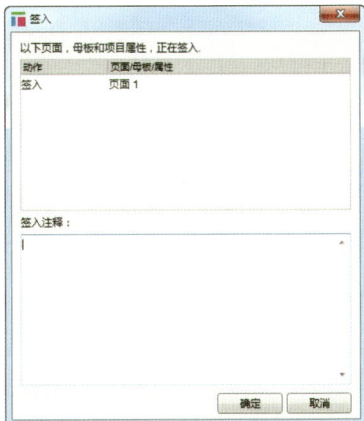

图 13 图 14

新增（绿色加号）：当你创建新元素时，这些元素是在你的本地副本中第一次被创建，就会显示这个绿色加号。当你签入后，团队中的其他成员才可以看到并使用这些新元素。

冲突（红色矩形）：当你的本地副本项目中的元素与服务器中团队项目文件里的元素相冲突的时候，就会显示这个红色矩形状态。

非安全签出（黄色三角形）：如果你正在签出一个已经被其他队友签出的项目，就会出现无法签出的对话框，并提示你做编辑 w/o 签出。这允许你编辑一个已经被其他队友签出的项目，通常也被称为非安全签出。 我不建议使用非安全签出，因为这可能会导致冲突。当多个人在同一时间签出同一个页面或母版时，冲突就会出现，而且团队项目目录只能接受一个改变。其他的改变将被忽视掉，你需要手动更新。然而，非安全签出有些时候是很有用的。比如你无法从本地副本签入一个已经签出的项目；或者当你暂时无法连接到团队项目目录进行签出的时候，见图 15。

获取更新：要获取团队项目中最新的页面或母版，使用获取更新操作。要检索整个团队项目的最新版本，点击菜单栏中的"团队 > 从团队共享目录获取所有更新"，见图 16。

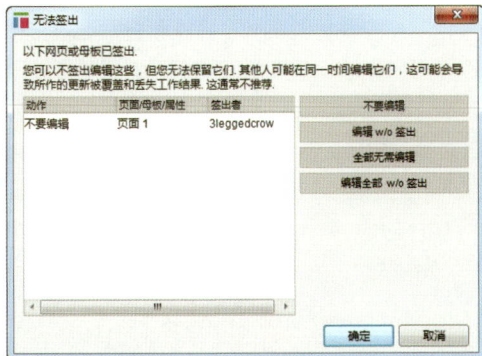

图 15 图 16

提交更新：要将做过修改的页面或母版发送到团队项目，但还要继续编辑，就要使用提交更新操作。点击后弹出提交修改对话框，你可以添加备注到本次修改，用以提示队友或自己。你可以点击菜单中的"文件 > 保存"来保存本地副本的修改，但这不会上传到团队项目目录中。要提交所有的修改到团队项目，使用"团队 > 提交所有更新到团队共享目录"。每次发送更新时，在团队项目目录文件中都会新增一个版本，你可以点击菜单栏"团队 > 浏览团队项目历时记录"查看，见图 17。

撤销签出：当你签出后，又想取消对页面和母版做出的修改，就要使用撤销签出操作。这能使项目回到签出之前的版本。要取消你签出后的所有修改，点击"团队 > 撤销所有签出"，见图 18。

编辑站点地图和母版：与编辑页面和母版不同，站点地图面板和母版面板不需要签出。这允许多名团队成员同时编辑站点地图和母版列表，并且团队项目会合并这些变化。要提交对站点地图和母版列表做出的变化，点击"团队 > 提交所有更新到团队共享目录"，或者"团队 > 全部签入"。要撤销对站点地图和母版列表做出的修改，点击"团队 > 从团队共享目录获取全部更新"，见图 19。

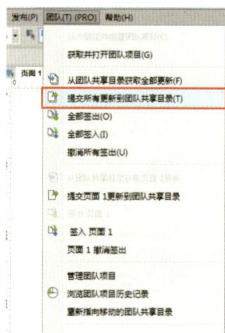

图 17

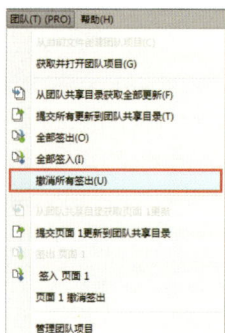

图 18

图 19

编辑项目属性：要编辑项目属性，如部件注释字段、页面自定义注释、部件样式、变量等，使用弹出对话框右上角的项目属性下拉菜单，选择签出操作即可。你还可以使用下拉菜单提交更新、签入和获取更新。使用全部签入、全部签出、提交所有更新、获取所有更新、撤销所有签出会同时影响到项目属性，见图 20。

将团队项目文件导出为 RP 文件：要将团队项目导出为 RP 文件，点击菜单栏中的"文件 > 导出团队项目到文件"。

在导出为 RP 文件之后，你可以打开并编辑它，但无法再连接到团队项目目录了。要将 RP 文件中的改变提交到团队项目目录，首先打开 .rpprj

文件，然后点击"文件 > 导入 RP 文件"，在弹出的导入向导中可以选择导入哪些页面、母版和项目属性到你的团队项目中。如果一个项目在导入过程中被替换或正在编辑，它需要签出才可以成功导入，见图 21。

图 20

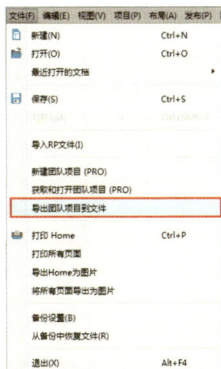

图 21

团队项目历史：要浏览并恢复团队项目以前的版本，点击"团队 > 浏览团队项目历时记录"，这会打开团队项目历史对话框。点击获取历史记录，可以查看所有以前的版本。选择一个版本，可以查看该版本的修改注释和签入摘要，如签入的页面、母版或项目属性。要将该历史记录版本保存为 RP 文件，点击"导出 RP 文件"，见图 22。

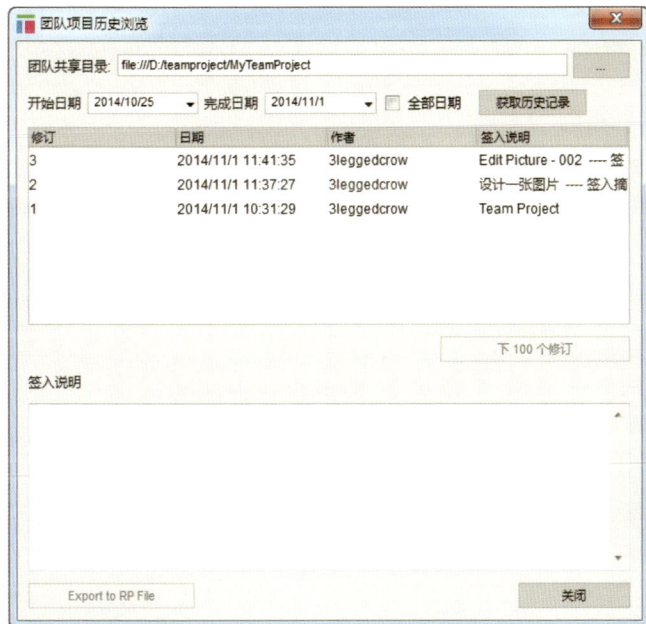

图 22

管理团队项目：要查看团队项目的所有页面、母版和项目属性，点击菜单栏中的"团队 > 管理团队项目"，在弹出的管理团队项目对话框中点击"刷新"，就可以获取到所有页面、母版和项目属性的状态了。要改变其中某个项目的状态，右键点击，选择想要的操作即可，见图 23。

类型	名称	我的状态	Team Folder	需要获取更新	需要提交更新
页面	页面 1	已签出	由3leggedcrow签否		是
页面	页面 3	不改变	可签出	否	否
页面	主页	不改变	可签出	否	否
页面	页面 2	不改变	可签出	否	否
属性	HTML 1	不改变	可签出	否	否
属性	部件样式表	不改变	可签出	否	否
属性	页面注释	不改变	可签出	否	否
属性	标注字段和设置	不改变	可签出	否	否
属性	CSV报告1	不改变	可签出	否	否
属性	变量设置	不改变	可签出	否	否
属性	Word Doc 1	不改变	可签出	否	否
属性	网页样式表	不改变	可签出	否	否
编辑选项	Header	新建	未知	否	是

图 23

移动团队项目文件夹：在移动团队项目目录之前，强烈建议所有成员进行全部签入的操作。在移动团队项目目录之后，已经存在的本地副本不再指向正确的地址。你需要重新指定团队项目的位置，点击"团队 > 重新指向移动的团队共享目录"，下面要做的就是点击"团队 > 获取团队项目"。如果在移动团队项目目录之前，没有签入你的改变，那么这些改变在新的本地副本中是没有的，你就需要做非安全签出并重新编辑这些项目了。

第 8 章

AxShare

使用 AxShare 你可以轻松地与团队成员或客户共享你的原型，
AxShare 新增的截图功能与增强的消息提醒也让沟通变得更加
便捷、通畅。

8.1 Axshare 基础

8.1.1 Axshare 概述

Axshare 是 Axure 官方推出的云托管解决方案，提供了与他人分享 Axure RP 原型的简单方法，包括团队或客户。Axure 共享也可以把你的原型转换为自定义的站点，可以对站点进行自定义标题、支持 SEO 和更多。Axshare 是免费的，允许上传大小在 100MB 以内的 1000 个项目。Axshare 访问网址：http://share.axure.com。

1. 我的项目

登录 Axshare 之后，首先看到的是"我的项目"区域。在这里，你可以找到你上传过的项目的列表，并且管理项目和文件夹。

你可以创建项目、文件夹、分享文件夹、移动、删除和重命名项目与文件夹，还可以快速复制项目。

使用其他主菜单可以管理你的域名、商标和账号，见图 1。

2. 项目设置

在项目列表区域点击项目名称打开项目概述。你可以给项目重命名、分配自定义域名、上传 RP 文件和修改项目的密码。项目的讨论、插件、短链接和重定向也都在这里设置，见图 2。

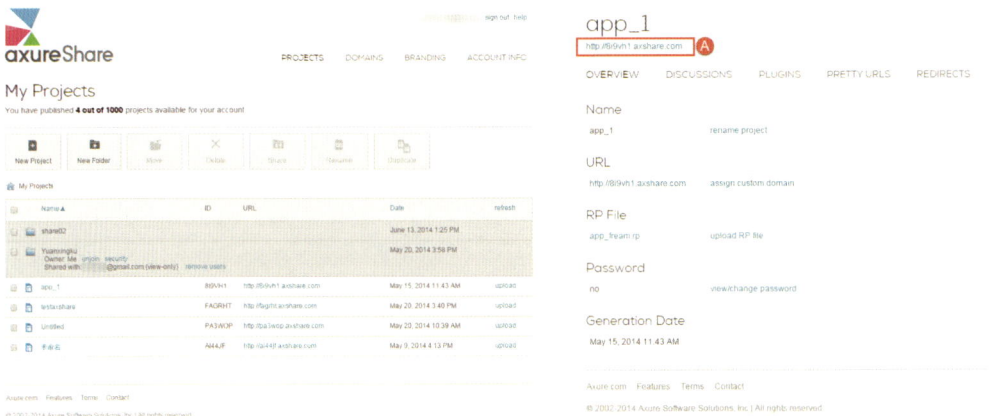

图 1

图 2

8.2 AxShare 生成原型

点击项目中的 URL 可以访问已生成的原型。在打开的网页左侧，站点地图下面的小图标自左至右的功能依次是：切换显示脚注、突出显示交互元素、查看和重置变量、获取链接和搜索页面，见图 3。点击获取链接小图标，可以得到带有站点地图的链接和不带站点地图的链接。复制链接，发送给想要查看此原型的人即可。

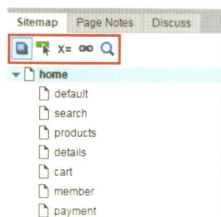

图3

8.2.1 上传原型到 AxShare

有两种方法可以上传原型到 AxShare。一种是在 Axure 软件中点击菜单栏中的 "发布 > 发布到 Axshare"，或者按快捷键 F6。

创建账户：输入邮箱、密码并且同意条款，你可以勾选保存密码。输入项目名称，如果你想上传一个私有项目，请设置项目密码。

已有账户：输入你注册的邮箱密码。

你可以选择创建一个新项目还是替换一个已有项目。当原型上传完毕后，复制提示框里的 URL，发送给他人即可浏览你的原型了，见图 4。

另一种方法是，使用 axshare.axure.com 上传。如果你已经上传了原型，但是由于对原型做了更新需要重新上传，点击那个项目并选择 re-upload。你可以通过 "我的项目" 区域，在项目设置或者创建新项目的时候上传 RP 文件，见图 5。

图4

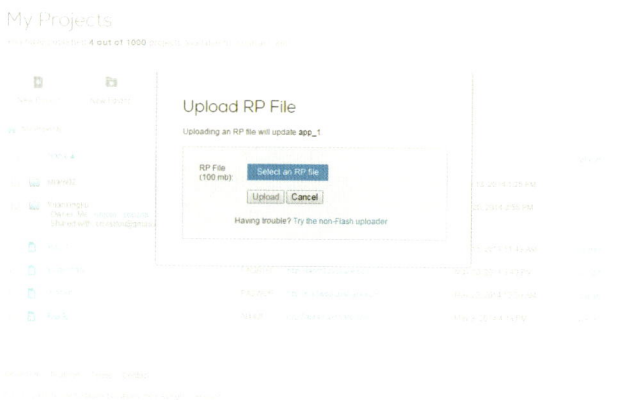

图5

8.2.2 管理项目

1. 创建项目和文件夹

要创建项目和文件夹，直接点击 New Project、New Folder，并给其命名即可。创建项目的时候可以添加访问密码，见图 6。

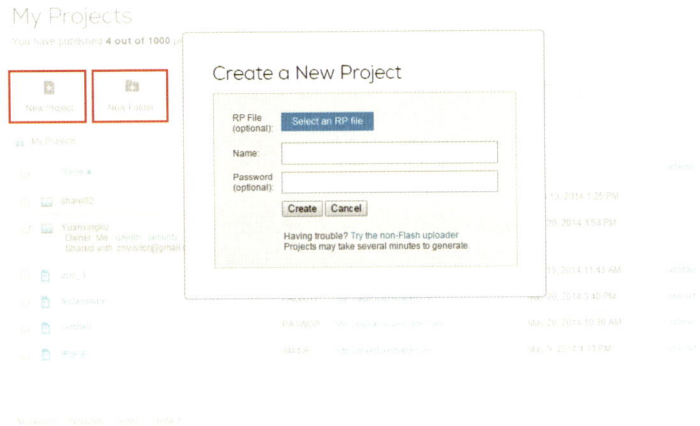

图6

2. 移动、删除、重命名和快速复制

移动（Move）：勾选想要移动的项目，点击"移动"按钮，选择要移动到的位置，确定移动。

删除（Delete）：勾选要删除的项目，点击"删除"按钮，确定删除。

重命名（Rename）：勾选想要重命名的项目，点击"重命名"按钮，输入新名称后点击"确定"。

快速复制（Duplicate）：勾选想要复制的项目，点击"快速复制"按钮，见图 7。

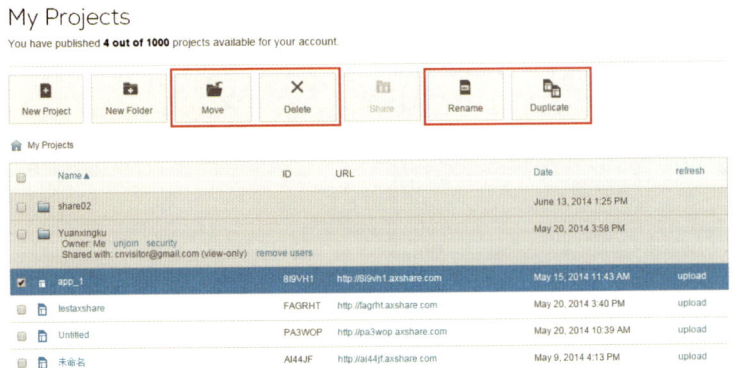

图7

3. 共享文件夹

文件夹分享功能，允许不同的用户使用不同的 AxShare 账户共同对文件夹内的项目进行浏览、编辑和上传。要分享一个文件夹，勾选它的复选框，然后点击"分享"按钮，输入想要分享的用户邮箱地址和提示信息。如果他们已经有 AxShare 账户的话，登录后会提示他们是否接受或拒绝邀请。一旦有人接受邀请，这个文件夹会出现在他的项目列表中。作为文件夹的拥有者，你可以移除指定的共享用户。你还可以脱离文件夹，当你要脱离文件夹所属关系时，需要选择一个用户来继承它。此外，还可以对已分享的文件夹进行安全设置。

8.2.3 讨论

生成原型的时候可以选择是否开启话题讨论，点击 URL 打开项目，在站点地图下面点击"Discuss"标签，添加话题之后点击"Create"按钮就可以发表讨论了。评论的内容是可以编辑或删除的，见图 8。

管理讨论：在"AxShare"中，点击项目，然后点击"Discuss"标签，可以对该项目的评论话题进行浏览、编辑、删除操作；还可以设置该项目是否开启讨论功能，见图 9。

图 8

图 9

8.2.4 插件

要添加插件，点击你想要添加插件的项目，然后点击菜单选项卡中的 Plugins，然后点击"New Plugin"进行添加。给插件设置名称、优先级和分配的位置并添加代码，单击"保存并继续"按钮。在下一步中选择添加插件页面。你也可以稍后返回编辑或删除插件，见图 10。

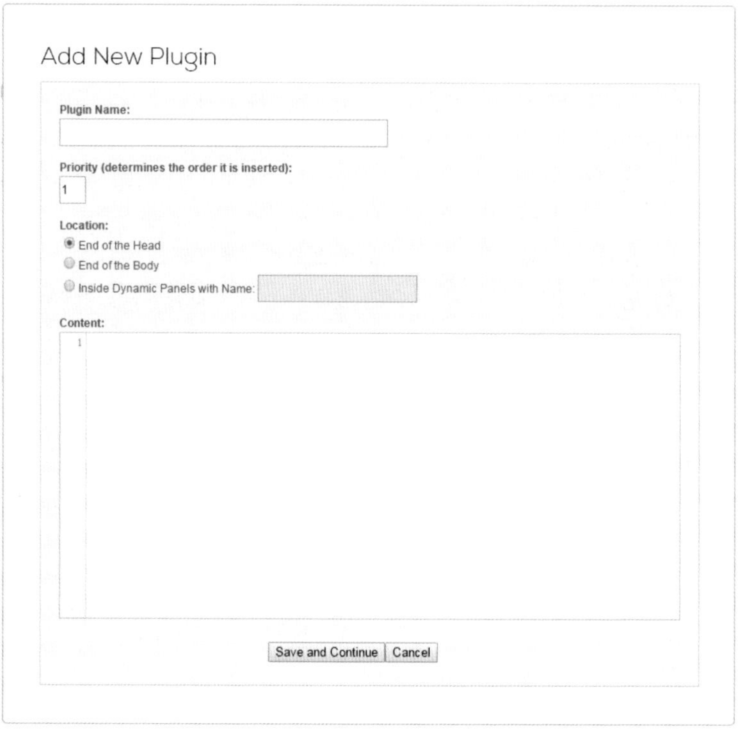

图 10

插件案例

一些放在页头（Head）的示例插件包括：Google Analytics 的内容和用户实验或测试工具所需的任何代码。对 Body 的插件例子包括：广告重定向标签和脚本运行其他插件。在动态面板的插件例子包括：支付宝按钮、微博按钮、QQ 按钮和其他 HTML。

8.2.5 漂亮 URL

漂亮 URL 用来显示项目设置的默认页或者一个 404 错误页面。漂亮的 URL 标签还可以设置页面的自定义标题、短链接和描述，这样设置的目的是为了对搜索引擎更加亲和。

· 默认页面（Default Page）：你可以选择一个根页面，打开 URL 的时候不会显示 .html，也不会显示站点地图。

· 自定义 404 页面（Custom 404 Page）：当用户进入一个在站点地图中没有的页面时，就会显示自定义 404 页面，见图 11。

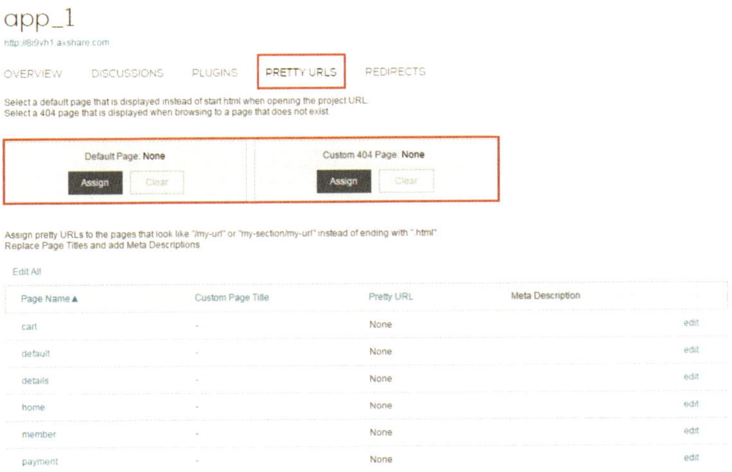

图 11

你可以编辑一个页面，也可以同时编辑多个页面。

点击页面最后的"edit"可以对该页面进行编辑；点击"edit all"可以对所有页面进行编辑。当你编辑完毕后，点击"save"。

· 自定义页面标题（Custom Page Title）：输入页面标题，为了达到 SEO 的目的，我们建议你将关键词放在前面，其他信息放在后面。

· 漂亮 URL（Pretty URL）：输入短链接。

Meta 描述（Meta Description）：这里的内容会显示在搜索内容中，是为了对搜索引擎更友好。一定要注意，这里应该是页面信息的概括介绍，并且要确保里面包含关键词。

8.2.6 重定向

重定向可以用于将旧页面的 URL 定位到新 URL，见图 12。

· 来路 URL（Incoming URL）：输入你想要重定向的 URL。

· 重定向到（Redirect to）：输入要重新定向到的 RUL。

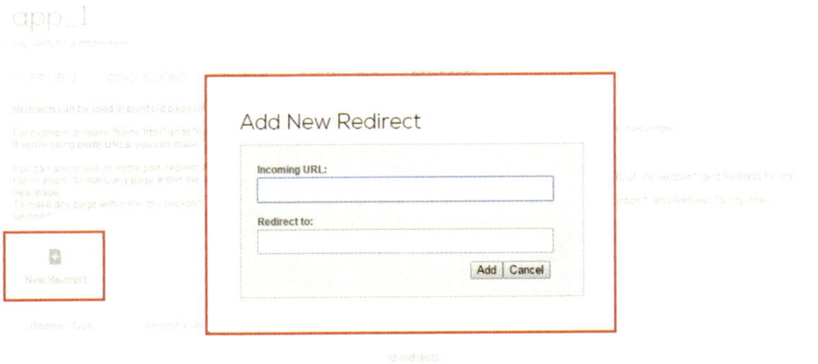

图 12

8.2.7 如何给原型添加域名

将你的域名指向 share.axure.com，登录你的域名注册商并进入 DSN 管理，或者使用其他 DNS 服务，比如 dnspod。创建"CNAME"二级域名并指向 share.axure.com。你可以使用 www 或者 share 之类的。根据你的域名提供商的不同，解析需要 2 至 48 小时左右生效。

添加域名到你的账户。登录 AxShare，点击"DOMAIN"标签，然后点击"Add Domain"，将你之前创建并解析的二级域名添加进来，这个域名将会指向已经分配的项目。要分配域名到项目中，点击项目，并在项目页中选择"Assign Domain"，见图 13。

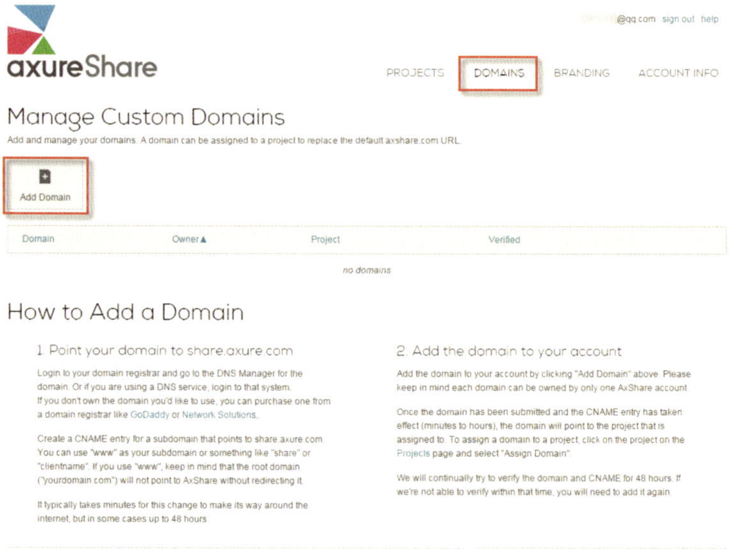

图 13

第 9 章

自适应视图

在移动设备已经融入日常生活的今天，网站和 APP 适应不同尺寸的屏幕已成为设计中的首要考虑因素。使用 Axure 中的自适应视图功能，你可以轻松设计出能够适应不同屏幕尺寸的原型。

9.1 自适应视图概述

自适应视图允许你的设计适应不同屏幕尺寸的原型，这看上去和响应式设计（Responsive Web Design）很像。在想要改变到不同样式或布局的页面上添加响应点（Breakpoints），当在设备中（如 PC、平板电脑或手机）浏览原型时，如果屏幕尺寸达到设计的响应点，原型的布局或样式就会产生响应而变化。

要创建自适应视图，在坐标 0，0 左面点击"自适应视图"小图标；或者点击菜单栏中的"项目 > 自适应视图"，在弹出的自适应视图对话框中，可以使用 Axure 预定义设置来设置你的自适应视图（如手机横屏、手机竖屏和 PC 机等）或者输入自定义的值，见图 1。

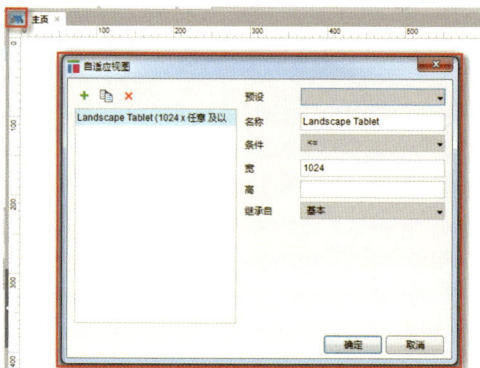

图 1

9.2 自适应设计与响应式设计

在继续深入讲解 Axure 的自适应视图功能之前，有必要介绍一下。自适应设计（Adaptive Web Design）与响应式设计（Responsive Web Design）这两个术语。因为很多读者都误以为 Axure 中的自适应视图功能就是常见到和使用的那种流动布局（fluid grid）设计，这是比较严重的误解，甚至有些读者在详细了解该功能之后会因此觉得沮丧。继续读下去会让你搞清楚这一点，并且你会发现，有些情况下使用自适应设计更加切合实际状况。

虽然在维基百科中这两个术语共用一个关键词，但是这二者之间是有区别的。自适应布局可以让你的设计更加可控，因为你只需要考虑几种状态（设置适用于某几个屏幕尺寸大小的响应点）就万事大吉了。而在响应式布局中你需要考虑非常多的状态，屏幕大小改变，每一个像素都要考虑到，这就带来了设计和测试上的难题，你很难有绝对的把握预测它会怎样。

自适应布局的优势是实现起来成本更低，更容易测试，这也就是上面所讲的那样，有些时候自适应布局更切合实际的解决方案。为了方便对这二者加以区分，你可以把自适应布局看做响应式布局的"穷兄弟"。

9.3 创建和设置自适应视图

要打开自适应视图对话框，在坐标 0,0 左面点击"自适应视图"小图标，或者在菜单栏中选择"项目 > 自适应视图"。

你可以使用下面样式的值来设置自适应视图。

预设（Presets）：基于预设尺寸选择一个屏幕宽度。

名称（Name）：自定义视图的名称。

条件（Condition）：相应自适应视图的条件。

宽度（Width）：一个浏览器窗口的像素宽度。

高度（Height）：一个浏览器窗口的像素高度。

继承自（Inherit From）：视图的部件和格式属性将继承自。

• 继承（Inheritance）：当自定义视图被创建之后，每个视图必须是另一个视图的子视图。其中一些属性会从父级继承下来，一些属性不会。这个"父/子"的关系系统就称为"继承"。部件的位置、尺寸、样式和交互样式会根据不同的视图而不同；而文字的属性、交互、默认禁用是不会被继承的，在所有的视图中都是一样的。

• 基本（Base）：基本视图是你所设计项目的默认视图。使用基本视图开始设计你的项目，然后在子视图中按需调整部件。其他的每一个视图都将是基本视图的子视图或孙视图等。

9.4 编辑自适应视图

在创建完一个或多个自适应视图之后，你会看到这些视图按照继承顺序排列在工具栏中。如果你有多个视图继承自"基本"，你会看到多个工具栏。 点击其中一个视图，那个视图就会在设计区域中显示。在开始编辑自适应视图之前，了解部件的属性在不同视图中的不同影响是很重要的。接下来我们就看一下不同的编辑属性以及它们将如何影响整个页面。

9.4.1 修改自适应视图

修改自适应视图：更改特定属性将会影响到所有视图，而另一些只会影响到当前视图和子视图，见图 2。

• 影响所有视图（Affect All Views）：部件文字内容、交互和默认/禁用。

• 影响当前/子视图（Affect Current/child Views）：位置、大小、样式和交互样式。

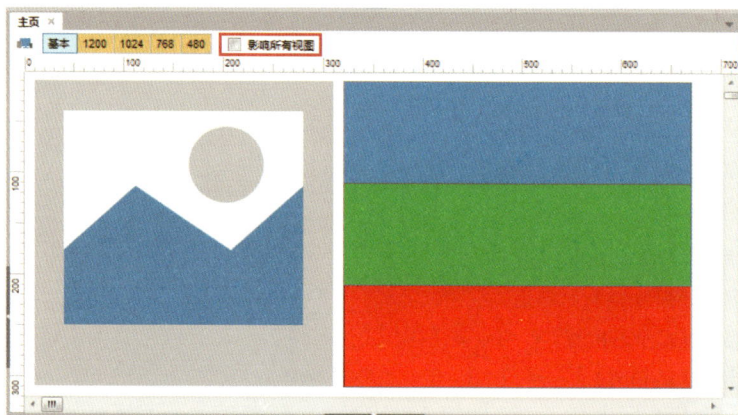

图 2

9.4.2 继承

我们以编辑部件的填充颜色来解释继承。

• 如果你在父视图中将一个矩形填充为蓝色，那么它会影响到子视图（也变为蓝色）。

• 如果你在子视图中将矩形填充为蓝色，它不会影响到父视图。

• 如果你在子视图中将一个矩形填充为红色，然后又到父视图中将其填充为蓝色，那么子视图中依然是红色，因为你已经在子视图中"覆盖"过一次了。

9.4.3 改变样式怎样影响视图

自适应视图的工具栏会告诉你当你编辑部件时会影响到哪些视图，见图 3。

• 蓝色（Blue）：当前你所看到的和正在编辑的视图。

· 橙色（Orange）：你当前所选中的视图的子视图都会受到编辑样式的
影响。

· 灰色（Grey）：视图不会受到样式改变的影响。

· 绿色（Green）：如果你勾选了"影响所有视图"，那么所有的视图都
会变成绿色，样式的改变也就会影响到所有视图了。

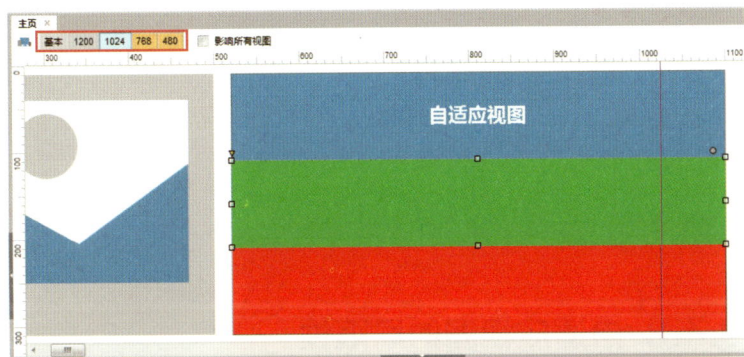

图3

9.4.4 在视图中添加或删除部件

当你添加部件到视图中的时候，这个部件添加到了所有视图中。但是，
父视图中它被标记为"未入选"（Unplaced），所以在父视图中是看不
到的。

当在视图中删除一个部件的时候，它就会在当前视图和子视图中被标记
为"未入选"。但是，它不会在父视图中被移除。

如果你设置一个部件为"Delete from All Views"（在所有视图中删除），
那么它就会在所有视图中被删除，见图4。

9.4.5 未入选部件

当一个部件是未入选的时候，它就不存在于当前视图中了。这对于某些
情况是非常有帮助的，比如你想让某些部件只在某个视图中存在，而其
他视图中没有。

例如，假入在你的 PC 视图中有 30 多个部件，但是在移动视图中你不
需要这些，你就可以使用"未入选"将这些部件从移动视图中"删掉"。

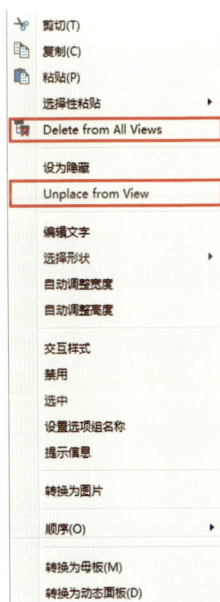

图4

图 5

9.4.6 添加未入选部件

要设置一个部件为"未入选"，你可以像平时的操作那样使用键盘或鼠标右键点击部件，并选中"Unplace from View"，当一个部件被设置为未入选时，在部件管理器中它就会变成红色，见图 5。

9.4.7 完全删除部件

当一个部件被设置为"Delete from All Views"时，它就在所有视图中被删除了。一般来说，你在哪个视图中添加的部件，如果在该视图中删除这个部件，那么它就会在所有视图中删除了。

9.4.8 自适应视图的局限性

某些情况下，我们需要让一些部件在所有视图中都是相同的，但这并不适用于自适应视图。这些部件包括：菜单、树、流程图 / 连接线和表格。

9.5 案例：制作简单的自适应视图

在这个案例中，我们将创建一个当浏览器宽度小于 768px 时就改变的自适应布局。

01 拖放一个图像部件和三个矩形部件到设计区域中，调整大小并填充颜色，见图 6。

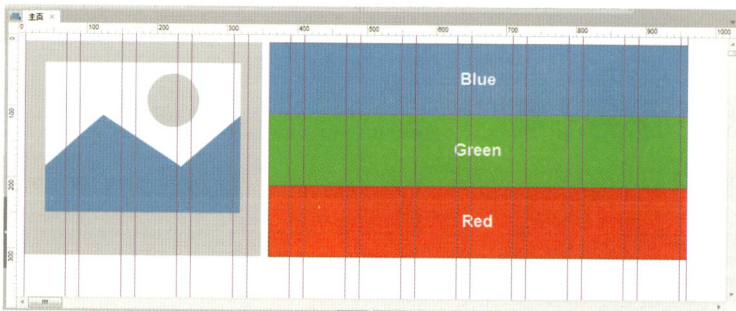

图 6

02 在 0,0 坐标左面点击"自适应视图"小图标。在自适应视图对话框中，点击绿色小加号来创建视图。在预设的下拉列表中，选择"Portrail Tablet"，点击"确定"，见图 7。

图 7

03 在自适应视图工具栏中选择 768 视图（A），并将绿色矩形设置为"未入选"。你可以按 Delete 键删除该部件，或者右键点击并选择"Unplace from View"。这个操作会将该部件从 768 视图中移除，但不会在基本视图中移除（768 视图的父视图），见图 8。

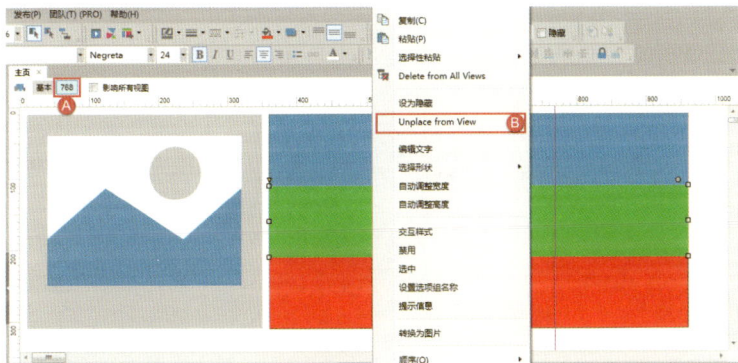

图 8

04 移动蓝色和红色矩形位置并调整其大小，见图 9。

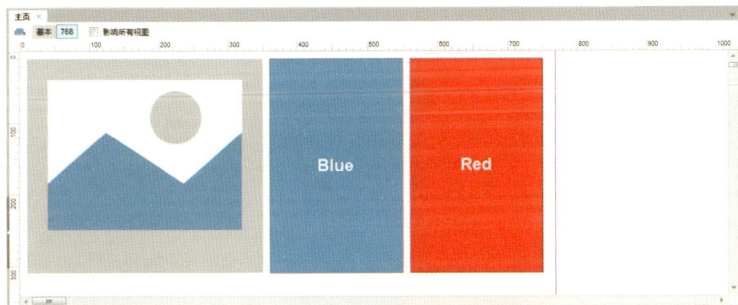

图 9

05 将 768 视图中的红色矩形颜色填充为黑色，并将其文字改为 Red 2 Black，然后在下方新增一个矩形，填充为黄色，并给其添加文字 Yellow，见图 10。

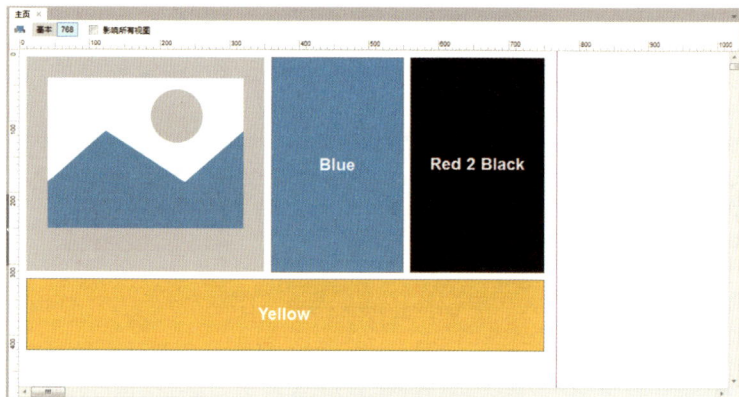

图 10

06 点击基本视图，你会发现：

· 在 768 视图中删除的绿色矩形部件，在基本视图中依然显示，因为 768 视图是基本视图的子视图，子视图中增加 / 删除部件不会影响到基本视图。

· 在 768 视图中新增的黄色矩形部件，在基本视图中没有显示，因为 768 视图是基本视图的子视图，子视图中增加 / 删除部件不会影响基本视图。

· 在 768 视图中将红色矩形部件改变为黑色，但基本视图中该矩形部件的颜色并没有改变，因为它是基本视图的子视图，它的样式改变不会影响父视图。

· 在 768 视图中改变了红色矩形部件上的文字，基本视图中红色矩形的文字也被改变了，这是因为部件文字内容、交互和默认 / 禁用会影响所有视图。

第 10 章

中继器部件
的高级应用

在本书开头，对中继器部件做了简单的介绍，现在我们就来
深入体验一下中继器部件在 Axure 中的强大。你可以把中继
器部件理解为"模拟数据库"功能，它可以对中继器数据集
中的数据按条件进行增加、删除、修改、排序和过滤等操作。
但是请注意，你无法让中继器部件扮演真正的数据库，也无
法将外部真正数据库中的数据导入 Axure 的中继器部件中。
另外，如果你的原型设计中使用了中继器，当你模拟原型关
闭浏览器之后，中继器中的所有数据都会被重置为默认状态。

10.1 排序数据

10.1.1 新增排序（Add Sort）

使用"新增排序"动作可以对中继器数据集中的数据进行排序。在用例编辑器左侧，选择过滤条件，见图 1。

名称（Name）：新增排序的名称。

属性（Property）：数据集中要过滤的列。

排序（Sort as）：选择按数字、文本、日期进行排序。

顺序（Order）：选择顺序，包括升序、降序或升降序切换。

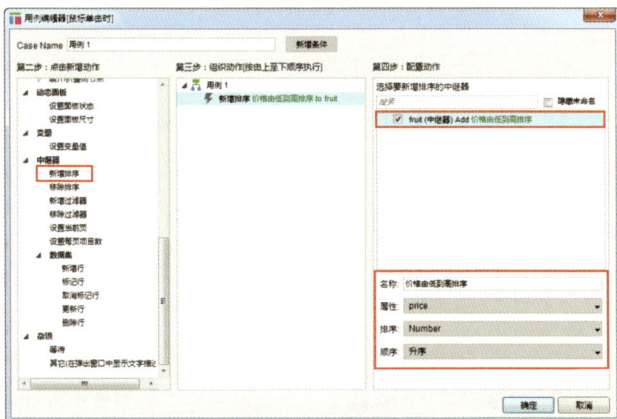

图 1

10.1.2 移除排序（Remove Sort）

在用例编辑器中使用"移除过滤器"动作，可以把已添加的过滤器移除掉。你可以选择移除所有过滤器，或者输入要移除过滤器的名字，见图 2。

图 2

10.2 过滤数据

过滤可以只显示符合一定条件的数据。数据过滤通常是由不包含在中继器内的部件触发的。我们来看看是使用怎样的动作来新增过滤器和移除过滤器的，见图 3。

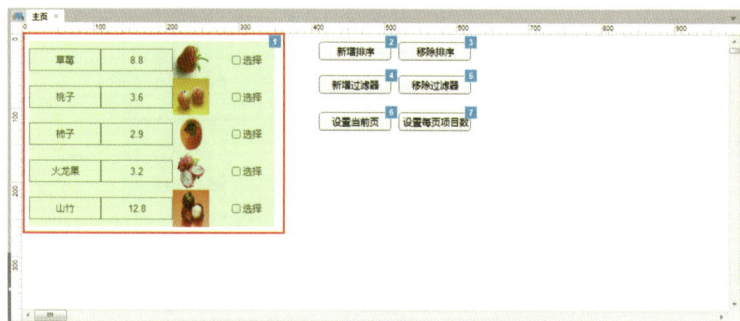

图 3

10.2.1 新增过滤器（Add Filter）

在用例编辑器中点击"新增过滤器"动作，在配置动作中选中中继器部件并给中继器添加过滤规则，如 [[Item.price.3.2]]，意思是目标项价格大于 3.2 的显示出来，不符合这条规则的不显示，见图 4。

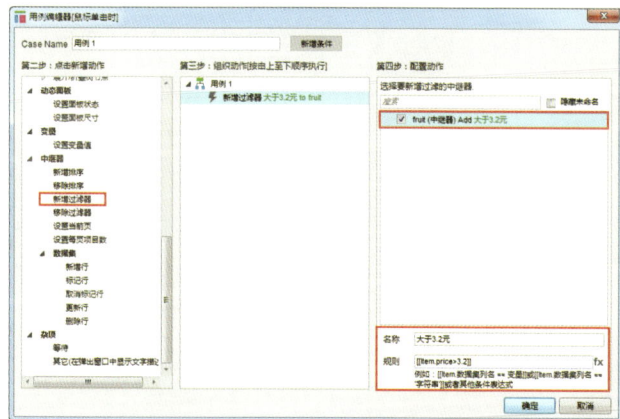

图 4

10.2.2 移除过滤器（Remove Filter）

在用例编辑器中使用"移除过滤器"动作，可以把已添加的过滤器移除。你可以选择移除所有过滤器，或者输入要移除过滤器的名字，见图 5。

147

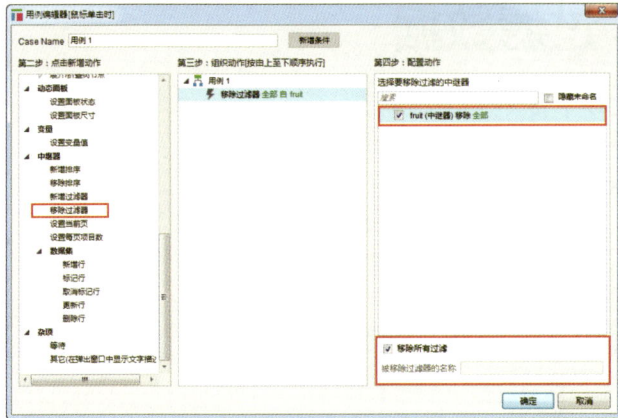

图 5

10.3 分页

10.3.1 设置当前页（Set Current Page）

当在中继器数据集中填充数据之后，要想让中继器部件默认分页显示，你必须在中继器格式中进行分页设置，见图 6。然后再通过使用设置当前页动作，动态设置中继器部件默认显示的数据页，见图 7。

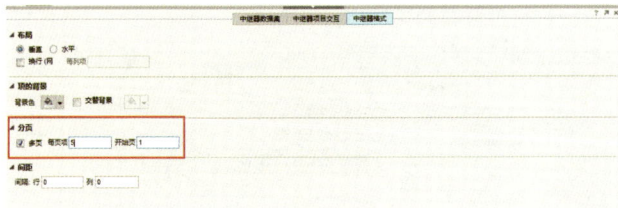

图 6

值（Value）：显示指定的页面

上一页（Previous）：显示上一页

下一页（Next）：显示下一页

最后一页（Last）：显示最后一页

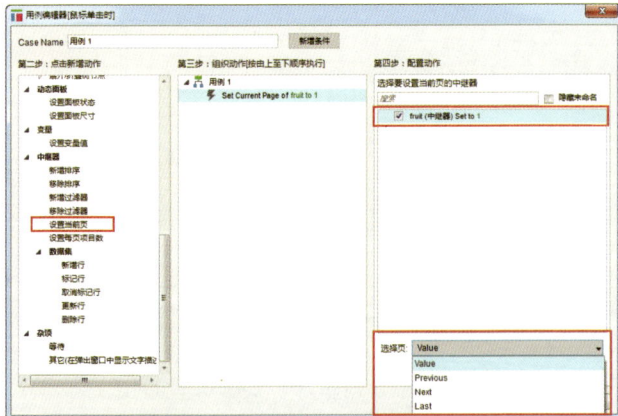

图 7

10.3.2 设置每页项数目（Set items per Page）

设置每页项数目，允许你改变当前可见页的数据项数量，见图8。

· 显示所有项目（Show All Items）：设置中继器显示所有项。

· 每页显示多少个（# per page）：设置中继器显示指定数量的项。

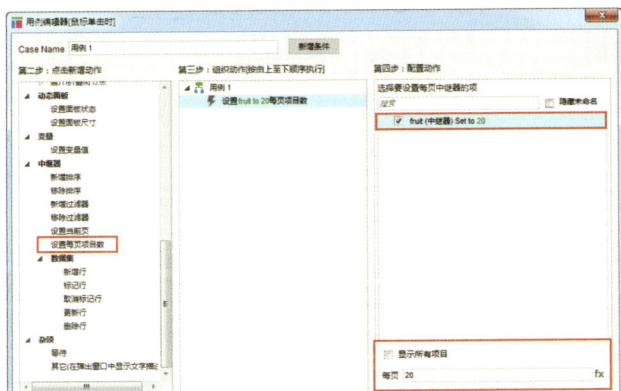

图8

10.4 添加 / 移除中继器的项

在生成的原型中，中继器的项可以被添加和删除，但是要删除指定行，必须先"标记行"（Mark Rows）。

10.4.1 添加行（Add Rows）到中继器数据集

使用"新增行"动作可以动态地添加数据到中继器数据集。在用例编辑器中选择这个动作，然后在配置动作中选择要增加项的中继器，然后点击"新增行"按钮。在弹出的新增行到中继器对话框中就可以添加你想要的数据了，见图9。

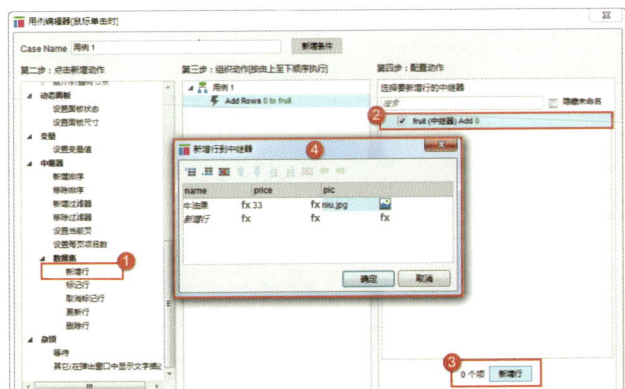

图9

10.4.2 标记行（Mark Rows）

"标记行"的意思就是选择想要编辑的指定。在用例编辑器中添加"标记行"动作，在配置动作中选择想要标记项的中继器，然后使用查询字符串标记行。在这里你可以编辑当前行、标记所有行，还可以按规则标记行，如 [[Item.price>=3.2]]，意思是标记所有价格大于等于 3.2 元的水果，见图 10。

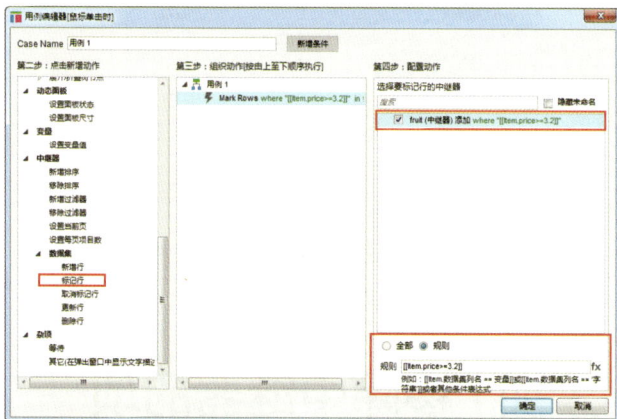

图 10

10.4.3 取消标记行（Unmark Rows）

"取消标记行"与"标记行"类似，你可以使用"取消标记行"动作取消选择项。使用此动作可以取消标记当前行、取消标记全部行，或者按规则取消标记行，见图 11。

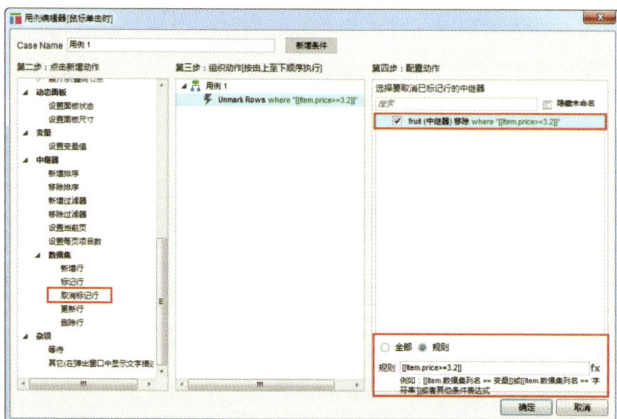

图 11

10.4.4 更新行（Update Rows）

使用"更新行"动作，可以动态地将值插入到已选择的中继器项中，你可以更新已经标记的行，也可以使用规则更新行。比如，我先使用标记行动作选中任意一种或多种水果，再使用更新行动作将选中水果的名称、价格和图片进行更新，见图 12。

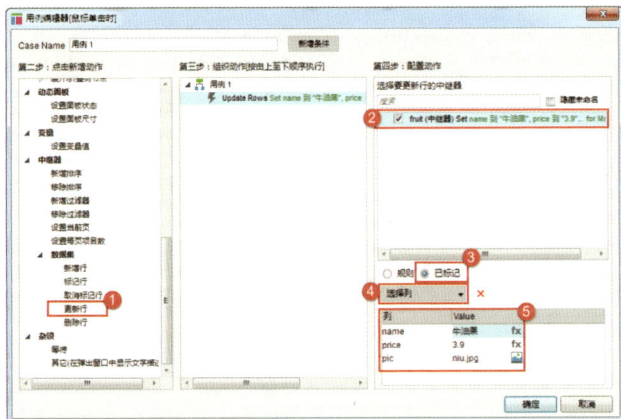

图 12

或者，按规则更新行，见图 13。

01 在用例编辑器中新增"更新行"动作。

02 在配置动作中选中要更新行的中继器（有些情况下你在原型中会使用多个中继器）。

03 选择"规则"。

04 添加规则，如图所示，标记价格等于 2.7 元的水果。

05 选择要更新的列并设置想要更新的内容。

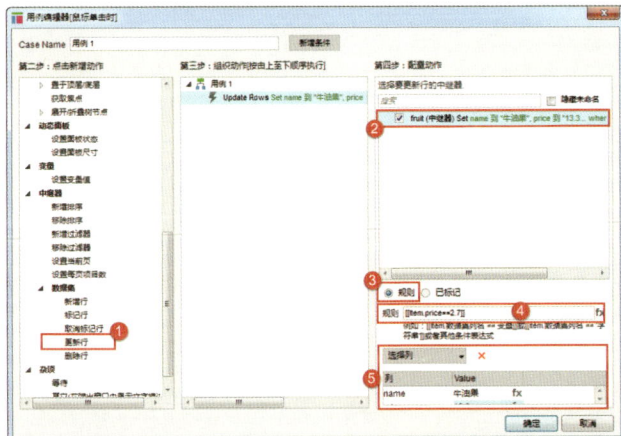

图 13

10.4.5 删除行（Delete Rows）

一旦你已经对中继器数据集中的项进行了标记行，就可以使用"删除行"动作来删除已经被标记的行了。此外，你还可以按规则删除行，见图 14。

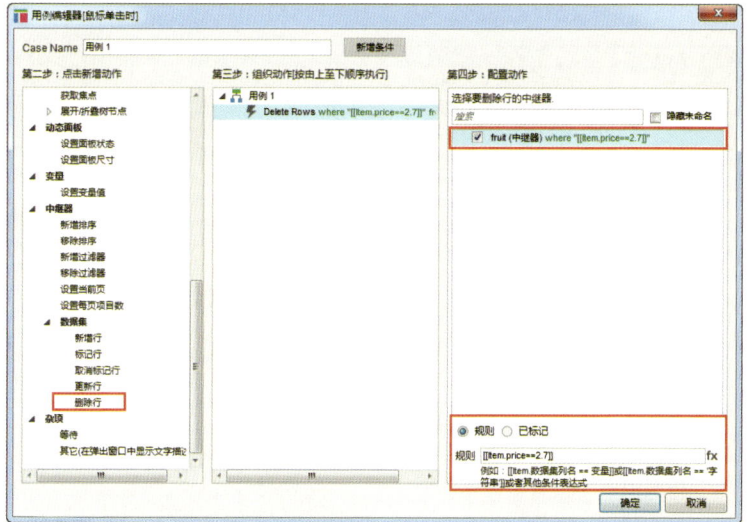

图 14

第 11 章

用户界面规范文档

该文档以用户界面（UI）设计理念和用户操作习惯为原则，为了保证界面设计的一致性、美观性、扩展性和安全性等，对 WEB/APP 界面设计的原则、标准、约束和界面元素内容做出详细要求，便于用户界面原型设计和开发。

11.1 规范文档概述

用户界面规范文档是一个非常重要的沟通工具，它是由用户体验设计师根据规范撰写的，用来和开发人员沟通用户界面的交互行为。通常情况下也是在项目中必须交付的资料之一。

一旦确定项目范围，就应该确定你的投资人需要哪些可递交文件，以及使用什么格式（Word 还是 PDF），越早确定就越有助于你制定工作计划。此外，应该在项目早期与开发团队沟通展示你的文档规范并获得开发团队的批准。与开发团队沟通是项目成功的关键，无论他们对规范文档的制作提出怎样的要求都不要觉得烦躁，因为制作出开发团队认可的规范文档是十分必要的，在开发团队中征求反馈有助于整个项目的成功。

不过，在国内很多互联网公司中 Axure 仍然是一个新概念，因此许多开发团队不知道他们需要或者想要的东西。因此，他们不愿意在项目的开始讨论这个话题，也无法确定他们需要一个什么样的用户界面规范文档。如果遇到这种情况，请参考几条建议。

• 一定要在项目早期与开发小组讨论规范文档的标准。

• 询问一下开发小组曾经是否使用过规范文档，如果有，那就恭喜你了，借来参考一下便于顺畅沟通。

• 如果没有，就展示一个使用 Axure 制作的规范文档案例给开发小组浏览，并征询他们的意见。

• 讨论并确认开发小组希望看到的规范文档属性和细节级别，并安排在后续会议中展示在本次达成一致的草案规范。

• 最后在可交付资料的业务规则、日期要求和风格指南等元素上达成一致。

当你（用户体验团队）的工作完毕后，开发小组会根据你所提供的线框图、原型和用户界面规范文档制作全功能的网站或者 APP，由此可见原型和用户界面规范文档是相辅相成的，这二者缺一不可。

11.2 Axure 规范文档

然而，当你给部件和页面添加完注释，点击"生成规范文档"按钮后，你可能发现，生成的文档并不是开发小组想要的格式。良好的规范文档应该提供贯穿整个网站或整个 APP 的清晰透彻的描述，包括每个不同页面的结构和行为，以及每个不同部件的行为。详细来说，规范文档的底层结构由以下内容组成。

• 网站或 APP 规范文档的全局方面，编辑并使用 Axure 生成功能中的 Word 模板。

• 页面描述，使用页面注释。

• 部件描述，使用字段进行注释。

在你设计的网站或 APP 中通常都会有大量交互行为和显示规则，用户界面规范文档应该覆盖这些内容，这有助于利益相关者（开发和产品等）理解并消化这些信息，也可以确保让团队知道在项目中建立了什么级别的标准和哪些类型的设计模式。下面笔者给出一个列表，并不是每个项目都会用到这个列表中的内容，仅为读者们提供一个参考。

• 介绍，用来传达目的和目标受众，也就是说，这个文档是什么，为谁而写。

• 参考指南，包含规范文档中的以下项目。

屏幕分辨率 / 支持设备 / 日期时间的显示规则 / 支持浏览器 / 性能，指从用户体验角度来看，对各种交互可接受的响应时间 / 消息提示，其中包含以下几个字段的规范：用户错误、系统错误、用户操作数据时（查询和过滤等）返回结果为空 / 确认 / 警告 / 用户支持和指导 / 处理用户访问、权限和安全 / 用户自定义功能 / 定位功能 / 辅助功能需求（如色盲、盲人、残障人士使用）。

• 界面布局。

• 表格模式。

• 关键模式，其中包括以下字段的规范。

窗口和对话框 / 通知，如错误消息、警告消息、确认消息、信息消息 / 杂项，包括以下字段的规范：日历、按钮模式、图标模式。

• Axure 术语或缩写词语定义表，简单来说就是解释一下什么叫母版、动态面板、中继器部件。

• 文档控制，其中包括以下字段的规范。

文档版本 / 相关文档（如视觉设计指南）/ 评论者及评论列表 / 同意者列表。

在现实中，很多项目尤其是中小微型互联网公司的项目中经常会低估或者忽略规范文档的价值，原因也比较多，一方面是时间表比较紧，很多项目都是赶着日程走；另一方面，产品经理或用户体验设计师对专业知识的缺乏也是很重要的因素。尽管在很多公司中产品经理、项目经理和用户体验设计师并没有明确的界限，甚至由一人承担，但当你看过这一章之后，应该明确地认识到规范文档的价值和用途。

11.3 生成器和输出文件

在详细讲解之前，我们先来看一下 Axure 的生成器与规范文档和原型之间的关系，见图 1。

点击菜单栏中的"发布"，就可以看到截图中所提供的生成功能。

原型：即生成的 HTML 文件。点击"生成 HTML 文件菜单"，在弹出的对话框中，你可以配置输出 HTML 原型的各种选项，见图 2。

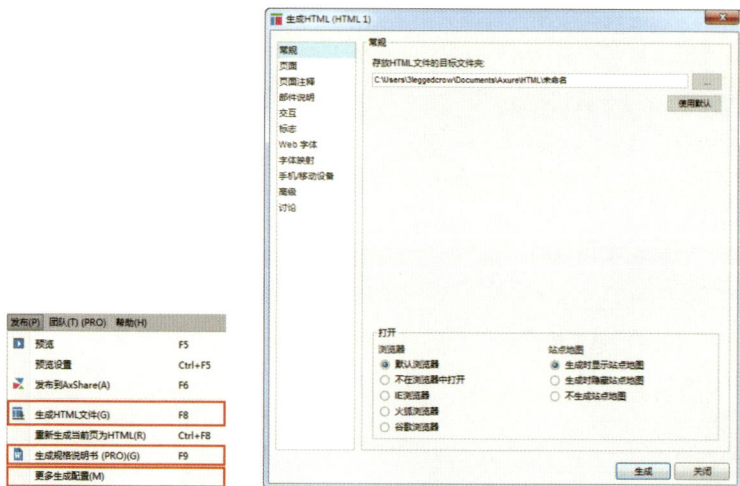

图 1

图 2

规范文档：即格式化的 Word 文档。与生成 HTML 文件类似，点击"生成规格说明书"，在弹出的对话框中可以对 Word 文档的输出进行详细配置。见图 3。

生成器：Axure 提供了 3 个输出选项，分别是 HTML、Word 和 CSV 格式。点击菜单栏中的"发布 > 更多生成配置"，在弹出的生成配置对话框中可以管理生成选项，见图 4。在这里你可以：

- 新增生成器
- 编辑生成器
- 复制一个已有生成器
- 删除生成器
- 设置默认生成器

图3

图4

11.4 部件注释（Widget Notes）

在用户界面规范文档中，你需要给线框图中的每个部件添加描述性和规范性的信息。在有需求的情况下，开发人员会根据你提供的这些信息将线框图转换为代码，所以就像之前所讲的那样，与开发小组约定俗成的标准描述是十分必要的。但是在用户体验设计领域并没有用户界面规范文档的标准。可交付文档的格式和所包含的范围是由用户体验设计人员、用来制作规范文档的工具，还有开发小组的特殊需求所决定的。

部件注释可以用来澄清你的设计功能：有注释或交互的部件有一个黄色的编号脚注在窗口右上角显示，要隐藏 Axure 设计区域中的脚注，在主菜单的视图下取消勾选"显示脚注"。要隐藏生成的 HTML 中的脚注，选择"发布 > 生成 HTML> 点击部件说明"，取消勾选"包含部件注释"。

11.4.1 自定义注释集合

点击菜单栏中的"项目 > 部件注释字段和集合"，或者在部件注释面板中点击"自定义"，在弹出的部件标注和集合对话框进行设置。 在这个对话框中你可以对输入框进行添加、删除和排序，见图 5。

· 文本（Text）   · 选择列表（Select List）
· 数字（Number） · 日期（Date）

你还可以添加新的合集配置不同的字段，见图 6。

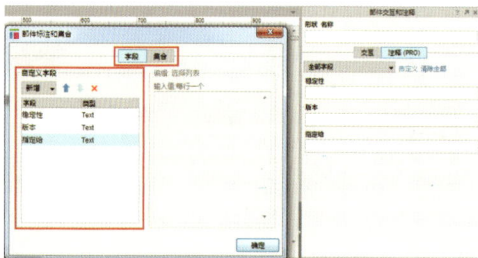

图 5

图 6

11.4.2 添加注释

在设计区域选择部件，并在右侧部件注释面板中输入注释内容。注意，给设计区域中的部件命名是良好的习惯，这对于搜索寻找部件有很大帮助，见图 7。

11.4.3 复制和清除注释

要从一个部件上复制注释并粘贴到另一个部件，选择有注释的部件并复制（Ctrl+C），然后选择要粘贴注释的部件，右键点击，然后选择"选择性粘贴>粘贴标注"即可。你还可以使用这种方法删除标注！非常简单，你只需复制没有标注的部件，然后再粘贴标注，见图 8。

图 7

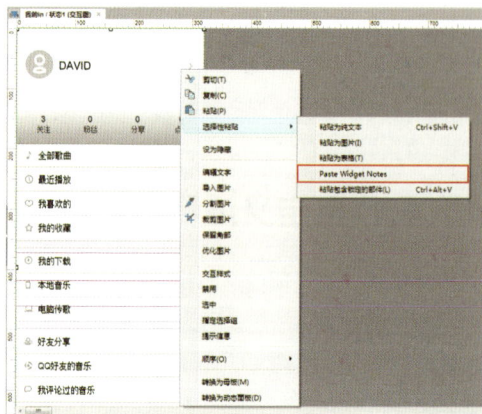

图 8

11.4.4 多部件添加、编辑、删除注释

对多个部件的注释当前还不能同时编辑。然而，如果你想创建相同的注释，可以使用"选择性粘贴"实现。

11.5 页面注释（Page Notes）

Axure 的页面注释允许你收集页面设计水平相关的描述和其他规范，页面注释还提供以下细节。

- 页面的高级概述　　　· 页面的入口点
- 用户可以在这个页面完成哪些可操作的项目
- 重要的用户体验原则　　· 用户界面中的关键部件

11.5.1 自定义页面注释字段

在页面注释中，你也可以添加自定义注释字段，这样可以帮助你组织并结构化注释。例如，你可以添加这个页面的关键业务需求和功能规格等，见图 9。

图 9

11.5.2 页面注释和富文本

页面注释可以使用 Axure 文本格式工具栏中的任何选项，就像处理形状部件一样。你还可以使用文本格式的快捷方式，如 Ctrl+B、Ctrl+I 等。你在页面注释中所添加的文字格式，在生成规格说明书的 Word 文档中依然有效，见图 10。

图 10

159

11.6 生成规范文档（规格说明书）

如果你的电脑装有 Word 2000、2003 或更高版本，Axure 会生成兼容这些版本的规格说明书，你可以使用 Word 打开进行编辑并保存。如果你使用的是 Mac 电脑，生成的规格说明书也可以使用 Mac 中的办公软件打开，如 iWork，只是有些地方的格式可能会有所不同。

点击菜单栏中的"发布 > 生成规格说明书"，在弹出对话框中可以控制所有输出规范文档的属性。这个对话框分为 8 个部分，按照自己的需求调整完毕之后点击"生成"按钮，Axure 会自动打开你生成的规范文档，你可以在 Word 中预览或继续编辑，见图 11。

常规（General）：设置规格说明书输出路径。

页面（Pages）：选择规范文档中包含的页面。

母版（Masters）：选择规范文档中包含的母版。注意，底部有一个复选框可以排除母版注释。

页面属性（Page Properties）：对页面的注释进行选择和排序设置。

截图 / 快照（Screenshots）：显示或不显示快照的相关设置。

部件属性（Widget Properties）：对部件属性进行选择和排序。在这里你可以将单独的注释放入一个表中。

布局（Layout）：可选择单列或双列的布局模式。

Word 模板（Word Template）：选择和编辑 Word 模板。

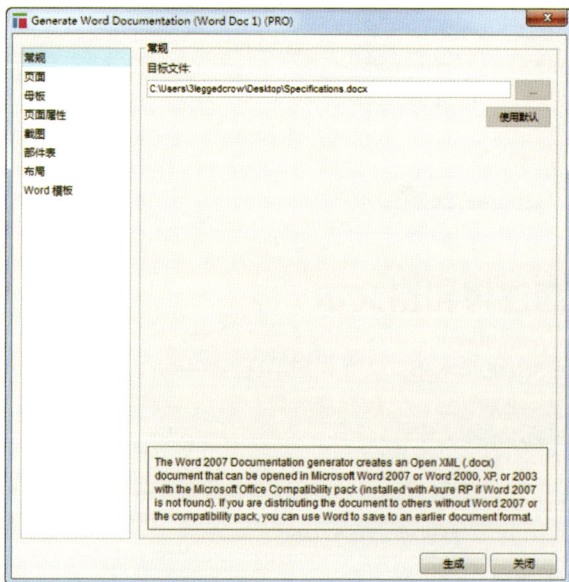

图 11

11.6.1 配置一个或多个部件表

部件表包含的部件属性包括：脚注、标签、交互、部件注释、部件文本、部件提示和列表选项。默认情况下，一个部件表包含脚注、标签和注释。你可以添加更多部件属性到多个表格中，点击部件表右侧的"新增"即可。过滤器可以用于限制部件表显示的行。默认情况下，只有带有注释的部件才会显示在文档中，也就是说部件只有被定义了注释或交互才会写入规格文档。如果想在规格文档中显示所有部件文字，那么就取消勾选"仅包含脚注编号的部件"。你也可以选中"删除仅有脚注编号和标签数据的行"，删除空列，甚至可以根据具体的注释字段值添加过滤器，见图12。

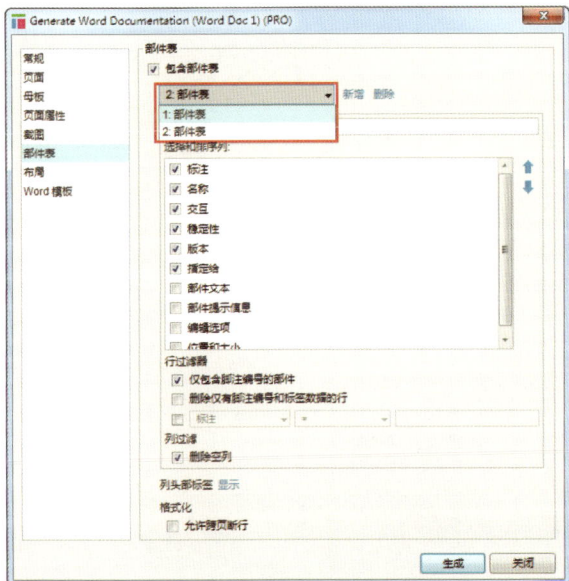

图 12

11.6.2 配置布局

在布局部分，你可以对规格说明书中显示的内容进行排序。你可以设置布局为单列或双列，当设置为双列时你还可以设置左侧的列宽。这样做通常是为了适应比较大的截图／快照。截图的大小也可以在截图功能中进行设置。

Tips

双列布局设置特别适用于只有一张截图在左侧，右侧是页面注释和部件表的情况下，生成的规范文档非常简洁明朗。

无论使用什么工具，制作用户界面规范文档都是一个复杂的事情。不过，如果你花一点时间去构建正确的文件，创建规范模式和文档，并为利益相关者的项目创建一个模板，你会发现这份文档的价值会变得非常高。最后请牢记，在创建项目计划的早期，尽早开始评审过程，充分与项目中的整个团队进行沟通。Axure 这款软件的作用就是帮助我们沟通。

第 12 章

APP 原型设计

本章节详细讲解 APP 原型中内容的不同显示方法以及如何在真实的 iPhone 设备中预览原型，其中 APP 原型的设计尺寸和 Viewport 工作原理值得读者深入学习。

12.1 概述

在本节开始之前，十分有必要和各位读者讲述一下 Axure 的学习方法，因为有很多读者都非常急切地寻找使用 Axure 设计"APP"原型的知识，往往对 Web 原型的制作并不重视甚至忽视。对于 Axure 来说，这种学习方法是不合理的，因为在我们使用 Axure 设计原型时所使用的知识点是相同的，而且 Web 原型的设计（尤其是自适应网站设计）比 APP 原型更加复杂，设计过程中需要考虑的条件逻辑和使用到的技能综合性更强。因此，强烈建议各位刚刚开始学习 Axure 的读者按顺序阅读本书。不积跬步无以至千里，当你对 Axure 的基础知识打下牢固的基础后再学习 APP 原型制作，就会事半功倍了。

12.2 APP 原型模板

APP 原型模板是专门为设计 APP 原型而设置的 RP 文件，它包含一个专门用来查看设计效果的页面，由移动设备的"机身外壳"和"内部框架"组成，还有用来设计 APP 原型的辅助线和屏幕页面。

iPhone APP 和 Android APP 原型模板都打包放在本书的课件中，各位读者还可以到论坛下载，也可以根据本节内容自己动手制作。笔者在此以 iPhone APP 原型模板为例进行讲解。

12.2.1 制作 iPhone APP 原型模板

01 在站点地图部件中新增页面，并调整页面顺序，见图 1。

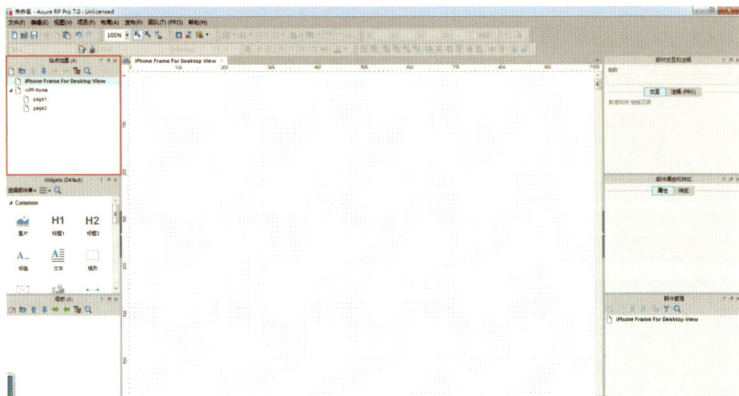

图1

02 在站点地图中双击 iPhoneFrameForDesktopView，将 iPhone4S 机身外壳拖放至设计区域中，见图 2。

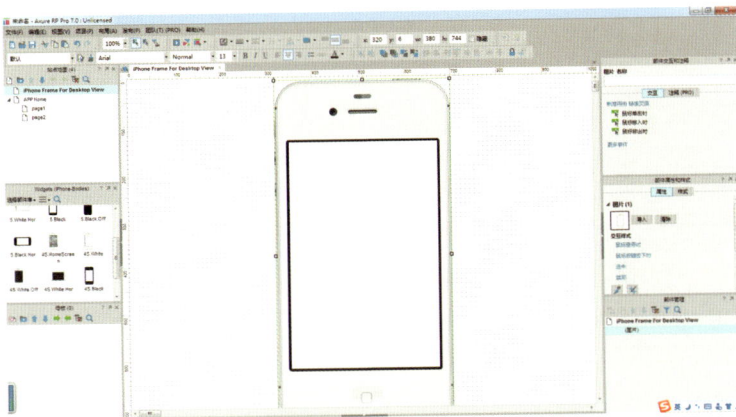

图 2

Tips
Android 和 iPhone 机身部件库全部打包存放在本书的课件中。

03 拖放内部框架部件到设计区域中，将其放置于 iPhone4S 机身外壳的屏幕上方，并调整其尺寸为 328×480，然后给内部框架命名为 iphone_frame，见图 3。

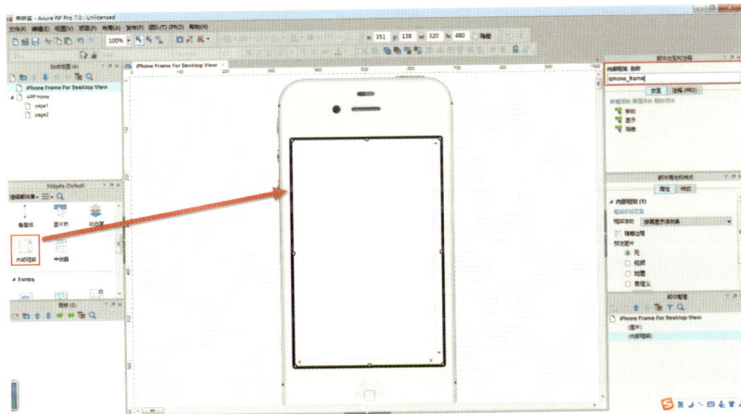

图 3

04 右键点击 iphone_frame，在弹出菜单中选择"滚动栏 > 从不显示水平和垂直滚动条"，然后再次右键点击该部件，选择"显示/隐藏边框"，将内部框架部件的边框也隐藏掉，见图 4。

05 双击 iphone_frame，在弹出的链接属性对话框中选择 APP Home 页面。

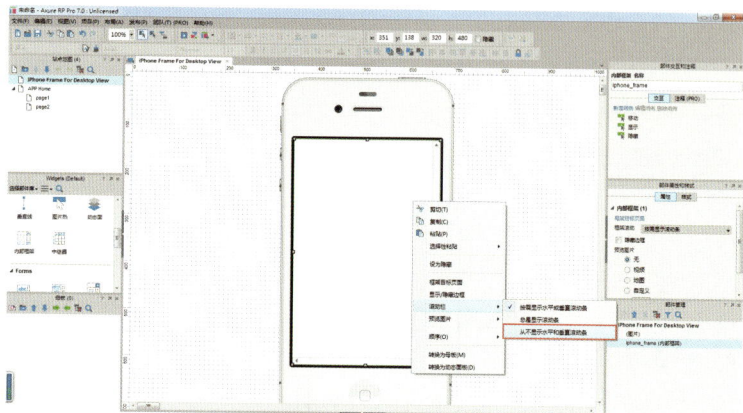

图 4

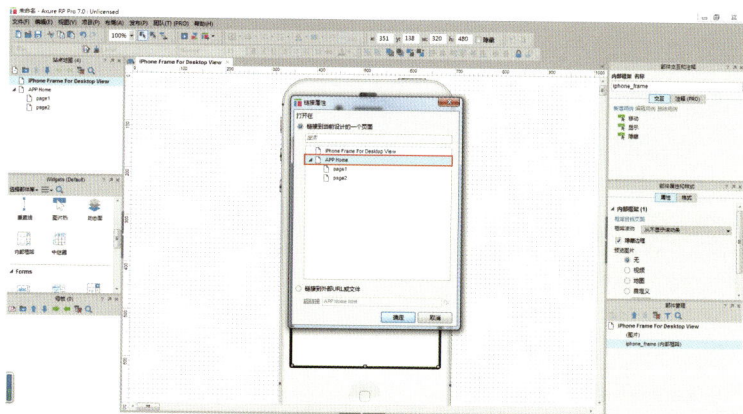

图 5

在"iPhoneFrameforDesktopView"页面中,包含一张 iPhoneBody 机身图片和一个内部框架部件 iphone_frame(注意,要将其置于机身图片的顶层)。内部框架是用来载入 APPHome 页面的。

双击 APP Home 页面可进入编辑,这个设置让原型看起来是在整个 iPhone 手机外壳里运行的。在浏览器中也允许直接访问 APP Home 页面和其他页面。

06 双击 APP Home 页面,拖放一个占位符部件到设计区域中,将部件尺寸设置为 328×480 像素,并设置其位置到 0,0,继续添加两条全局辅助线,PC 摁住 Ctrl,Mac 按住 Cmd,然后拖动辅助线到设计区域即可,见图 6。

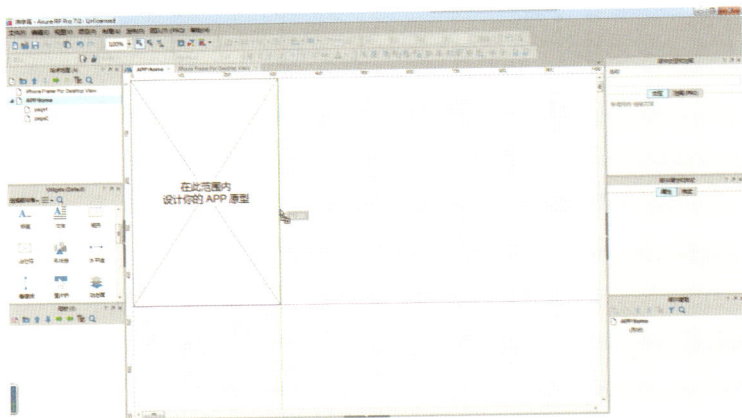

图6

App Home 页面用来设置你的 APP 原型，这个页面让你可以直接使用 iPhone 访问，它是不包含 iPhone Body 和内部框架的。这个页面中还有两条全局辅助线用来提示 iPhone 4S 屏幕界面的大小。至此 iPhone APP 原型模板就制作完毕了。

12.2.2 制作 Android APP 原型模板

制作 Android APP 原型模板的方法与制作 iPhone APP 模板的方法一致，见图 7。

图7

12.3 制作简单的 APP 原型

12.3.1 可滚动内容

如果你的 APP 原型中有些页面有很长的内容，而你想让这些内容滚动浏览的话，就可以把这些内容放入动态面板中。此外，在 APP 原型中，经常会有页头或页脚是静态的（固定在 APP 原型顶部和底部）。你可以将主要内容放入动态面板中做成可滚动浏览效果，然后将页头页尾固定到浏览器的某个位置即可。不过，动态面板的特性给了你更多控制 APP 原型的选择，并且允许你在生成原型时使用"防止垂直页面滚动（受阻弹性滚动）"选项。这个案例是以文本内容为例，不过，内容也可以是其他任何部件。

01 打开刚刚制作好的 Android APP 原型模板，在站点地图中双击 APP Home 页面，在设计区域中删除已有的占位符部件。然后添加"头部"和"尾部"部件到设计区域中，并填充文本内容，注意文本内容的宽度不要超过宽度 360 像素处的全局辅助线，见图 8。

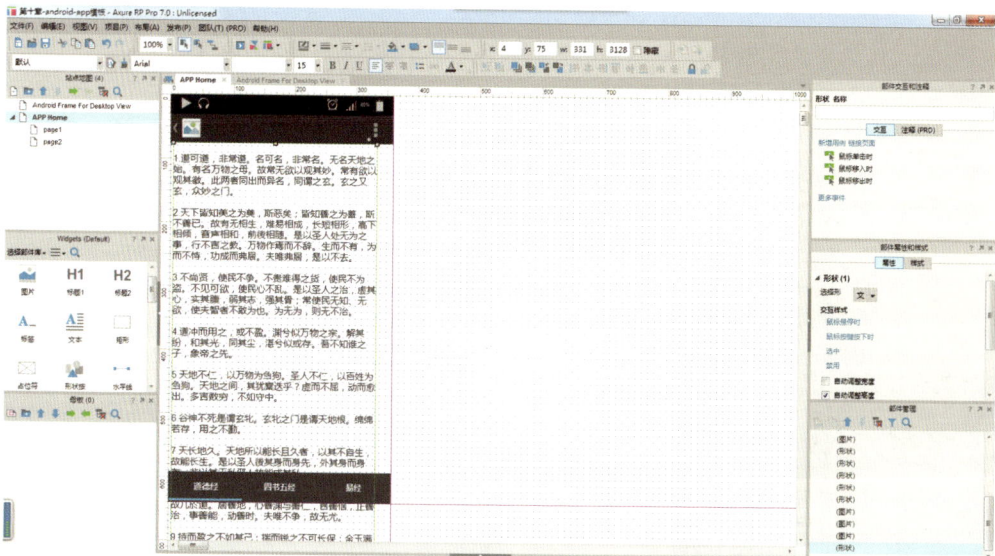

图 8

02 右键点击文本部件，在弹出的上下文菜单中选择"转换为动态面板"，给其命名为 content，见图 9，然后调整 content 尺寸为 360×517 像素，见图 10。

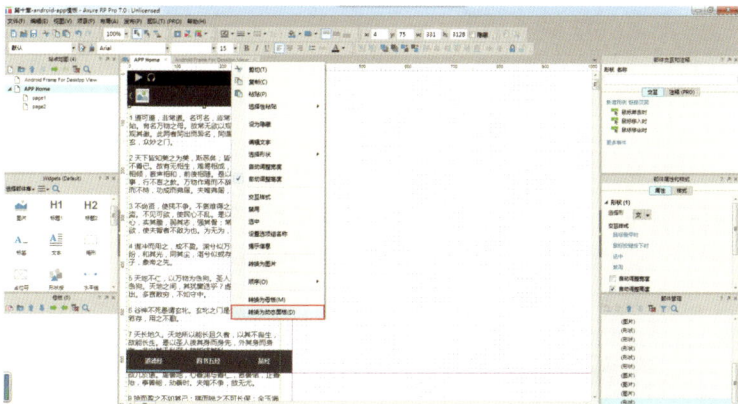

图9

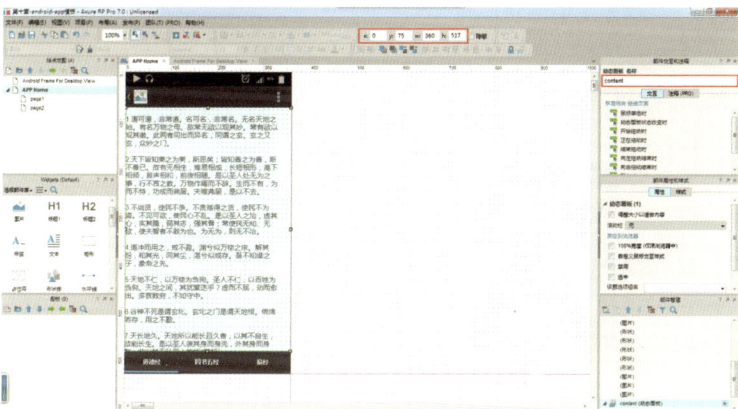

图10

03 右键点击 content，在弹出菜单中选择"滚动栏 > 按需显示垂直滚动条"，见图 11。

按下 F5 键快速预览，此时 content 中的内容就可以上下滚动阅读了，见图 12。

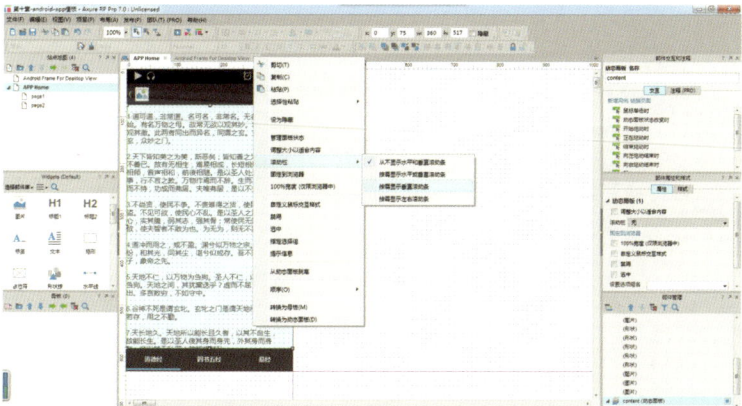

图11

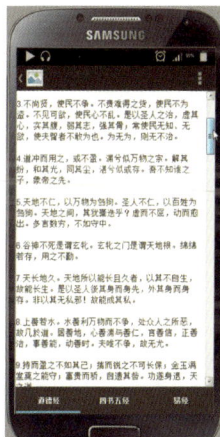

图12

12.3.2 滑动幻灯

这个案例将指引你创建 APP 原型中幻灯片左右滑动的效果，当你在 iPhone 上手指左右滑动时，图片会自动左右切换。这个案例中使用的是图片，但是你可以根据自己的情况将图片替换为任何其他部件。这个案例还同时使用了数量指示器，用来提示当前显示的是哪张图片，如 2/5。当然你也可以使用小圆点儿、小方块之类的代替数字。

01 打开光盘中"书籍案例课件"文件夹中的 iphone-app 模板 .rp 文件，在站点地图中双击 APP Home 页面，删除设计区域中已有的占位符，添加头部和尾部部件到设计区域中。然后拖放图像部件到设计区域中，双击图像部件，导入准备好的图片。调整图片尺寸，不要超过全局辅助线，见图 13。

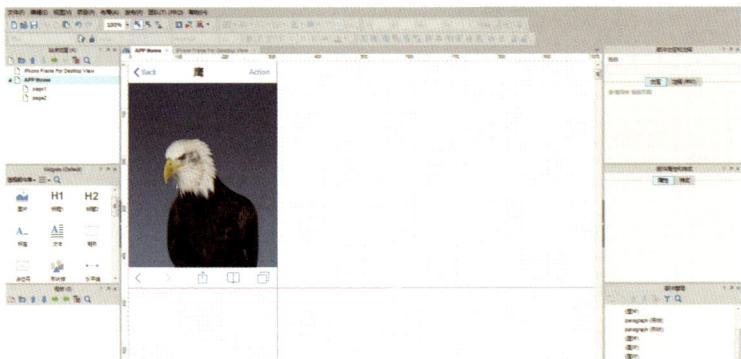

图 13

02 右键点击图像，在弹出菜单中选择"转换为动态面板"，给其命名为 eagles。双击 eagles 动态面板，在弹出的动态面板状态管理对话框中选择状态 1，然后点击"复制"按钮，增加 4 个状态，见图 14。点击"确定"，关闭动态面板状态管理对话框。

图 14

03 在部件管理面板中双击 eagles 动态面板中的不同状态，并在设计区域中替换图片，注意图片宽度不要超过全局辅助线，见图 15。

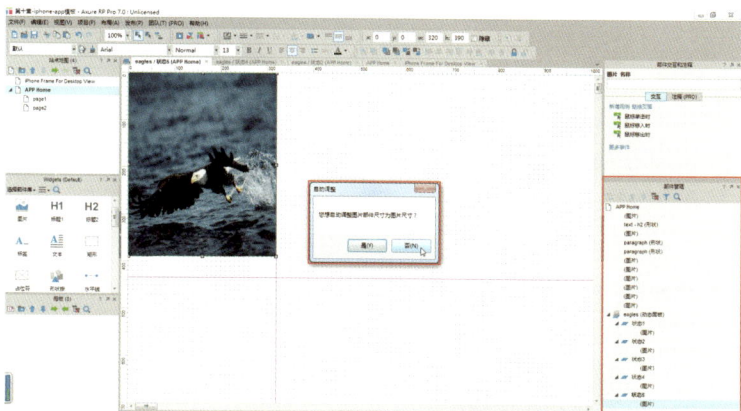

图 15

04 拖放标签部件到设计区域中，将其置于 eagles 动态面板的右上角，调整字体大小和颜色，见图 16。

图 16

05 右键点击标签部件，在弹出菜单中选择"转换为动态面板"，并给其命名为 indicatior。这个标签部件用来提示当前显示的是哪张图片，见图 17。

06 双击 indicator，在弹出的动态面板状态管理面板中选择状态 1，点击"复制"图标，增加 4 个状态，见图 18。点击"确定"，关闭动态面板状态管理对话框。

图 17

图 18

07 在部件管理面板双击 indicatior 动态面板的状态 2，在设计区域中修改标签内容为 2/5，其他状态修改方式相同。

08 回到 APP Home 页面，选择 eagles 动态面板，在部件交互面板中双击 "向左拖动结束时"，在弹出的用例编辑器中新增动作设置面板状态，在右侧的配置动作中勾选 eagles 动态面板，点击选择状态右侧的下拉列表，选择 "Next"，并设置进入时动画和退出时动画为 "向左滑动"，见图 19。

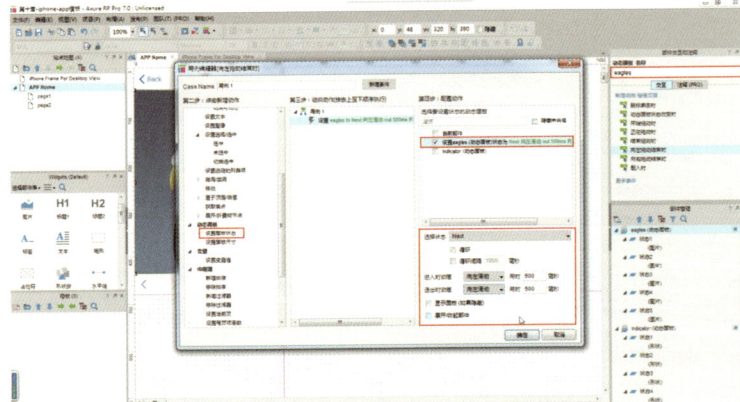

图 19

09 继续在配置动作中勾选"设置 indicator(动态面板)状态为",设置其选择状态下拉列表为"Next",见图 20。点击"确定"关闭用例编辑器。

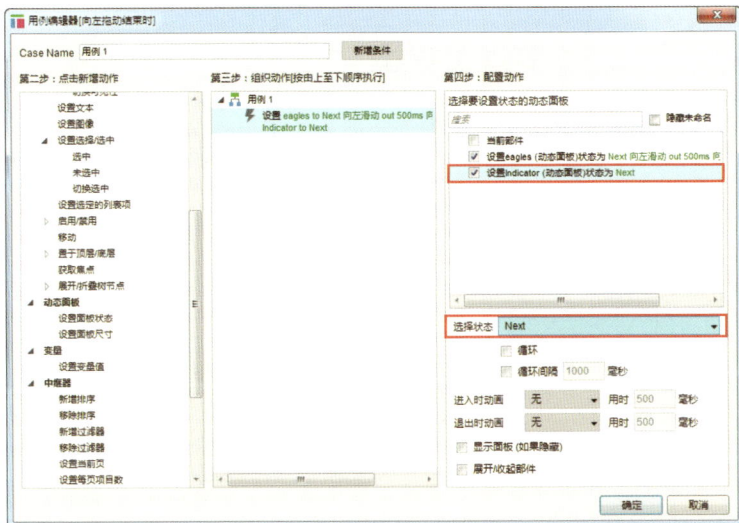

图 20

10 添加向右滑动效果,双击"向右拖动结束时",在用例编辑器中给这两个动态面板新增动作并配置,方法与向左滑动类似,要注意选择状态为"Previous"即可,见图 21。配置完毕后点击"确定",关闭用例编辑器。

至此,简单的滑动幻灯就制作完毕了,双击 iPhone Frame For Desktop View 页面,按下 F5 键快速预览测试,见图 22。

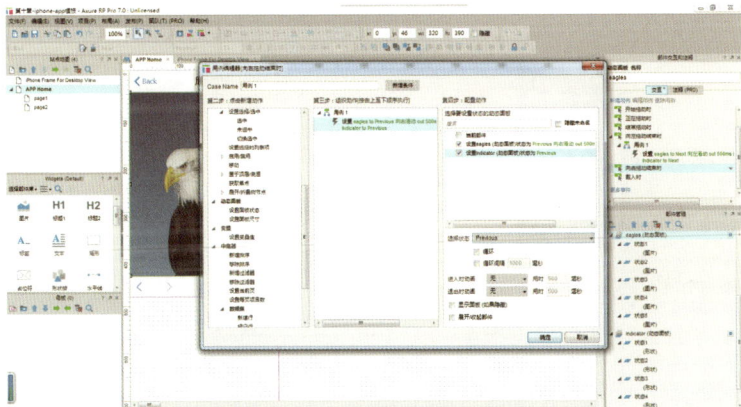

图 21

图 22

12.4 在移动设备中预览原型

在 iPhone 中预览原型

我们可以通过 iPhone 来查看设计的 APP 原型，来获取最真实的用户体验。不过在开始之前，要先到 AxShare 申请一个账号并上传你的原型（或者使用自己的 Web 服务器），请参考第 8 章。

01 点击顶部菜单栏中的"发布 > 生成 HTML 文件"，在弹出的生成 HTML 对话框左侧，选择"手机 / 移动设备"。

· 勾选"包含视图接口标记"（Include Viewport Tag）。

· 设置"宽"为"device-width"。

· 初始缩放：1.0。

· 最大缩放：1.0。

· 用户可扩展：no。

· 勾选"防止垂直页面滚动"。

· 勾选"自动检测和链接电话号码"（按需求勾选）。

此外，还可以给 APP 原型添加主屏幕图标和 APP 启动画面，见图 23。设置完成后点击"关闭"按钮。

其他不同屏幕尺寸移动设备的 APP 原型设计尺寸也是不同的，这也是很多学生来信提出的疑问。若要讲清楚这个问题，首先读者们要了解移动设备上的 viewport，笔者会在后面的章节中详细讲解。

图 23

02 点击顶部菜单栏中的 "发布 > 发布到 Axshare"，在弹出对话框中点
击已有账号并输入你自己的 AxShare 用户名和密码。你可以创建一个
新项目，也可以选择替换已有的项目，点击 "发布"，见图 24。

图 24

03 发布成功后，我们可以看到提示，见图 25。复制 URL 链接后在浏览
器中打开该链接，见图 26。

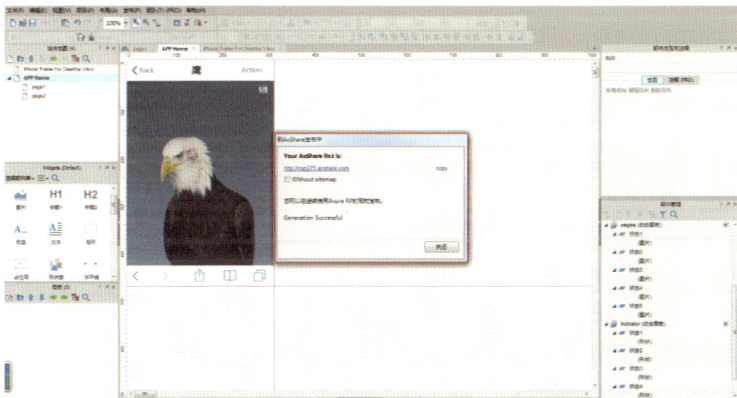

图 25

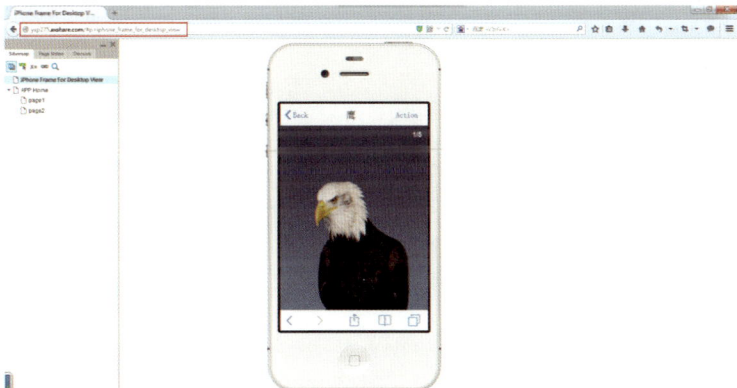

图 26

Tips

这个链接并不适合我
们在 iPhone 中测试原
型，因为这个页面中含
有 iPhone 的机身外壳，
是让我们用来在浏览器
中测试原型的。

04 在左侧的边栏中点击 APP Home 页面，然后点击 Sitemap 面板中的 Get Links 小图标，在弹出对话框里选中"without sitemap"，此时获取的 URL（A）就是在 iPhone 中测试原型的地址，见图 27。

05 使用 iPhone 的 Safari 浏览器访问该网址，见图 28。

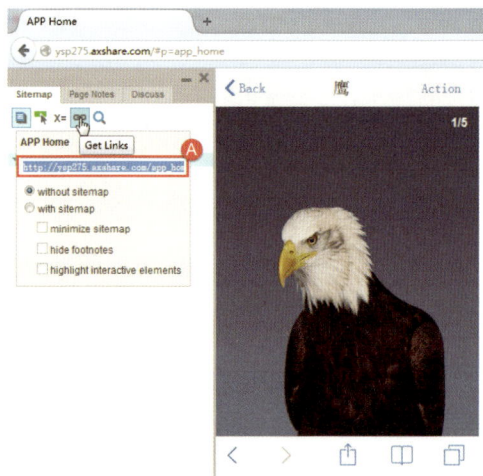

图 27

图 28

06 点击 safari 浏览器底部的分享按钮，然后选择添加到主屏幕，见图 29。

07 编辑名称后点击"添加"，见图 30。

08 至此，在 iPhone 中预览 APP 原型就设置完毕了，点击鹰图标启动 APP 原型进行测试，APP 原型的启动效果和滑动幻灯的交互，操作起来和真实的应用程序一样，见图 31。

图 29

图 30

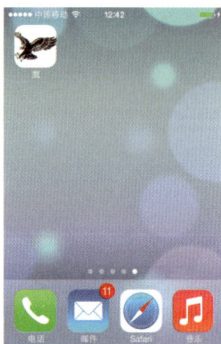

图 31

12.5 APP 原型的尺寸设计

在使用 Axure 设计 APP 原型时，如果要在一个或者多个移动设备中测试
APP 原型，则需要提前获取移动设备的屏幕分辨率，再根据屏幕分辨率
来设计 APP（自适应）原型的大小。

如 iPhone4S 的屏幕分辨率是 960×640 像素，但我们在 Axure 的案例中设
计适用于 iPhone4S 的 APP 原型尺寸却是 320×480 像素，这是为什么呢？
要讲清楚这个问题，首先要了解移动设备上的 viewport 概念。

12.5.1 viewport 概述

通俗地讲，移动设备上的 viewport 就是设备的屏幕上能用来显示网页的
一块区域，也可以理解为移动设备屏幕的可视区域。再具体一点，就是
浏览器上（也可能是一个 APP 中的 webview）用来显示网页的那部分区域，
但 viewport 又不局限于浏览器可视区域的大小，它可能比浏览器的可视
区域要大，也可能比浏览器的可视区域要小。在默认情况下，移动设备
上的 viewport 都是要大于浏览器可视区域的，这是考虑到移动设备的分
辨率相对于桌面电脑来说都比较小，所以为了能在移动设备上正常显示
那些传统的为桌面浏览器设计的网站，移动设备上的浏览器都会把自己
默认的 viewport 设为 980 或 1024 像素（也可能是其他值，这个是由移
动设备自己决定），但带来的后果就是浏览器会出现横向滚动条，因为
浏览器可视区域的宽度比默认 viewport 的宽度小。

12.5.2 CSS 中的 px 与移动设备中的 px

CSS 中的 1px 并不等于设备的 1px。

我们使用 Axure 生成的原型是由 HTML+CSS+JavaScript 构成的。在 CSS
中，通常使用 px（pixel 的缩写，即像素）作为单位，在桌面浏览器中，
CSS 的一个像素往往都是对应着电脑屏幕的一个物理像素，这就是造成
我们产生误解的原因：CSS 中的像素就是设备的物理像素。

但实际情况并非如此，CSS 中的像素只是一个抽象的单位，在不同的设
备或不同的环境中，CSS 中的 1px 所代表的设备物理像素是不同的。在
为桌面浏览器设计的网页中，这样理解是正确的，但在移动设备上，并
非如此，各位读者必须清楚这一点。

在较早期的移动设备中，屏幕的像素密度都比较低，比如 iPhone3，它

的屏幕分辨率是 320×480 像素，在 iPhone3 上，一个 CSS 像素确实是等于一个屏幕物理像素的。但是随着技术的发展，移动设备的屏幕像素密度越来越高，从 iPhone4 开始，苹果公司便推出了 Retina 屏幕，分辨率提高了一倍，变成 640×960 像素，但屏幕尺寸却没变化（在大家使用 iPhone4 截取屏幕时就能深切体会到这一点，屏幕截图尺寸是 640×960 像素，截图的尺寸比视觉上看的屏幕尺寸大出了一倍），也就是说，在同样大小的屏幕上，像素却高出了一倍。此时，一个 CSS 像素就等于两个物理像素。

其他品牌的移动设备也是这个道理，例如，安卓设备根据屏幕像素密度可分为 ldpi、mdpi、hdpi、xhdpi 等不同的等级，分辨率也是五花八门，安卓设备上的一个 CSS 像素相当于多少个屏幕物理像素，也因设备的不同而不同，没有一个标准。

还有一个因素也会引起 CSS 中 px 的变化，那就是用户缩放。例如，当用户把页面放大一倍，那么 CSS 中 1px 所代表的物理像素也会增加一倍；反之把页面缩小一倍，CSS 中 1px 所代表的物理像素也会减少一倍。

看到这里，相信大家心中的谜团已经解开了，大家根据本节内容的讲解也可以深入理解"包含视图接口标记"（Include Viewport Tag）是何含义了。

关于移动设备中 viewport 的专业文献，各位读者可参考 PPK 的文章，受篇幅所限不再赘述 http://www.quirksmode.org/。

为了方便各位读者更加清晰、便捷地设计适用于不同屏幕尺寸的 APP 原型，本书附录列出了 APP 原型尺寸速查表。

第 13 章

综合案例

本章使用 3 个真实案例深入讲解 Axure 在制作原型的实战过程中的使用方法和需要注意的细节问题，配合视频教程可助你快速掌握所需技能与技巧。希望各位读者不忘初心，让 Axure 变成手中沟通的利器。

为了详细解释书中所涉及的术语和案例，本书在编写过程中参考了国内知名的网站功能和效果，由于部分内容借鉴于互联网，难以查明原创作者，敬请谅解。如有内容引用了贵公司或您的文章、资料却没有注明出处，欢迎及时联系作者本人，我会在个人博客或相关媒体中予以澄清或致歉，并且会在下一个版本中予以更正和补充。

为了更加直观地展示 Axure 制作高保真原型的能力，本部分中的案例将使用国内知名网站或 APP 做为目标。而且整个过程中我们在使用一种效率极高的原型制作方法——背景覆盖法。所谓背景覆盖法就是直接使用别人已经做好的图像或者截图，然后根据我们的需求将不需要的元素覆盖掉并添加我们需要的元素。在团队沟通过程中，这种方法可以节省用户体验设计师的大量时间。

谈到截图，笔者给大家介绍一款软件 Snagit，这是一款非常著名的屏幕、文本和视频捕获、编辑与转换软件。它可以捕获 Windows 屏幕、DOS 屏幕、RM 电影、游戏画面、菜单、窗口、客户区窗口、最后一个激活的窗口或用鼠标定义的区域。关于 Snagit 这款软件的使用方法大家安装后简单研究一下就能掌握了。

另外，大家在学习案例的过程中经常需要截取整个网页，虽然 Snagit 的滚动截图也可以实现，但笔者更倾向于使用 Firefox 或 Chorme 浏览器的截图插件，只需使用鼠标点击两次就可以轻松获取网页全屏截图，非常方便。在下面的案例中，笔者提前使用 Snagit 准备好了截图，并且将截图和课件本书的光盘中。

最重要的一点，在大家使用 Axure 制作交互原型的过程中会发现，很多交互效果实现方法都不只一种。而你要做的就是通过对 Axure 这款软件基础知识的熟练掌握加上丰富的实战练习，提炼出最简洁高效的使用方法。而笔者在书中所涉及的案例遵循以下原则：简单的案例复杂化，复杂的案例简单化。尽量将需要传授的知识点在案例中体现出来，希望大家举一反三，勤加练习，做到活学活用，让 Axure 变成解决问题的利器，而不是沟通的阻碍。

13.1 使用 Axure
制作 im.qq.com 网页效果

13.1.1 顶部导航栏

下面请各位读者打开腾讯 IM 首页：http://im.qq.com/，在这个案例中，我们来使用 Axure 制作该页面的顶部导航、幻灯轮播、鼠标移入底部小图片时的上下移动效果，还有导航栏中其他几个菜单页面的交互效果。

为了提升效率，我们先来分析一下，这个案例中哪些元素是可以使用母版的。事实上，在项目早期规划线框图时，这是我们必须提前考虑的条件之一。通过点击"首页""下载""QQ 印象"这 3 个菜单我们发现，它们的顶部导航栏是相同的，见图 1，并且"下载"和"QQ 印象"这两个菜单下面的元素也相同（除了文字），见图 2。所以这两部分内容我们可以将其制作为母版。

图 1

图 2

下面就来详细分析一下导航栏，在导航栏中有 4 个菜单。

· 当我们将鼠标指针移入任何一个菜单时，顶部的蓝色横条都会跟随着移动到对应的菜单上方，并且带有类似橡皮筋一样的弹动效果。

· 假设我们当前页面是首页，当鼠标指针移入"下载"或"QQ 印象"菜单时，顶部的蓝色横条跟随移动，但是当鼠标移出导航条范围时，蓝色横条又回到了首页顶部。当我们点击其他菜单后也是一样的，这是非常重要的一点。

· 当鼠标移入任一菜单时，该菜单中的文字颜色发生了变化。

· 当鼠标移入帮助反馈菜单时，在该菜单下面又显示了 3 个二级菜单。

· 当鼠标移入帮助反馈菜单下面的子菜单中时，子菜单的颜色和子菜单中文字的颜色都发生了变化，见图 3。

· 当我们点击任意菜单后，页面内容相应地变化，并且顶部的蓝色横条就停留在了对应的菜单上方（这是为了帮助用户辨别在当前网站中所处的位置）。

图 3

以上这几点就是我们目前通过观察得出的结果，现在就和我一起动手操作。其他的效果不要急，我们一步一步来实现。

01 拖放一个图像部件到设计区域中，双击该图像部件，将准备好的首页截图 main 导入到设计区域中，见图 4。

图 4

02 调整 main 图像的坐标为 0,0，然后使用背景覆盖法添加我们需要的导航菜单，并将其覆盖到原有菜单对应的位置上，这时你会发现很难对齐部件。不要紧，是时候综合运用之前在书中所学的知识了，我们新增几条局部辅助线即可，见图 5。

图 5

03 同时按下 Ctrl + Shift +鼠标左键，快速复制其他 3 个菜单，放在对应的位置上，并修改菜单部件上的文字，不要忘记给新增的部件命名，见图 6。

图 6

04 给"帮助反馈"菜单添加二级子菜单。当鼠标移入帮助反馈菜单上的时候就显示二级菜单，鼠标移入二级菜单时对应的菜单样式发生变化。为了操作效率，选中帮助反馈菜单，按下 Ctrl+Shift+ 鼠标左键，继续快速复制 3 个矩形部件，修改部件文字，然后调整其大小，见图 7。

图 7

05 细心的读者会发现，在新增矩形部件边框相交的地方，是以外边框
对齐的，所以相交的地方线条有点粗。点击菜单栏中的"项目 > 项目
设置"，在弹出的对话框中选中"按形状边框的内边界对齐"，点击"确
定"后问题就解决了。要记住这个功能哦，在项目中经常用到，见图8。

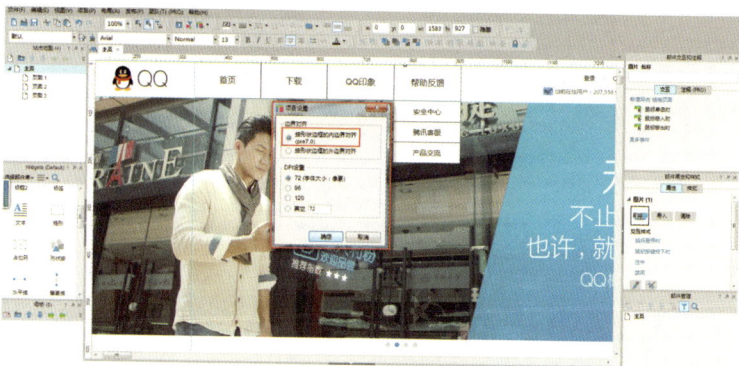

图 8

06 选中"首页""下载""QQ印象""帮助反馈"这4个矩形部件，
在右侧的部件属性面板中点击"鼠标悬停时"，在弹出的设置交互样
式对话框中设置鼠标悬停时字体颜色为灰色，点击"确定"，见图9。

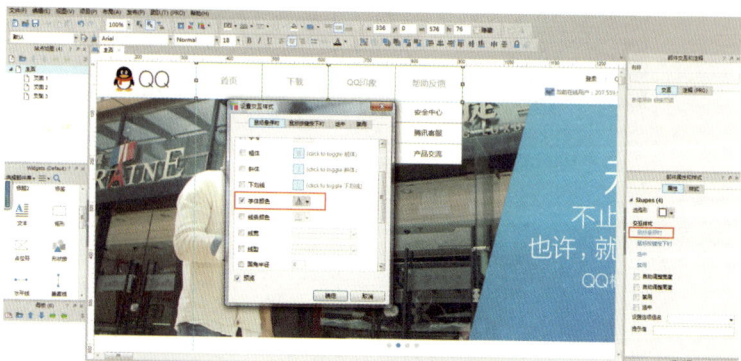

图 9

07 继续选中"安全中心""腾讯客服""产品交流"这 3 个二级菜单，在右侧的部件属性面板中点击"鼠标悬停时"，在弹出的设置交互样式对话框中设置字体颜色为白色，填充颜色为淡蓝色，点击"确定"，见图 10。

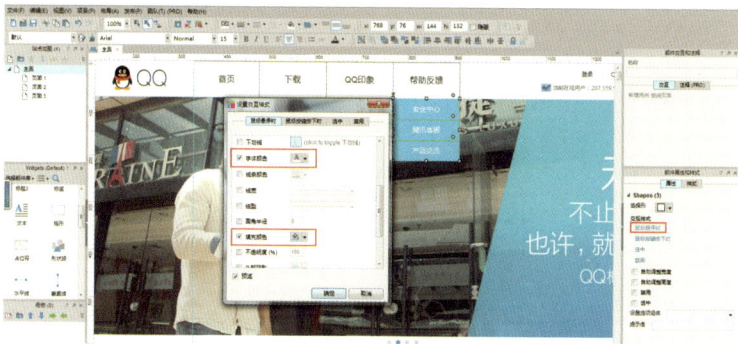

图 10

08 选中 3 个二级菜单，点击右键，在弹出菜单中选择"转换为动态面板"，并给这个动态面板命名为 help_submenu，现在你可以按下 F5 键预览一下效果，然后回到设计区域，将动态面板 help_submenu 设置为隐藏，见图 11。

图 11

09 现在我们来把顶部的蓝色小横条导入到设计区域中，给其命名为 line_blue，放在首页菜单的顶部，见图 12。

图 12

185

10 至此，前期工作我们都准备完毕了，现在就来添加我们想要的交互。相信很多读者已经发现了，导航栏交互的第二点是最棘手的问题：假设我们当前页面是首页，当鼠标指针移入"下载"或"QQ 印象"菜单时，顶部的蓝色横条跟随移动，但是当鼠标移出导航条范围时，蓝色横条又回到了首页顶部。当我们点击其他菜单后也是一样的，这是非常重要的一点，如何才能解决这个问题呢？

让我们回到 im.qq.com 这个页面中，分别点击"下载""QQ 印象""首页"之后，再重新观察一下导航菜单。当我们点击"下载"菜单时，在当前窗口打开了"下载"这个页面，显示对应的内容，并且顶部蓝色横条就被固定在了"下载"菜单上面。只有当我们点击其他菜单时，蓝色横条才会固定在与之对应的菜单上面。

通过上面这段描述，我们可以通过之前所学的基础知识联想到，要实现这个效果只需要一个全局变量就可以轻松解决。

用适合于 Axure 的语言描述是这个样子：首先，新建一个全局变量，命名为 blue，默认值为空。当用户点击"首页"菜单时，就设置全局变量 blue 的值为 home；当用户点击"下载"菜单时，就设置全局变量 blue 的值为 download；当用户点击"QQ 印象"菜单时，就设置全局变量 blue 的值为 qqimpression。我们要综合考虑很多信息，在用户点击各个菜单时还会触发什么其他交互呢？ 嗯，你答对了，鼠标移入菜单时还会触发移动蓝色横条的交互，而且点击各个菜单还会在当前窗口打开新页面。鼠标移入时的交互我们先放在一边，当点击菜单后，在当前窗口打开新页面，在对应的页面载入时，我们使用条件逻辑来判断，如果全局变量 blue=home，就移动蓝色横条到"首页"顶部；如果 blue=download，就移动蓝色横条到"下载"菜单顶部；如果全局变量 blue=qqimpression，就移动蓝色横条到"QQ 印象"菜单顶部。

现在，我们已经把新页面打开时蓝色横条应该在什么位置的问题解决了，接下来解决鼠标移入时和移出时的交互。当鼠标移入不同菜单时，蓝色横条 line_blue 就移动到对应菜单的顶部（坐标稍后确定），这个也很简单。但是，鼠标移出时呢？ 如果你给每个部件都添加鼠标移出时事件的话，一定会出现问题。因为当你将鼠标从"首页"菜单移到"下载"菜单时就触发了"鼠标移出首页菜单时"和"鼠标移入下载菜单时"这两个部件上的交互，这样就无法实现我们想要的效果了。

解决方法非常简单，我们可以同时把蓝色横条的坐标和鼠标移出时的交互一起搞定。同时选中"蓝色小横条""首页""下载""QQ 印象""帮助反馈"，还有隐藏的二级菜单 help_submenu 这个动态面板，点击右键，在弹出菜单中选择"转换为动态面板"，并给其命名为 navigator。此时蓝色横条 line_blue 的坐标位置就是 0,0 了，因为它包含在动态面板这个容器中，这样当我们指定蓝色横条的坐标时更加方便。而鼠标移出时的交互，我们使用动态面板 "navigator" 来触发，就不会出现前面所讲的问题了。

前面说了那么多，看上去很复杂的样子，其实在 Axure 中操作起来是很简单的，各位读者和我一起动手吧。

11　首先在"站点地图"中将页面名称修改一下，见图 13。然后选中"首页"部件，在部件交互面板中双击"鼠标单击时"事件，在弹出的用例编辑器中新增"设置变量值"动作，在右侧的配置动作中选中 blue 这个全局变量，设置它的值为 home，见图 14；继续新增动作"当前窗口"，在配置动作中选择 home 页面，见图 15，点击"确定"。

图 13

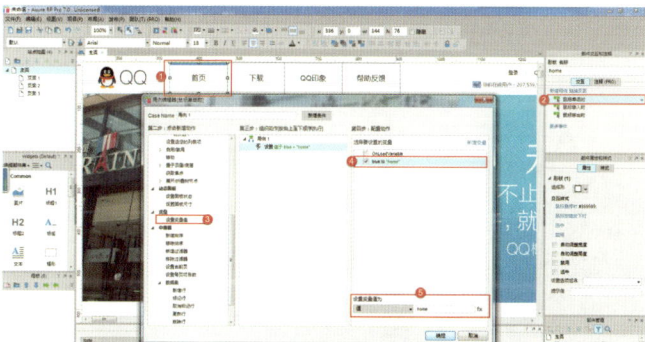

图 14

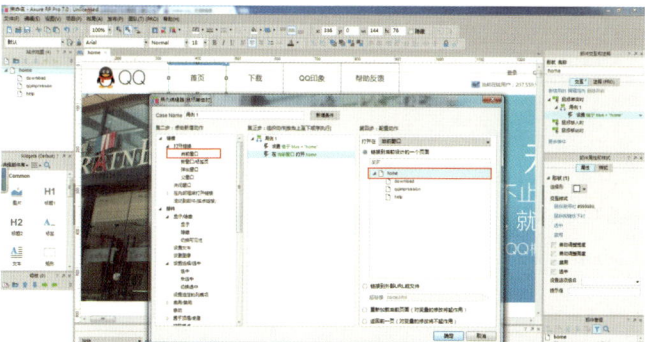

图 15

12 选中"鼠标单击时"事件，点击右键选择"复制"（或者使用快捷键 Ctrl+C 复制该事件中的所有用例），然后选中"下载"，按下 Ctrl+V，再选中"QQ 印象"按下 Ctrl+V，最后修改用例中相应的动作，见图 16。

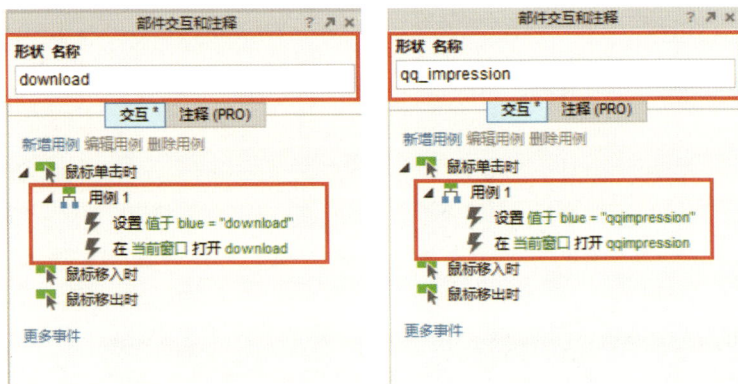

图 16

现在，导航菜单的鼠标点击时交互我们就处理完毕了，接下来解决鼠标移入和移出时的交互。需要注意的是，当鼠标指针移入"帮助反馈"菜单时，除了蓝色横条 line_blue 要移动之外，还要显示帮助反馈下面的二级菜单 help_submenu。

13 选中导航栏中的所有部件，点击右键，在弹出菜单中选择"转换为动态面板"，并给其命名为 navigator，见图 17。

图 17

14 右键点击 navigator 动态面板，在弹出菜单中选择"转换为母版"，在弹出的转换为母版对话框中设置母版名称为 nav，并设置拖放行为锁定母版位置，见图 18。这是为了方便我们在"下载"和"QQ印象"页面中更加方便地使用母版，关于母版的拖放行为在本书前面的章节中给大家详细讲解过，点击"确定"。

图 18

15 此时在母版面板中就可以看到刚刚创建的 nav 母版了，稍后在制作
"下载"和"QQ 印象"这两个页面时，我们只需要把母版拖放到对
应页面的设计区域中就可以了，母版会自动放置于被锁定的坐标上，
是不是非常省事！

现在我们就处理剩余的交互。在母版面板中双击 nav，在设计区域
中双击 navigator 这个动态面板，在弹出的动态面板状态管理器中
双击状态 1，然后选中"首页"菜单，在右侧的部件交互面板中双
击"鼠标移入时"事件，在弹出的用例编辑器中新增动作"移动"，
在右侧的配置动作中勾选蓝色横条 line_blue 并将其移动到绝对位
置 0,0，动画为橡皮筋，用时为 300 毫秒，见图 19。

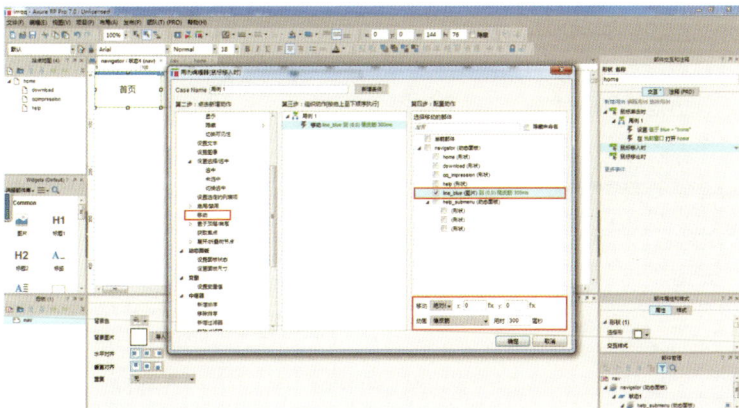

图 19

16 在部件交互样式面板中，选中"鼠标移入时"事件，按下 Ctrl+C，
然后在设计区域中选中"下载"，按下 Ctrl+V，此时在"鼠标移入时"
事件中就可以看到刚刚复制的用例了。双击该用例，在配置动作中
将移动 line_blue 的绝对位置坐标修改为 144,0，其他不变。同样的

189

道理，再分别选择"QQ 印象"和"帮助反馈"，粘贴用例并进行相应的修改，移动 line_blue 的坐标位置分别为 288,0 和 432,0。需要注意的是，在鼠标移入"帮助反馈"菜单时还要同时显示二级菜单，所以在这里要新增一个动作，显示 help_submenu，在更多选项下拉列表中选择"弹出效果"，这一点非常重要，见图 20。

Tips

弹出效果（Treat as flyout）：此效果将会在部件范围上创建一层不可见区域，当鼠标移动到该区域时显示指定的隐藏部件，当鼠标离开时部件恢复隐藏。希望各位读者牢记弹出效果的作用和原理，在工作中你会经常用到它，可以大大提升工作效率。

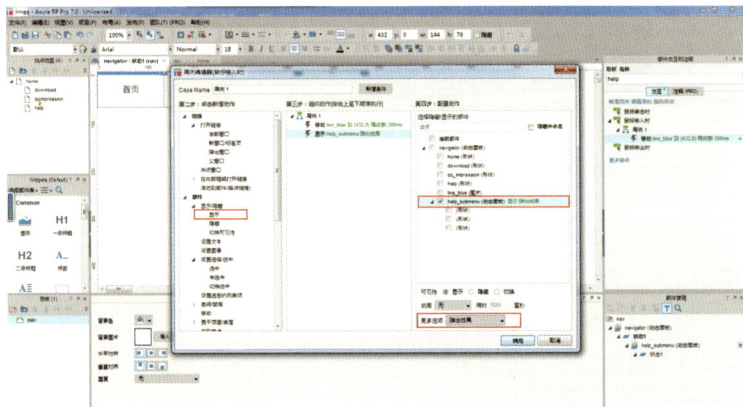

图 20

17 现在你可以按下 F5 键预览并测试一下鼠标移入时的交互了，是不是有点兴奋了呢？继续，我们来解决鼠标移出时的交互，在母版面板中，双击 nav，然后在设计区域中选择 navigator 这个动态面板，在右侧的部件交互面板中点击"更多事件"，见图 21。在事件下拉列表中选择"鼠标移出时"，见图 21。在用例编辑器中"新增条件"：如果全局变量 blue=home，见图 22。点击"确定"，关闭条件生成器，然后在用例编辑器中新增动作"移动"，在右侧配置动作中勾选蓝色横条 line_blue 到绝对位置 0,0，动画为"橡皮筋"，用时为 300 毫秒，见图 23。点击"确定"，关闭用例编辑器。

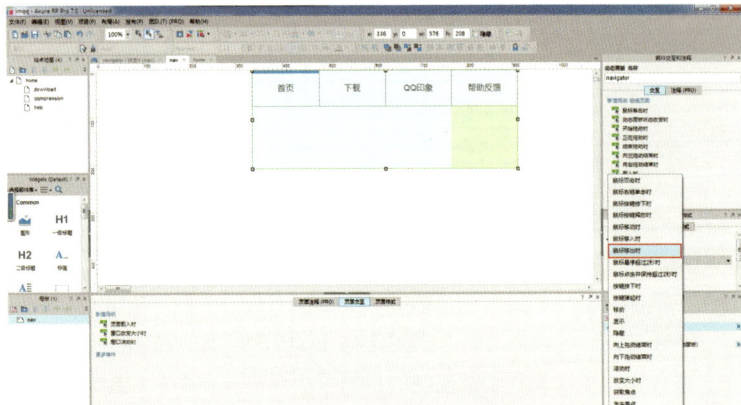

图 21

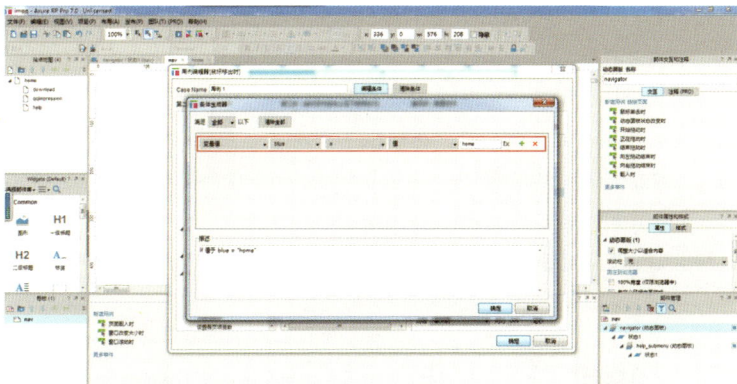

图 22

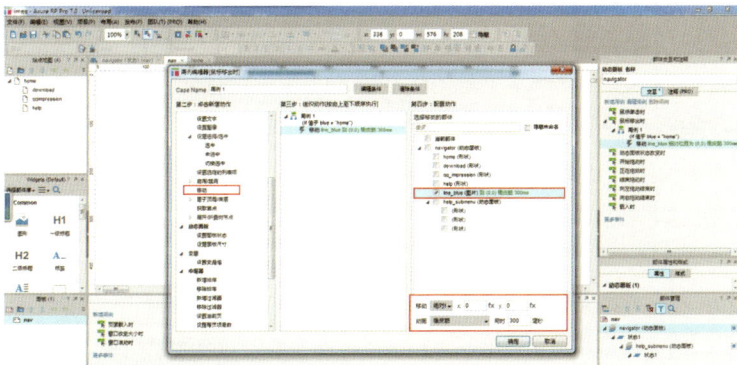

图 23

18 选中刚刚创建的用例，按下 Ctrl+C，然后连续按 3 次 Ctrl+V，复制 3 个新的用例，并对其进行修改。分别是：当变量值 blue=download 时，就移动蓝色横条 line_blue 到绝对位置 144,0；当变量值 blue=qqimpression 时，就移动蓝色横条 line_blue 到绝对位置 288,0；当变量值 blue=help 时，就移动蓝色横条 line_blue 到绝对 432,0。动画和用时不变，见图 24。

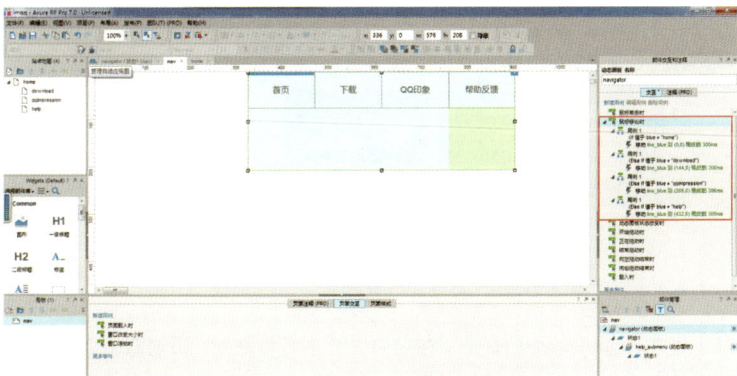

图 24

19 按下 F5 键，快速预览测试，现在导航栏的交互我们只剩下一个问题了，就是鼠标移出导航栏范围后，蓝色横条 line_blue 并没有回到对应页面的菜单上。怎么办呢？解决方法非常简单，在站点地图中双击 home 页，在页面交互面板中双击"页面载入时"，在弹出的用例编辑器中新增条件：如果变量值 blue=home，就移动蓝色横条 line_blue 到绝对位置 0,0，见图 25。

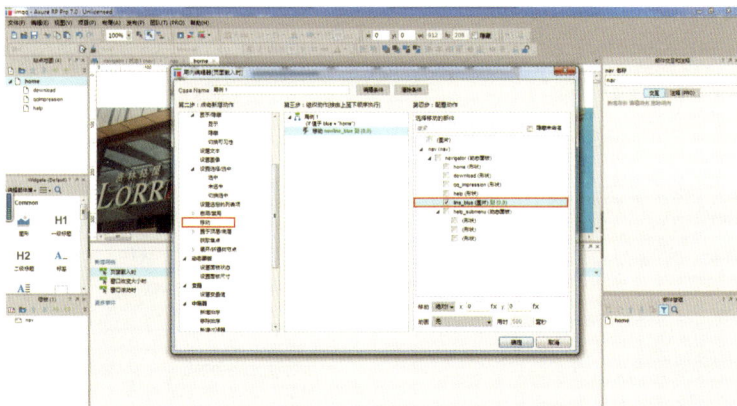

图 25

20 现在我们来处理 download 页面，相信你已经迫不及待了！参考之前的流程操作起来很流畅，在站点地图中双击 download 页面，拖放图像部件到设计区域，双击图像部件导入对应页面的截图，在母版面板中拖放 nav 母版到设计区域中，你会发现母版自动"跑"到了顶部并覆盖住了截图上的导航栏，而且它的坐标与在 home 页面中的坐标是一样的。没错，这就是母版拖放行为中的锁定模板位置，见图 26。

图 26

21 现在，回到 home 页面中，在页面交互面板中选中"页面载入时"事件，然后再进入 download 页面，选中页面载入时事件，按下 Ctrl+V，你会发现在刚刚粘贴的用例中有一个部件"丢失了",见图 27。这是因为 line_blue 这个蓝色小横条是存放于母版里面的,母版是 line_blue 的容器,所以当我们粘贴用例后无法识别,我们需要手动修改一下(不要忘记修改条件哦),修改之后的用例是这样的,见图 28。

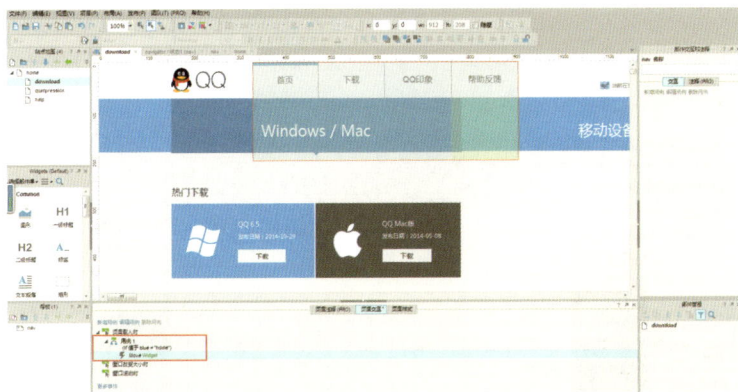

图 27

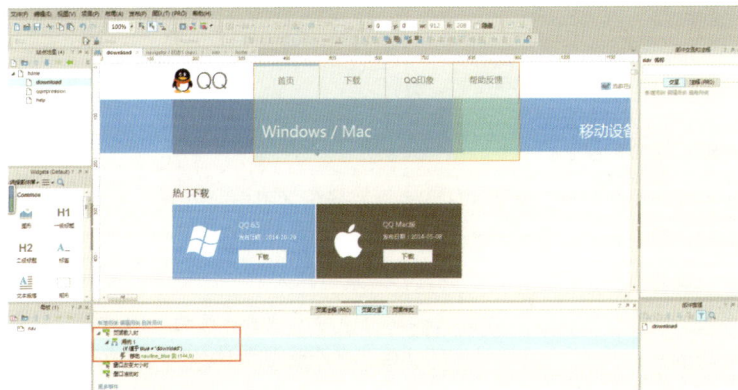

图 28

22 QQ 印象页面的操作方法相同,见图 29。

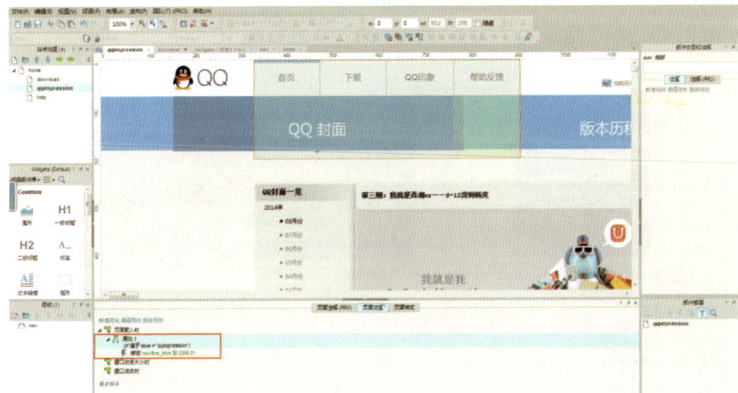

图 29

现在，按下 F5 键快速预览测试。细心的读者一定发现，还存在一个问题：当我们默认预览首页时，鼠标移入其他菜单后，蓝色横条并没有回到首页顶部，只有点击之后才是正常的。这是因为我们在首页的"页面载入时"事件中只添加了判断全局变量 blue 的用例，并没有在"首页载入时"设置 blue 的值为 home。现在就来补充一下，选中页面载入时，点击新增用例，在弹出的用例编辑器中新增"设置变量值"动作，并勾选 blue，将其值设置为 home，见图 30。点击"确定"，关闭用例编辑器。

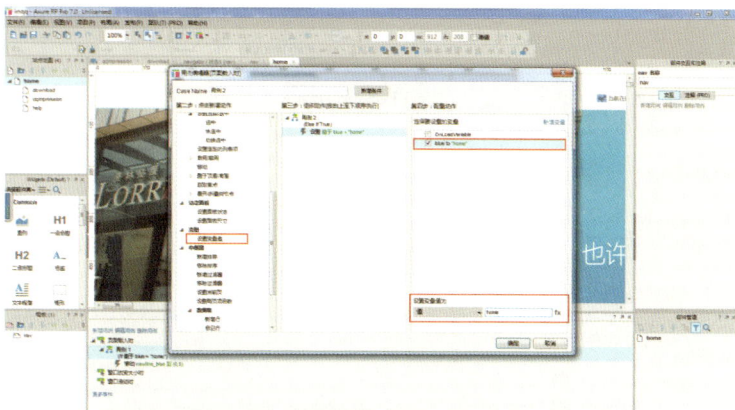

图 30

不要急，现在有一个重要的知识点要和各位读者一起温习一下，现在"页面载入时"事件中包含两个用例，见图 31。如果你预览测试的话会惊奇地发现依然存在刚刚描述的问题，这是为什么呢？

这是因为事件中的多个用例会按照自上至下的顺序执行，如果带有条件逻辑的话，会先执行满足条件的动作，因此我们需要调整一下用例的顺序，将刚刚添加的设置 blue=home 的用例放在最上面，见图 32。

图 31

图 32

现在，骄傲地按下 F5 键，预览你的成果吧。

在这个顶部导航的案例中，为了帮助各位读者练习全局变量在不同页面中的使用，笔者特意使用了"页面载入时"事件进行条件判断，这是出于教学目的。在这里你可以不使用条件，将"页面载入时"直接设置 line_blue 到相应的坐标位置，也是可以的。在以后的案例以及你的工作中，你会发现使用 Axure 制作很多交互的实现方法都不只一种，在后面的案例中就不再一一赘述了。兴趣是学习的最大动力，在你尝试使用多种方法的同时不仅可以巩固技能还可以锻炼逻辑，让你考虑事情时思维更加缜密。

关于"帮助反馈"的二级菜单，就当做课后练习留给各位读者。下一节中，我们继续讲解首页幻灯轮播的实现。

13.1.2 首页幻灯轮播

关于图片轮播的案例在本书前面的章节中给各位读者介绍过，现在我们来温习一下。轮播的广告图笔者已经准备好，而幻灯下面的 4 个小圆点（动态面板状态指示器）我们在 Axure 中制作。

首先打开 im.qq.com 仔细观察一下首页的幻灯轮播。

· 当我们打开首页后不要打扰它（鼠标不要移动到轮播图上面），第一张广告图像会等待 5 秒钟后开始轮播。

· 广告图片替换时有淡入淡出的动画效果。

· 轮播广告下面的小圆点会与大广告图同时改变，当大广告图是第一张时，第一个小圆点是蓝色，其他三个小圆点是灰色；当显示第二张大广告图时，第二个小圆点是蓝色，其他三个小圆点是灰色，以此类推。

· 当鼠标指针停放到轮播广告范围内时，广告的轮播就停止了。

上面这 4 点是我们观察的结果，接下来我们将观察的结果转换成适用于 Axure 的语言来描述一下。

首先将 4 张广告图放在动态面板的 4 个不同状态里，然后依照同样的方法创建动态面板状态指示器，在不同的动态面板状态中分别放入 4 个小圆点，状态 1 中第一个小圆点是蓝色，其他 3 个是灰色；状态 2 中第二个小圆点是蓝色，其他 3 个是灰色；状态 3 中第三个小圆点蓝色，其他 3 个是灰色；状态 4 中第四个小圆点是蓝色，其他 3 个是灰色。当 home 页面载入时，等待 5 秒，然后设置图片轮播的动态面板和小圆点的动态面板进入 "next" 循环，循环间隔为 5 秒。当鼠标移入图片轮播动态面板时就设置这两个动态面板停止循环；当鼠标移出轮播广告动态面板时，等待 5 秒，然后继续设置图片轮播动态面板和小圆点动态面板进入 next 循环。

好了，根据上面比较贴近 Axure 操作的语言描述，我们开始！

01 在站点地图中双击 home 页，拖放图像部件到设计区域中，双击图像部件导入一张轮播广告图，并调整其位置，使其完全覆盖住背景图片的广告图，右键点击该广告图，在弹出菜单中选择 "转换为动态面板"，并给动态面板命名为 slider，见图 1。

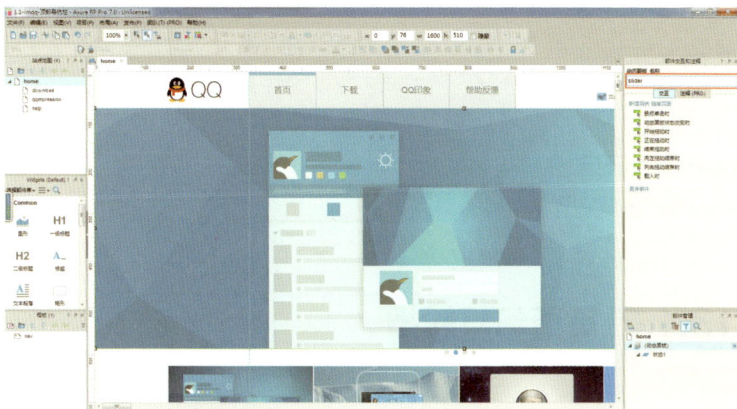

图 1

02 双击 slider 动态面板，在弹出的 "动态面板状态管理中" 选中状态 1，点击 "复制" 按钮，快速复制另外 3 个动态面板状态，见图 2。点击 "确定"，关闭动态面板状态管理面板。

03 此时，在右下角的 "部件管理面板" 中可以看到刚刚创建的动态面板和其中的 4 个不同状态，见图 3。在部件管理面板中双击状态 2，大家看到在状态 2 中已经有一张图片了，这是因为我们在复制状态 1 的时候包括了其中的内容。现在双击该图片替换为第二张轮播图像，见图 4。然后，对状态 3 和状态 4 进行同样的操作。

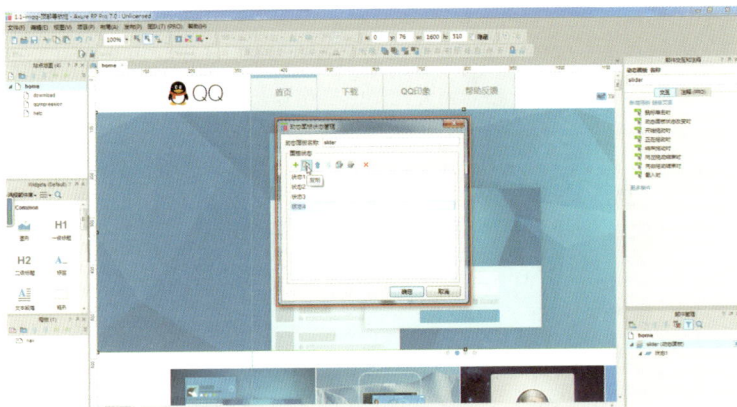

图 2

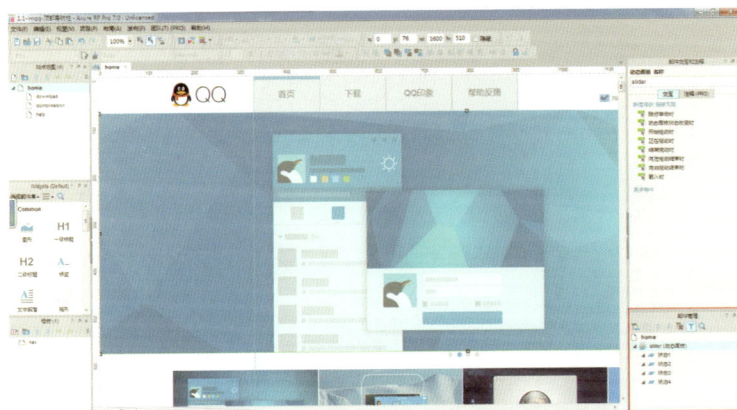

图 3

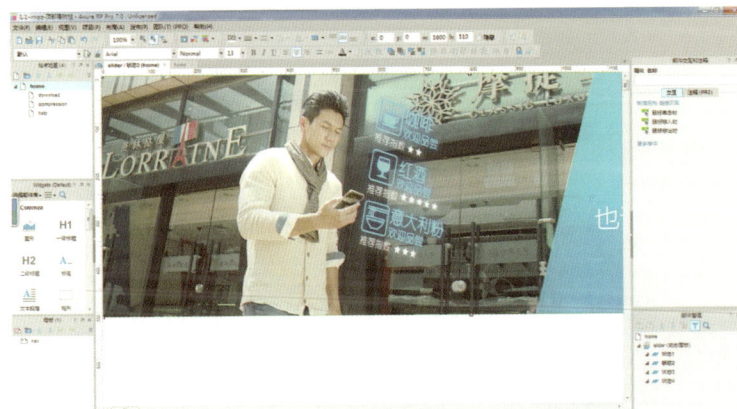

图 4

04 现在回到 home 页，我们来处理轮播图下面的状态指示器。拖放一个矩形部件到设计区域中，覆盖背景图上的小圆点，并将矩形的线条颜色设置为白色，见图 5。继续拖放一个矩形部件到设计区域中，调整其大小为 15×15，并调整它的圆角半径，将其设置为圆形，然后将填充颜色设置为灰色。为了操作方便，大家可以先把覆盖背景圆点的白色矩形移动到旁边，见图 6。

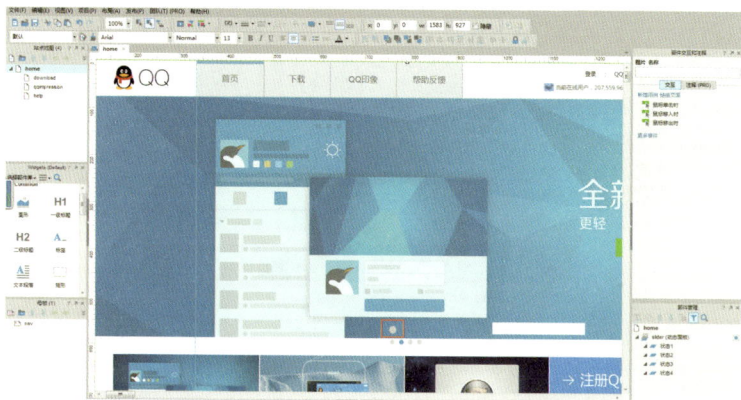

图 5

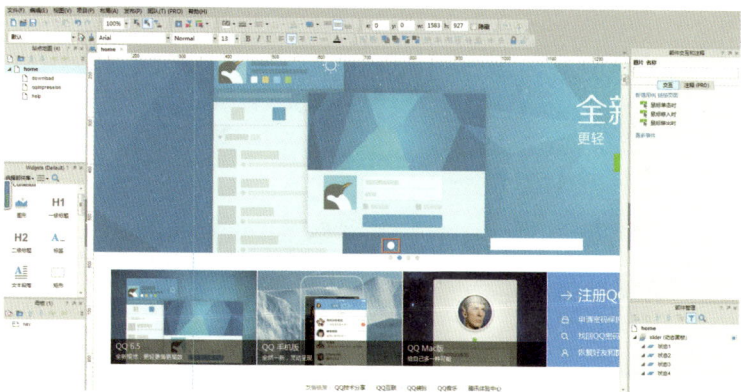

图 6

05 现在选中白色圆点，按下 Ctrl+Shift+ 鼠标左键水平拖放，快速复制另外 3 个小圆点，并将第一个小圆点填充为蓝色，其他 3 个为灰色，见图 7。

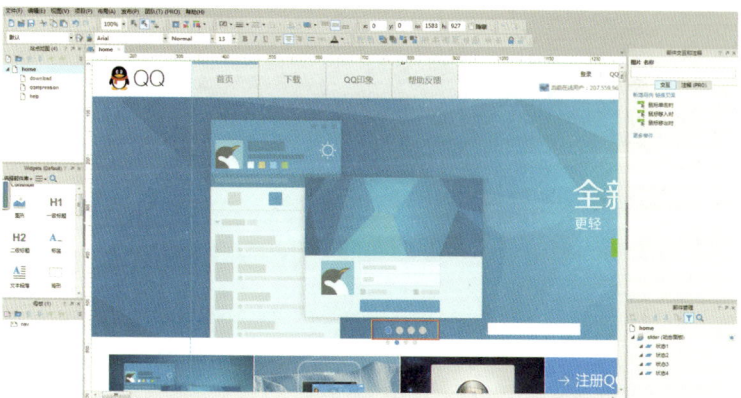

图 7

06 同时选中这 4 个小圆点，点击右键，在弹出菜单中选择"转换为动态面板"，并给这个动态面板命名为 slider_nav，见图8。

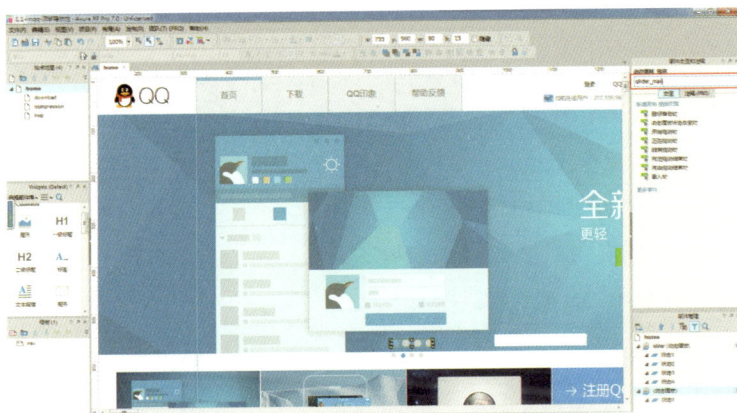

图 8

07 双击 slider_nav 这个动态面板，在弹出的动态面板状态管理面板中选择状态 1，点击"复制"按钮，复制另外 3 个状态，见图 9。点击"确定"，关闭动态面板状态管理面板。

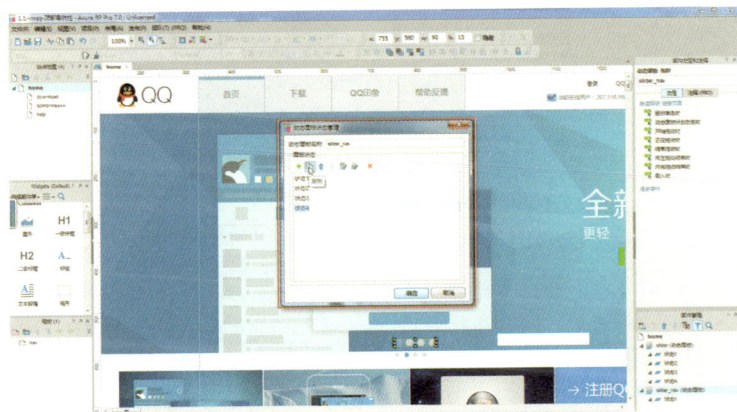

图 9

08 在右下角的部件管理面板中，双击 slider_nav 动态面板下的状态 2，在设计区域中将第二个小圆点填充为蓝色，其余 3 个为灰色，见图 10。同样的道理，编辑状态 3 和状态 4 中的小圆点，让状态 3 中第三个小圆点为蓝色，其他 3 个小圆点为灰色；状态 4 中第四个小圆点为蓝色，其他 3 个小圆点为灰色。

09 回到 home 页，重新移动白色矩形，覆盖住背景图片上的小圆点，并将刚刚做好的 slider_nav 动态面板移动到合适的位置，见图 11。

图 10

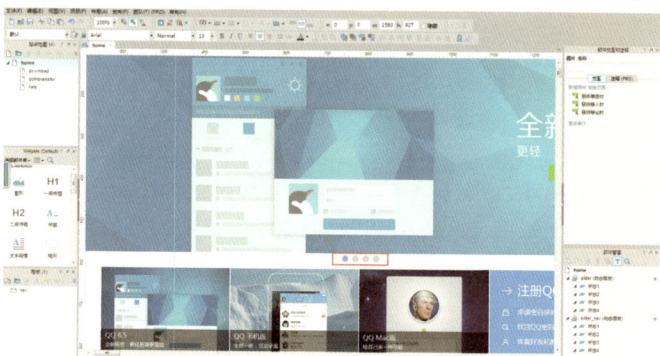

图 11

10 双击"页面载入时"事件中的第一个用例，在用例编辑器中新增动作"等待"，并在右侧的配置动作中设置等待时间为 5000 毫秒，见图 12。继续新增动作设置面板状态，在配置动作中勾选 slider，设置其选择状态为 Next，勾选"循环"和"循环间隔"，将循环间隔设置为 5000 毫秒，设置进入时动画和退出时动画为"淡入淡出"，用时 500 毫秒，见图 13。继续在配置动作中勾选 slider_nav，设置选择状态到 Next，勾选循环和循环间隔，将循环间隔设置为 5000 毫秒，见图 14。点击"确定"，关闭用例编辑器。

图 12

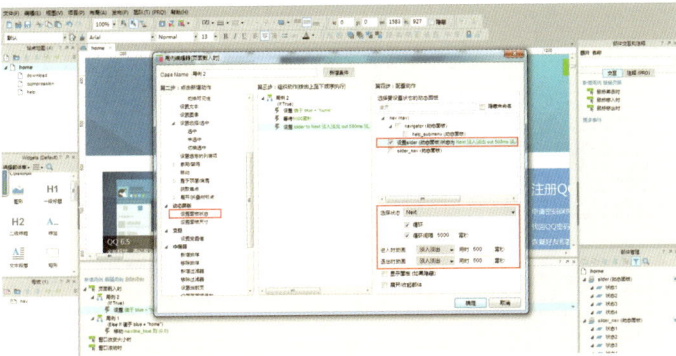

图 13

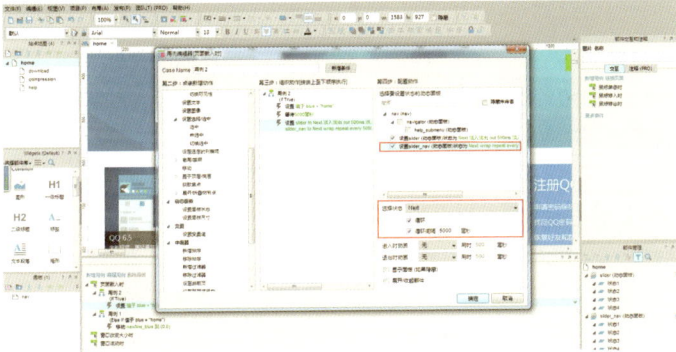

图 14

现在，按下 F5 键快速预览效果，图片的轮播就已经实现了。

11 现在我们来处理鼠标指针移入时让轮播停止，移出后让轮播继续。
选中 slider 动态面板，在部件交互面板中双击"鼠标移入时"事件，
在弹出的用例编辑器中新增动作"设置面板状态"，在配置动作中
勾选 slider，点击选择状态右侧的下拉列表，选择"停止循环"，
见图 15。继续在配置动作中勾选 slider_nav，点击选择状态右侧的
下拉列表，选择"停止循环"，对其进行同样的设置，见图 16。

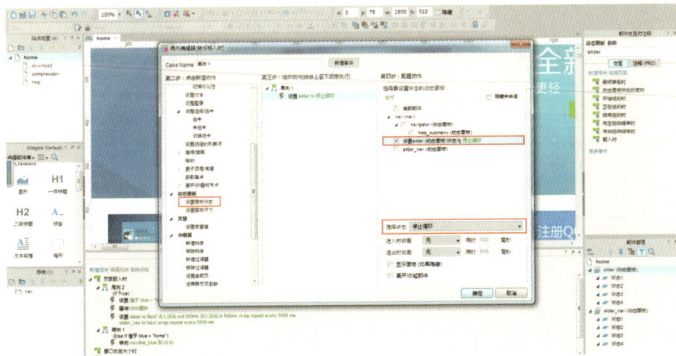

图 15

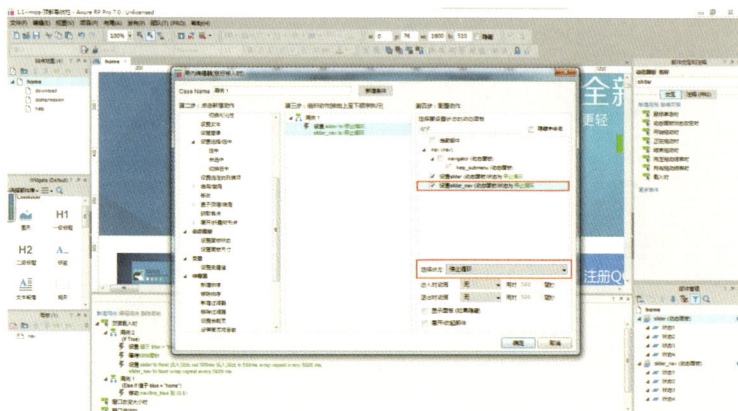

图 16

现在，鼠标移入时轮播图片就停止循环已经做好了，加油，制作最后一步，当鼠标移出时让轮播图继续循环。

12 选中 slider 动态面板，在部件交互面板中选择"鼠标移出时"事件，在弹出的用例编辑器中新增动作"等待"，在配置动作中设置等待时间为 5000 毫秒，见图 17。继续新增动作"设置面板状态"，在配置动作中勾选 slider ，设置其选择状态为 Next，勾选循环和循环间隔，将循环间隔设置为 5000 毫秒，设置进入时动画和退出时动画为淡入淡出，用时 500 毫秒，见图 17。继续在配置动作中勾选 slider_nav，设置选择状态到 Next，勾选循环和循环间隔，将循环间隔设置为 5000 毫秒，见图 18。点击"确定"，关闭用例编辑器。

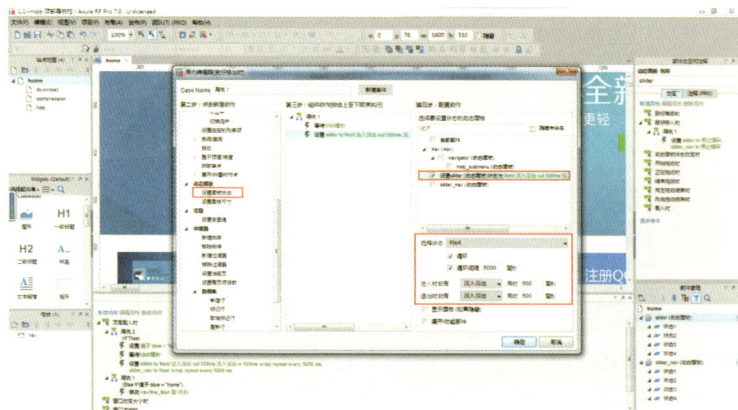

图 17

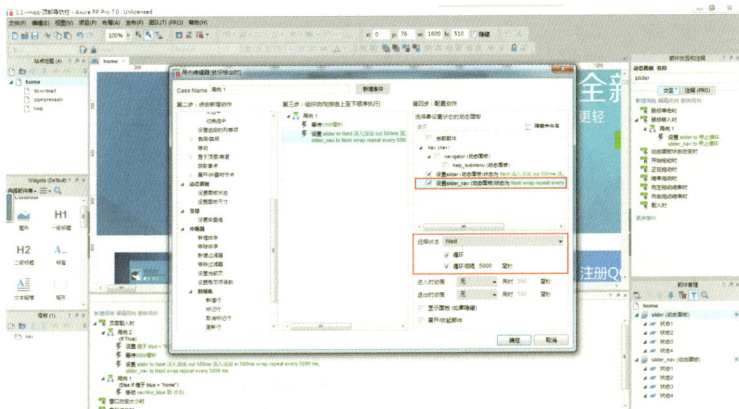

图 18

至此，幻灯轮播的交互部分我们就制作完毕了，不过有一点需要和各位读者强调一下：当鼠标移入 slider 时图片轮播暂停，当鼠标移出 slider 时，5 秒钟后图片轮播继续。如果你使用鼠标快速在 slider 中移入移出多次，就等于触发了多次鼠标移入和移出时的用例，这样就会导致轮播异常。

好了，骄傲地按下 F5 键，预览并测试效果吧。下一节中，我们来制作首页底部 3 张小图片鼠标移入和移出时的交互。

13.1.3 图片移动

各位读者和我一起，重新打开 im.qq.com 首页，仔细观察一下底部这 3 张小图片。
- 在小图片的上一层，有一个带有透明度的黑色矩形，矩形上面还有文字。
- 鼠标移入任一小图片时，图片就向上移动一段距离，但半透明的黑色矩形和文字不移动，还有小图片向上移动的部分是被遮挡的，这一点很重要。
- 鼠标移出时，图片移动回原来的位置。

上面这三点，就是我们的观察结果。现在我们用适合于 Axure 的语言来描述一下：当鼠标移入图像时就移动图像到某个位置，当鼠标移出图像时就移动图像回到某个位置，但是如何做到小图片向上移动时，多出的内容被遮挡呢？很简单，把小图片放到动态面板里面就可以了。在这个交互效果中，主要给各位读者介绍移动部件时的相对位置和绝对位置。

相对位置：是以被移动部件的当前位置为准。比如，部件 A 当前坐标是 100,100，鼠标单击时移动 A 到相对位置 20,0 的话，该部件会被移动到 120,0。

绝对位置：是以设计区域中的坐标（标尺）为准。比如，部件 A 当前坐标是 100,100，鼠标点击时移动 A 到绝对位置 200,200。

现在我们就来操作一下，加深印象。

01 在站点地图中双击 home 页，拖放一个图像部件到设计区域中，双击图像部件导入小图像，将其移动到覆盖背景图片的位置上，如果难以对齐的话，增加几条辅助线即可，见图 1。

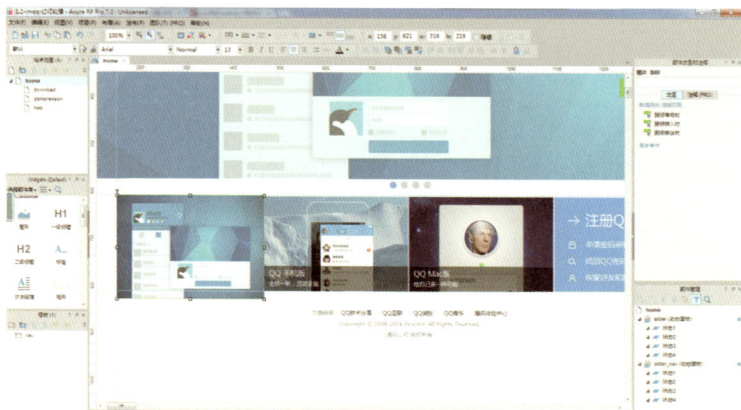

图 1

02 右键点击小图片，在弹出菜单中选择"转换为动态面板"，并给动态面板命名为 ad01，见图 2。

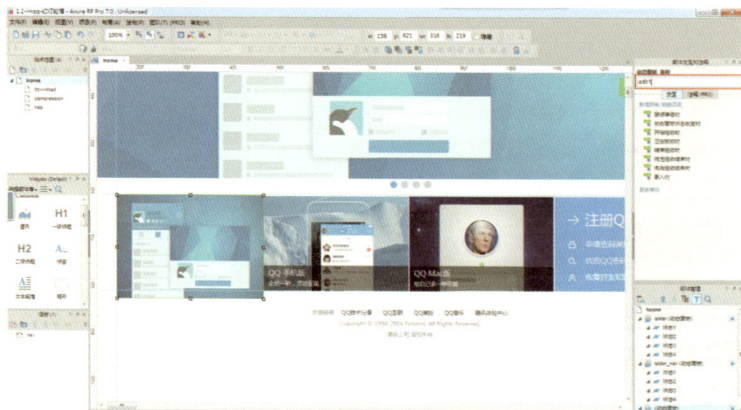

图 2

03 自下向上调整动态面板高度，见图 3。

图 3

04 选中刚刚制作好的 ad01，按下 Ctrl+Shift+ 鼠标左键，水平拖放，复制另外两个动态面板，并分别命名为 ad02 和 ad03，见图 4。

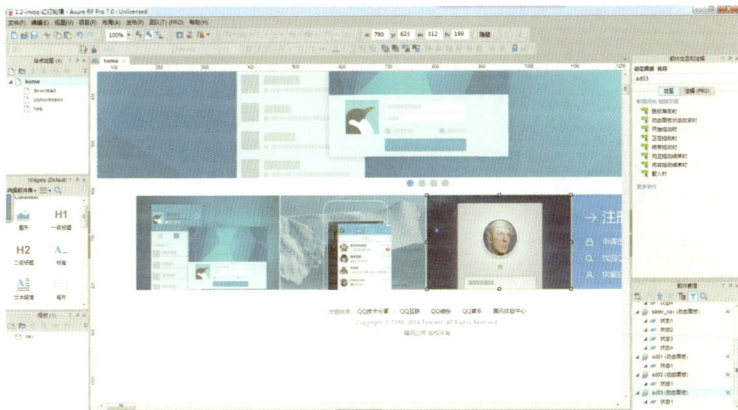

图 4

05 继续，拖放矩形部件到设计区域中，置于 ad01 的下半部分，并设置矩形的边框颜色、填充颜色和不透明度，见图 5。然后，拖放标签部件到矩形部件上面，设置文字内容、颜色、大小和位置，见图 6。

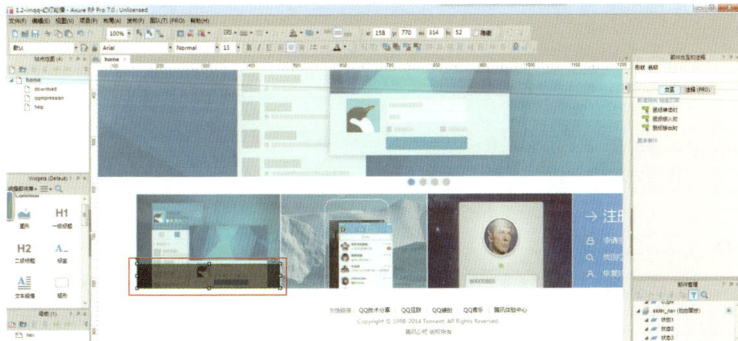

图 5

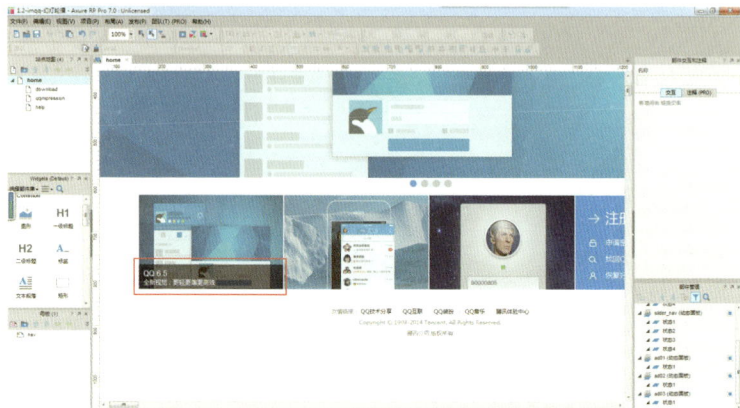

图 6

06 同时选中带有透明度的矩形和标签部件，按下 Ctrl+G，将其设置为"组合"，这样便于我们选取部件。然后按下 Ctrl+Shift+ 鼠标左键，水平拖放，复制另外两份，并修改相应的文字内容，见图 7。

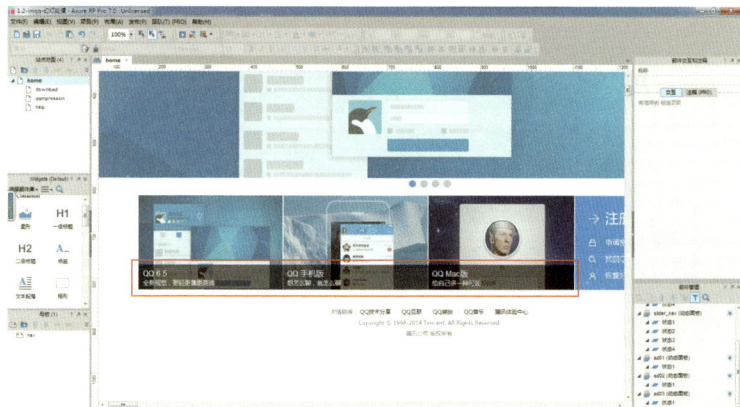

图 7

07 准备工作都已经完毕，现在我们来添加交互。拖放"图片热区"部件到设计区域中，覆盖在 ad01 动态面板上方，见图 8。选中该图片热区，在部件交互面板中双击"鼠标移入时"事件，在弹出的用例编辑器中新增动作"移动"，在右侧的配置动作中勾选 ad01 里面的"图片"，移动相对位置到 0,-19；设置动画为摆动，用时 500 毫秒，见图 9。点击"确定"，关闭用例编辑器。

08 在部件交互面板中，双击"鼠标移出时"，在弹出的用例编辑器中新增动作"移动"，在右侧的配置动作中勾选 ad01 中的"图片"，移动相对位置到 0,19；设置动画为摆动，用时 500 毫秒，见图 9。点击"确定"，关闭用例编辑器，见图 10。

图 8

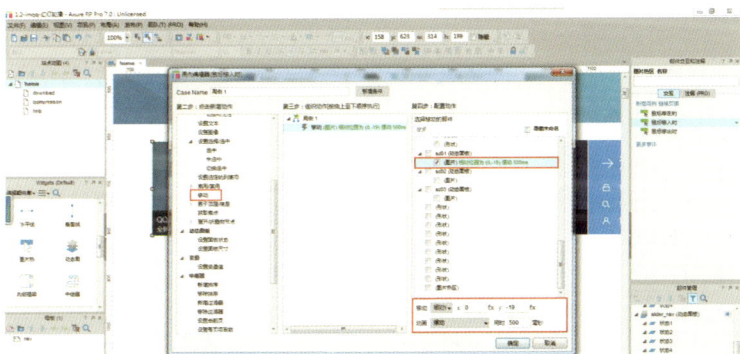

图 9

图 10

09 选中图片热区，按下 Ctrl+Shift+ 鼠标左键，水平拖放，复制另外两个图片热区，分别覆盖在 ad02 和 ad03 上面，然后修改刚刚复制的两个图片热区中鼠标移入和移出时事件中的用例，勾选图片时一定要注意不要选错。还有一点要提醒各位读者，要养成给部件命名的好习惯。至此，im.qq.com 的首页交互就全都制作完毕了。在下一节中我们一起来实现"下载"和"QQ 印象"这两个页面中的交互。

13.1.4 下载页面

相信经过首页交互的锻炼之后你已经充满信心了。如你所见，即便是刚刚开始学习 Axure 的朋友在拿起这本书认真阅读之后也能很轻松地制作出让人惊讶的交互效果。现在请各位读者和我一起继续制作"下载"和"QQ 印象"页面，而"帮助反馈"下的二级菜单作为课后作业留给大家。

现在请重新打开 im.qq.com，仔细观察"下载"和"QQ 印象"这两个页面中不同元素之间的相互关联与影响。你会发现，这两个页面中二级导航的交互与顶部全局导航的交互非常相似。以"下载页面"为例，观察结果如下。

•当鼠标移入"移动设备"按钮时，"Windows/Mac"下的深蓝色横条移动到移动设备下，当鼠标移出"移动设备"时，深蓝色菜单又移动回原来的位置。

•点击移动设备后，在当前窗口打开了新页面，"移动设备"按钮的颜色变为深蓝色，深蓝色横条默认位置在"移动设备"下面，"Windows/Mac"按钮变为浅蓝。

•当鼠标移入"Windows/Mac"按钮时，"移动设备"按钮下的深蓝色横条移动到"Windows/Mac"下面，当鼠标移出时，蓝色横条又移动回原来的位置。有了顶部全局导航栏的制作经验，要实现上面所描述的三点交互效果很简单，不过我们稍微做一下改动。当我们点击"Windows/Mac"和"移动设备"这两个按钮时，不要打开新的页面，我们使用一个动态面板来显示与这两个按钮相对应的内容。而"Windows/Mac"和"移动设备"这两个按钮点击后不同的颜色，我们使用"选中"交互样式来实现。

01   在站点地图面板中，双击 download 页面。首先我们将设计区域中的 nav 母版设置为隐藏，因为它会妨碍我们要进行的工作，在右下角的部件管理面板中点击小漏斗图标，在下拉列表中勾选"所有部件"，见图 1。

Tips
还有一点需要强调：当我们在设计区域中做完工作后要考虑到部件的层级关系。很明显，顶部全局导航菜单 nav 这个母版要置于其他部件的顶层，不要忘记这一点。

图 1

02 此时在部件管理面板中可以看到 nav 母版，点击其右侧的蓝色小方块可以在设计区域中隐藏该母版，这样就不会影响我们工作了，见图 2。

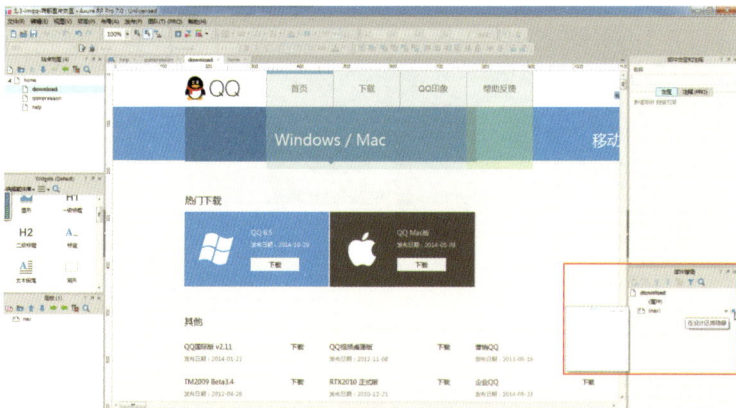

图 2

03 拖放矩形部件到设计区域中，增加几条辅助线，调整矩形大小使其覆盖在"Windows/Mac"按钮上方，点击工具栏中的"填充颜色"按钮，在弹出菜单中选择"拾色器"，然后点击浅蓝色，将矩形部件填充为浅蓝色；继续将矩形的线条颜色也设置为相同的浅蓝色，然后双击矩形添加文字内容，见图 3。

图 3

04 拖放矩形部件到设计区域中，调整矩形填充颜色和线条颜色与背景色一致，覆盖住"Windows/Mac"下面的深蓝色横条，然后拖放图像部件到设计区域中，导入深蓝色横条的截图，并给其命名为 darkblue，见图 4。

05 选中"Windows/Mac"按钮，给其命名为 left_button，然后在部件属性面板中点击选中，在弹出的设置交互样式对话框中勾选"填充颜色"并参考 03 步中的操作，拾取深蓝色，见图 5。点击"确定"，关闭设置交互样式对话框。

图 4

图 5

06 选中 "Windows/Mac" 按钮，按下 Ctrl+Shift+ 鼠标左键，水平拖放，
复制一个相同的按钮部件，并将其名称修改为 right_button，然后
双击该部件，修改其内容为 "移动设备"，此时这两个按钮部件和
深蓝色横条我们就都准备完毕了，见图 6。

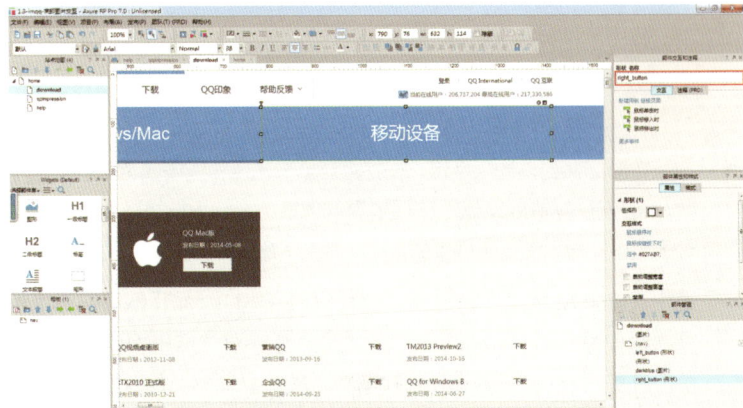

图 6

07 接下来处理内容部分，我们使用动态面板的不同状态来显示内容。
拖放图像部件到设计区域中，双击导入 button_left 对应的截图，
然后右键点击该图像，选择"转换为动态面板"，给其命名为
download_content。双击该动态面板，在弹出的动态面板状态管理
面板中选择状态 1，然后点击"复制"，见图 7。

图 7

08 在动态面板状态管理中双击状态 2，替换状态 2 中的图像为
button_right 所对应的内容，见图 8。

图 8

09 回到 download 页面，选中 left_button、right_button 和 darkblue
这 3 个部件，点击右键，在弹出菜单中选择"转换为动态面板"，
并给其命名为 download_menu，见图 9。

10 现在所需的部件都已经准备完毕，我们来给部件添加交互。首先点
击菜单栏中的"项目 > 全局变量"，在弹出的全局变量对话框新增
一个名为 darkblue 的变量，值默认为空，见图 10。

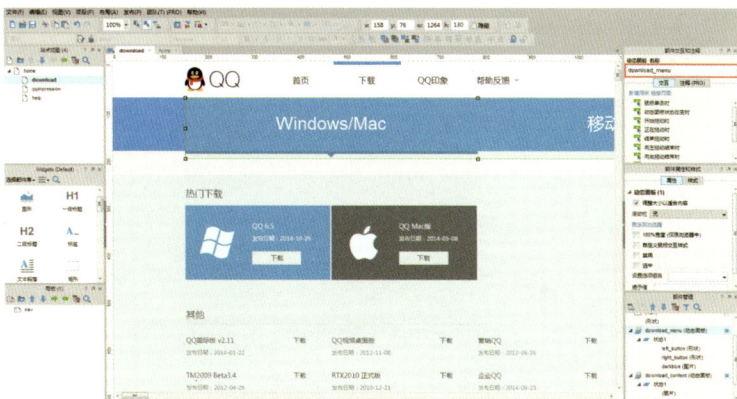

图 9

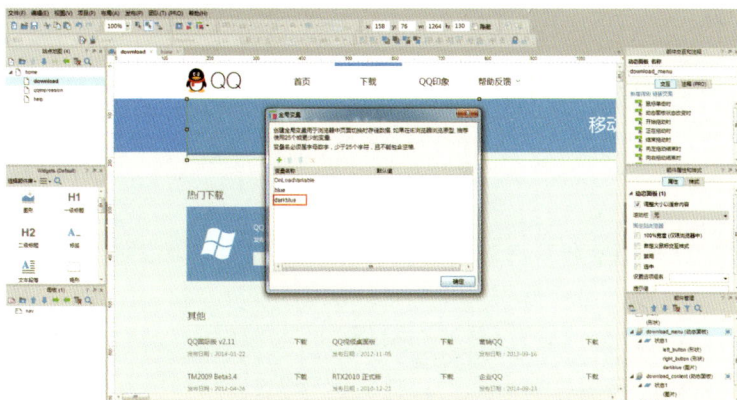

图 10

11 双击 download_menu 动态面板，进入状态 1，选中 left_button，在右侧的部件交互面板中双击"鼠标移入时"事件，在弹出的用例编辑器中新增动作"移动"，在右侧的配置动作中勾选 darkblue 图片，移动绝对位置到 0,114，动画橡皮筋用时为 300 毫秒，见图 11。点击"确定"，关闭用例编辑器。

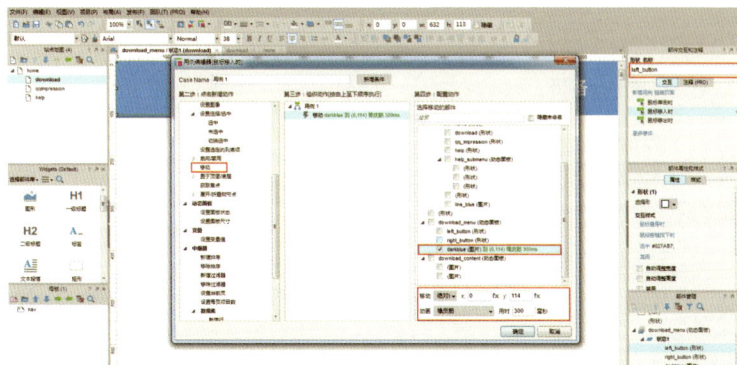

图 11

12 在部件交互面板中选择"鼠标移入时"事件，按下 Ctrl+C，然后选择 button_right 部件，按下 Ctrl+V，双击刚刚粘贴的用例。设置 darkblue 图片，移动绝对位置到 632,114，其他不修改，见图 12。

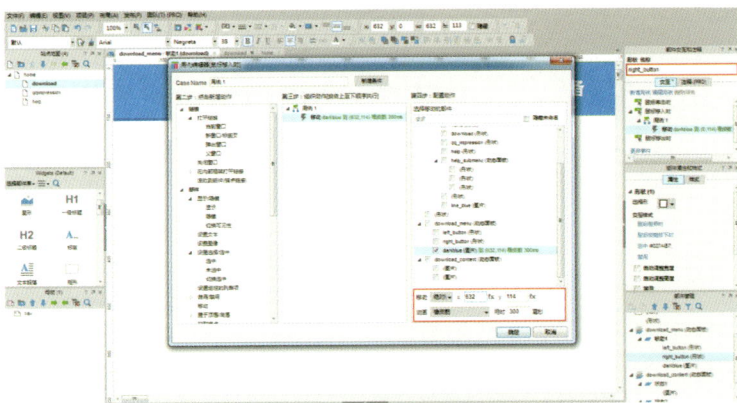

图 12

13 现在，我们要给 left_button 和 right_button 添加"鼠标点击时"事件，当鼠标点击 left_button 时，设置变量值 darkblue=left，移动 darkblue 图片到 left_button 下面，将 left_button 设置为选中（即触发选中交互样式，变成深蓝色），同时要让 right_button 变为浅蓝色（未选中），而且动态面板 download_content 要显示状态 1。
当鼠标点击 right_button 时，设置变量值 darkblue=right，移动 darkblue 图片到 right_button 下面，将 right_button 设置为选中（即触发选中交互样式，变成深蓝色），同时要让 left_button 变为浅蓝色（未选中），而且动态面板 download_content 要显示状态 2。
所以，我们双击 download_menu 动态面板，进入状态 1，同时选中 left_button 和 right_button，点击右键，在弹出菜单中选择设置选项组名称，在弹出的对话框中将组名设置为 button，见图 13。

Tips
这里给各位读者介绍一个知识点：设置为选项组。当选项组中的一个形状按钮点击设置为选中状态后，选项组中的其他形状按钮都会切换到默认样式，也就是未选中。
要添加部件到选项组：选中要添加到选项组中的形状按钮部件，右键 > 设置选项组名称，或者到部件属性面板底部设置选项组名称。
注意：鼠标点击设置部件为选中的动作，要添加在每个选项组部件上才能正常工作哦！

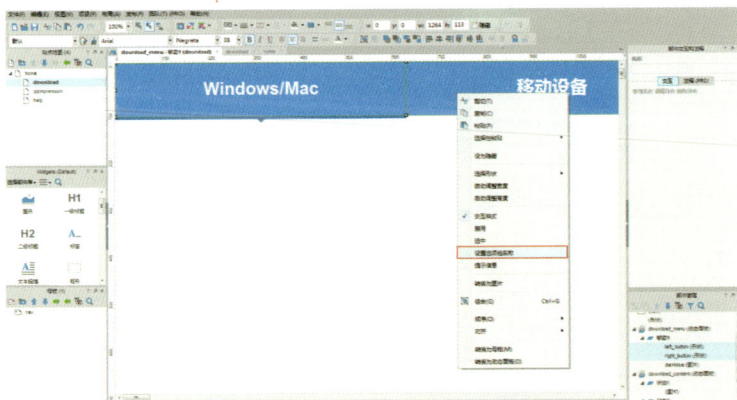

图 13

213

14   选中 left_button，在右侧的部件交互面板中双击"鼠标单击时"
     事件，在弹出的用例编辑器中新增动作，设置变量值，在右侧的配
     置动作中勾选 darkblue，并设置值为 left，见图 14。

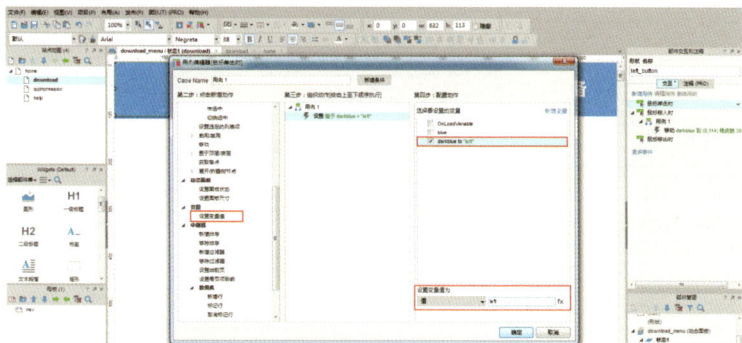

图 14

15   继续新增动作"选中"，在右侧的配置动作中勾选 left_button 部件，
     设置选中状态值为 true，见图 15。

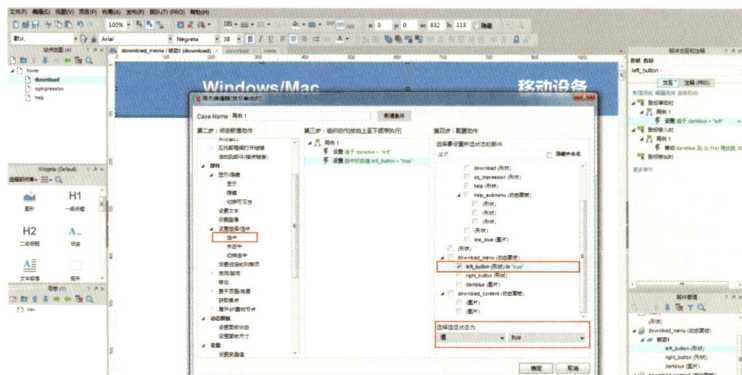

图 15

16   继续新增动作，设置面板状态，在右侧的配置动作中勾选
     download_content，设置选择状态为状态 1，见图 16。点击"确定"，
     关闭用例编辑器。

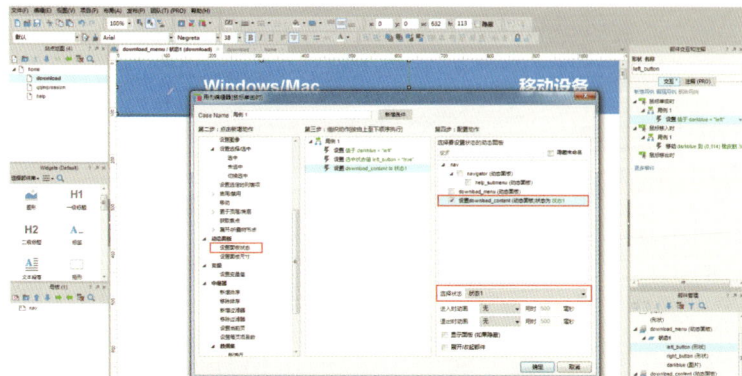

图 16

17 在部件交互面板中,选中"鼠标单击时"事件,按下 Ctrl+C,然后在设计区域中选择 button_right,按下 Ctrl+V,双击刚刚粘贴的用例 1 进行修改,设置变量值 darkblue=right,选中动作并配置 right_button 的选中状态值为 true,设置 download_content 的选择状态为状态 2,见图 17。

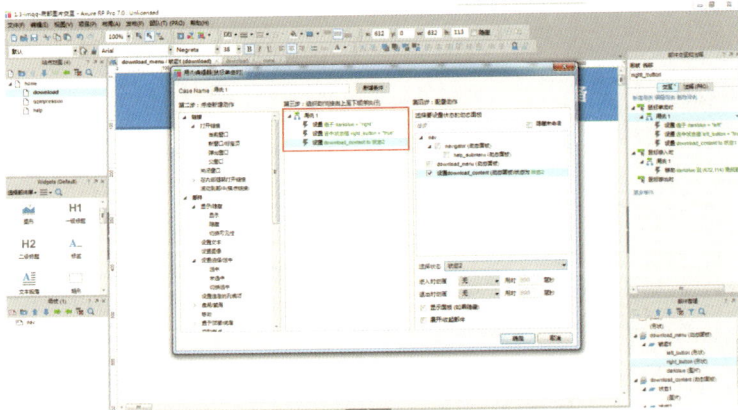

图 17

18 至此,只剩下"鼠标移出时"事件的交互还没有完成,现在回到 download 页面,选中 download_menu 动态面板,在右侧的部件交互面板中点击更多事件,在下拉列表中选择"鼠标移出时",在弹出的用例编辑器中新增条件:如果变量值 darkblue=left,见图 18,点击"确定",关闭条件生成器。在用例编辑器中新增动作"移动",在配置动作中勾选 darkblue 图片,移动绝对位置到 0,114,动画橡皮筋用时为 300 毫秒,见图 19。点击"确定",关闭用例编辑器。

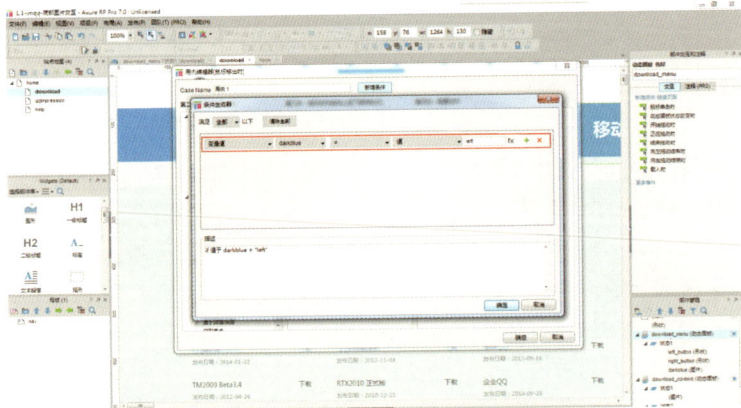

图 18

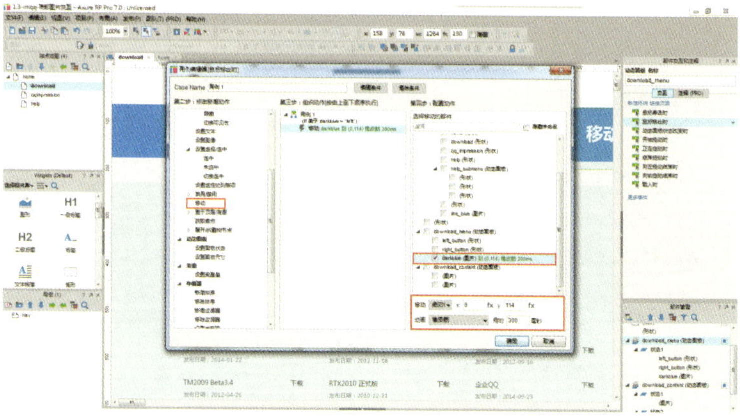

图 19

19 在部件交互面板中选中刚刚新增的用例，按下 Ctrl+C，再按下 Ctrl+V 粘贴，然后双击第二个用例，将条件修改为：如果变量值 darkblue=right，移动 darkblue 图片到绝对位置 632,114，动画和用时不变，见图 20。点击"确定"，关闭用例编辑器。

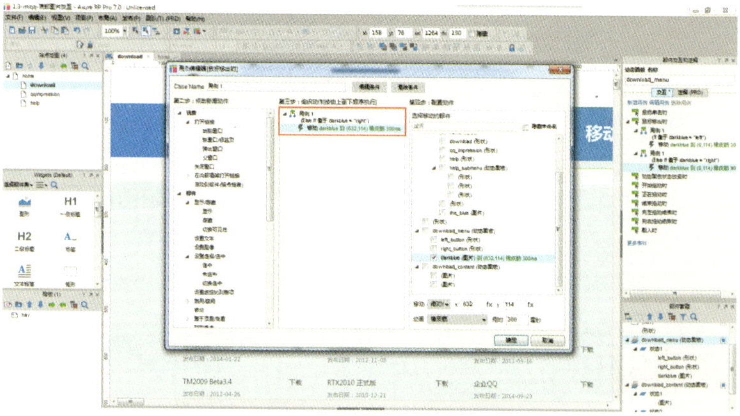

图 20

20 最后一步，在"页面载入时"设置变量值 darkblue=left，并且设置 left_button 选中状态为 true，见图 21。点击"确定"，关闭用例编辑器。然后将刚刚新增的这个用例 2 移动至"页面载入时"事件的最上面，并且右键点击用例 1，在弹出菜单中选择"切换 IF/ELSE IF"，见图 22，这是因为"页面载入时"事件中的两个用例都要执行，所以是 if/if 的逻辑，见图 23。

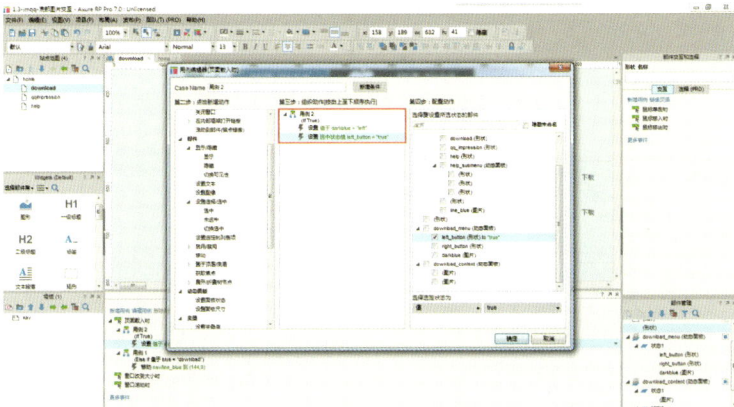

图 21

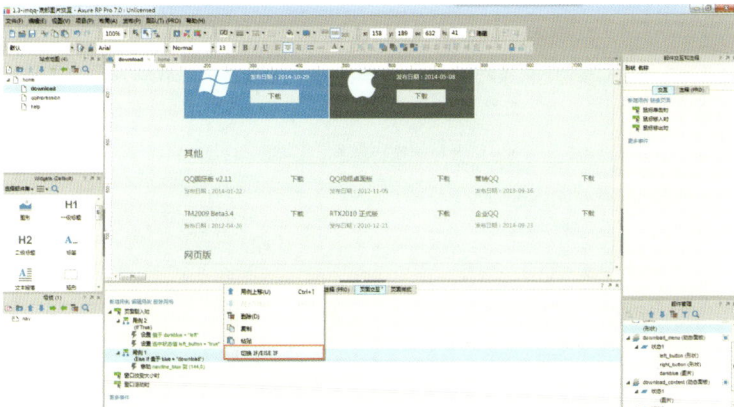

图 22

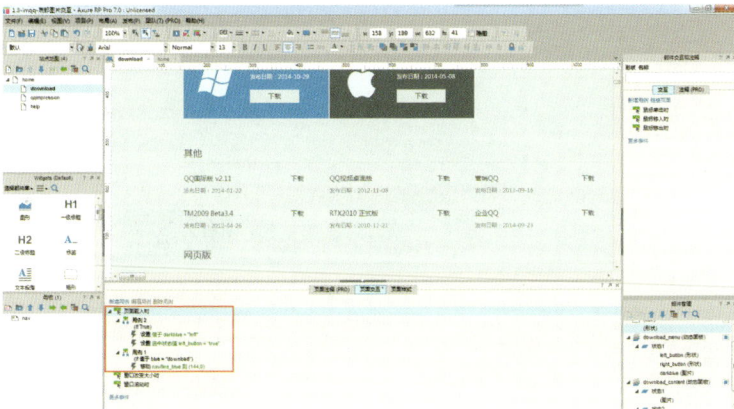

图 23

至此，"下载"页面我们已经处理完毕，按下 F5 键快速预览并测试。"QQ 印象"页面与"下载"页面是完全相同的，请各位读者趁热打铁，自行动手练习一下。

13.2 大众点评网

13.2.1 大众点评首页全局导航

现在请各位读者打开大众点评网北京站网址：http://www.dianping.com/beijing。在这个案例中，我们使用 Axure 制作大众点评网首页的全局导航效果。和上一个案例一样，依然使用背景覆盖法，在以后的案例中都将采取此种方法，笔者已经狂风暴雨般地准备好了截图。

老习惯，我们先来仔细观察一下大众点评左侧的全局导航。

·鼠标指针移入任一菜单时，该菜单的样式发生变化，并且在右侧显示与之对应的子菜单。

·鼠标移入右侧子菜单时，左侧的菜单样式不变，鼠标指针移入右侧子菜单中的文字时，文字颜色发生变化。

·鼠标通过任意方向移入任意其他菜单时，原来显示的子菜单隐藏，与之对应的主菜单样式恢复为默认；而鼠标移入的新菜单发生上述两点中相同的变化。

上面这三点就是我们观察的结果。这个全局导航的实现方法不只一种，笔者在此给大家讲解一种最高效率的实现方法。

01 使用背景覆盖法，先将提前准备好的整个页面截图导入到设计区域中，使用矩形部件覆盖原有全局导航，继续导入"美食"菜单的默认样式截图。注意，每个左侧菜单的截图都有两张，一张是默认样式的截图，另一张是鼠标悬停时的样式截图，见图 1。

图 1

02 选中刚刚导入的美食菜单图片，在部件属性面板中点击"选中"，在弹出的设置交互样式对话框中勾选"图片"，将"美食"菜单鼠标悬停时样式的截图导入，见图2。单击"确定"按钮，并给该部件命名为 meishi。

图2

03 选中 meishi 部件，按下 Ctrl+Shift+ 鼠标左键，垂直拖放，这样可以快速垂直复制该部件，然后替换对应的截图并命名。注意，新复制的部件都要替换两张截图，分别是默认样式截图和鼠标悬停时样式截图（也就是"选中"交互样式中的图片），所有左侧图片替换完毕后，见图3。

图3

04 选择左侧全部的菜单，单击右键，在弹出菜单中选择"指定选择组"，并在弹出对话框中输入选项组名称 menu，见图4。

05 继续导入"美食"菜单的子菜单，放在合适的位置上，并将这个子菜单截图转换为动态面板，给其命名为 meishi_submenu，见图5。

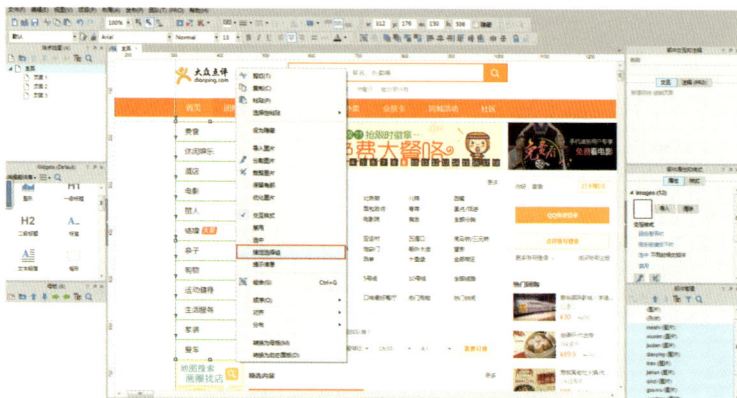

图 4

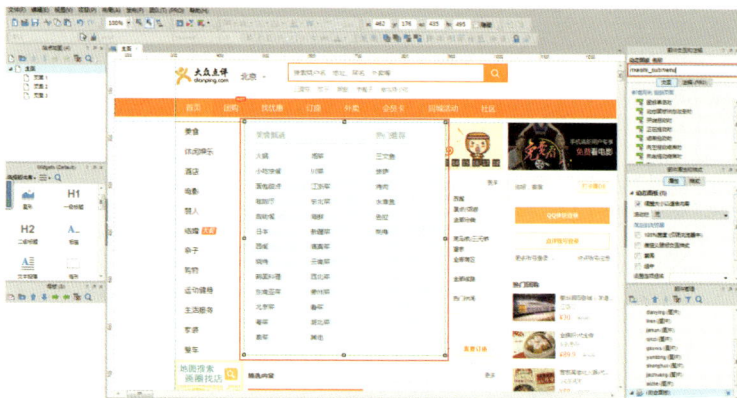

图 5

06 右键单击 meishi_submenu 动态面板，在弹出菜单中选择"设为隐藏"，为了不影响我们在设计区域中添加其他部件，在部件管理器中点击 meishi_submenu 右侧的蓝色小方块，可以让它在设计区域中隐藏，见图 6。然后使用同样的方法导入其他菜单的子菜单，全部操作完毕后，见图 7。

图 6

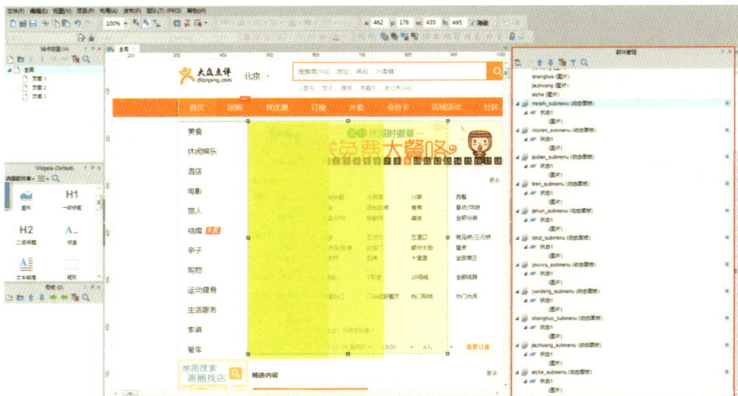

图 7

07 现在，准备工作都已完毕，我们来给菜单按钮添加交互。选中"美食"菜单，在右侧部件交互面板中双击"鼠标移入时"事件，在弹出的用例编辑器中新增动作"选中"，在右侧配置动作中勾选 meishi 图片，设置其选定状态值为"true"，见图 8。

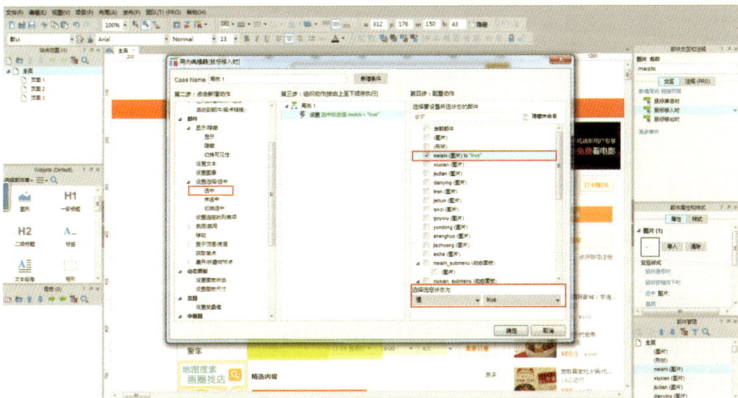

图 8

08 继续在用例编辑器左侧新增动作"显示 / 隐藏"，在右侧配置动作中将 meishi_submenu 这个动态面板的可见性设置为"显示"；在更多选项右侧的下拉列表中选择"弹出效果"（关于弹出效果笔者在前面的章节中已经强调过多次，现在就来看看它的强大之处吧），见图 9。单击"确定"，关闭用例编辑器。

09 在部件交互面板中选中"鼠标移入时"事件，按 Ctrl+C 组合键，然后在设计区域中选择"休闲娱乐"并按 Ctrl+V 组合键，此时我们刚刚在美食部件中增加的用例就被复制到了休闲娱乐部件的"鼠标移入时"事件中，双击该用例进行相应的修改，在用例编辑器中勾选 xiuxian 图片，并设置其选定状态值为"ture"；将 xiuxian_submenu 动态面板的可见性设置为"显示"；在更多选项右侧的下拉列表中选择"弹出效果"，见图 10。

图 9

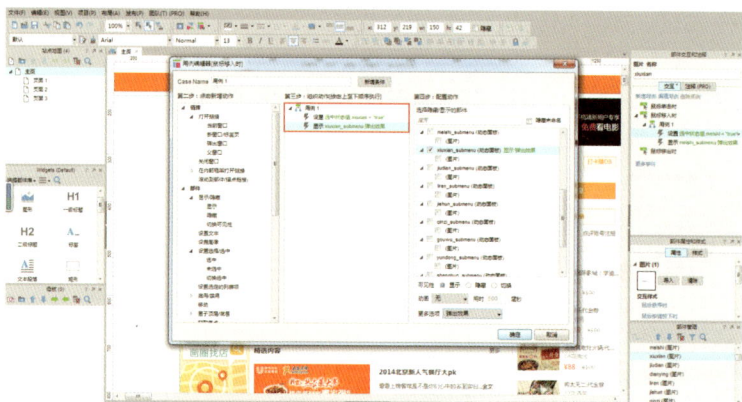

图 10

10 其他菜单部件的操作方法相同，需要注意的是，"电影"没有子菜单，所以我们修改完选中动作后，要把用例编辑器中"显示 / 隐藏"这个动作删除。在用例编辑器中（组织动作），右键单击"显示 / 隐藏"这个动作，在弹出菜单中选择"删除"，见图 11。

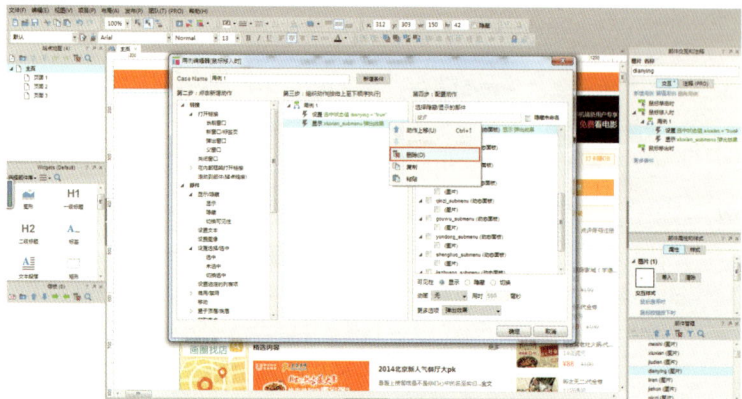

图 11

11 给所有的菜单粘贴用例并修改完毕后，按下 F5 键预览并测试。此时
我们仅存的问题是：当鼠标指针移出任意菜单或子菜单后，主导航菜
单并没有变回默认样式，而是显示的鼠标悬停时的样式，怎样解决呢？
通过观察我们可以得知：当鼠标移出任意主菜单或者任意子菜单范
围时，当前显示的子菜单都会隐藏，所以我们可以使用子菜单的隐
藏事件来触发，设置主菜单为"未选中"。

由于目前设计区域中的子菜单动态面板很多层都叠在一起，我们可
以通过部件管理面板来过滤并选择想要操作的部件。在部件管理面
板中选择 meishi_submenu，然后在部件交互面板中点击更多事件，
在事件下拉列表中选择"隐藏"，在弹出的用例编辑器中新增动作"未
选中"，在右侧的配置动作中勾选 meishi 图片，设置其选定状态值
为"false"，见图 12。点击"确定"，关闭用例编辑器。

图 12

12 在部件交互面板中复制刚刚添加的"隐藏"事件下的用例 1，并在
部件管理面板中选择 xiuxian_submenu 动态面板，在部件交互面板
中点击"更多事件"，并在事件下拉列表中点击"隐藏"右侧的"粘
贴"，见图 13。然后修改用例中的动作，设置与当前子菜单相对应
的"菜单"，选定状态值为"false"，见图 14。

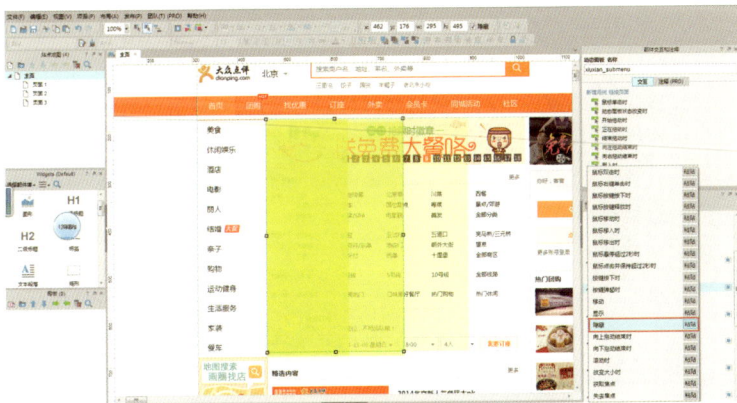

图 13

图 14

13 依照同样的方法给其他子菜单动态面板添加事件并修改完毕，按下
F5 键预览测试，你会发现除了"电影"菜单以外，其他菜单的交互
都已经实现了。选中"电影"，在部件交互面板中双击"鼠标移出时"，
在弹出的用例编辑器中新增动作"未选中"，在配置动作中勾选电
影图片，设置其选定状态值为"false"，见图 15。至此大众点评
网全局导航效果就制作完毕了，为你的实现感到惊讶吧！

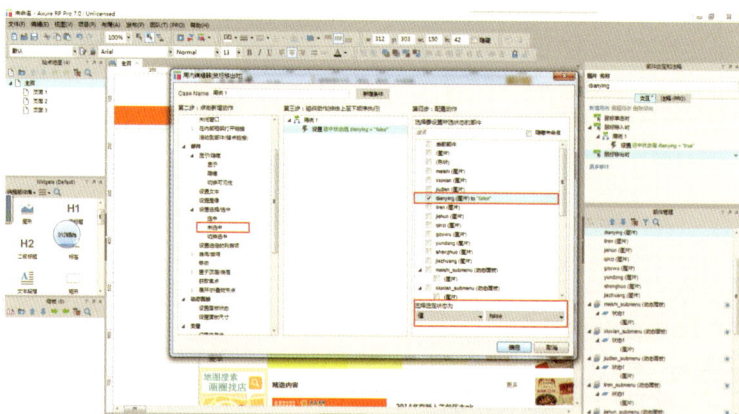

图 15

这个案例使用了效率极高的方法来实现全局导航交互效果。需要注意的
知识点有 3 个。

· 将一级菜单指定为选项组。

· 显示子菜单时使用弹出效果。

· 子菜单的"隐藏"事件。

由此可见，在使用 Axure 制作原型时，除了掌握好基础知识以外，分析
每个部件之间的相互关联与影响是十分重要的，这有助于我们顺利高效
地制作想要的交互效果。

13.2.2 大众点评会员注册

请各位读者打开大众点评网会员注册网址：http://www.dianping.com/ reg，在这个案例中，我给大家讲解如何使用 Axure 制作会员注册的交互效果，依然使用背景覆盖法。首先仔细观察一下注册页面。

· 有手机注册和邮箱注册两种会员注册方式。

· 点击邮箱注册后，由于需要填写的注册项比手机注册多，所以高度大于手机注册，并且页面底部的内容向下移动。

· 文本输入框的默认状态中有提示文字。

· 鼠标移入任意文本输入框时，文本输入框的线条颜色变为深灰色。

· 鼠标点击任意文本输入框时，文本输入框的线条颜色变为橙色。

· 不输入内容或输入内容不符合提示要求时，线条颜色变为红色，并且在文本输入框下方显示红色提示信息。

· 点击注册按钮时会对所有文本输入框进行判断，如果不符合提示要求就显示红色提示信息。

在这个案例我们忽略以下 4 点。

· 当文本输入框内容为空或不符合提示要求时，在文本输入框下方显示错误提示，同时会向下移动错误提示下面的内容（这个交互在本节案例的最后给各位读者讲解）。

· 验证码刷新。

· 常居地。

· 鼠标移入和点击时，文本输入框线条颜色变化（因为在某些浏览器中，如 IE、Firefox，鼠标移入或点击文本输入框时会自动改变线条颜色；文本输入框部件本身没有交互样式选项；练习时可以将矩形部件置于文本输入框下一层，当鼠标指针移入文本输入框时，触发矩形部件的交互样式即可实现，在此略过不讲）。

01　打开上节课给大家留下的 3.1-dianping- 全局导航 .rp 文件，在站点地图中将页面 1 修改为 reg，并导入准备好的截图，调整坐标至 0，0；见图 1。

02　继续拖放图像部件到设计区域中，导入"手机注册"的截图，将其覆盖在背景图片上，然后转换为动态面板，命名为 reg，见图 2。

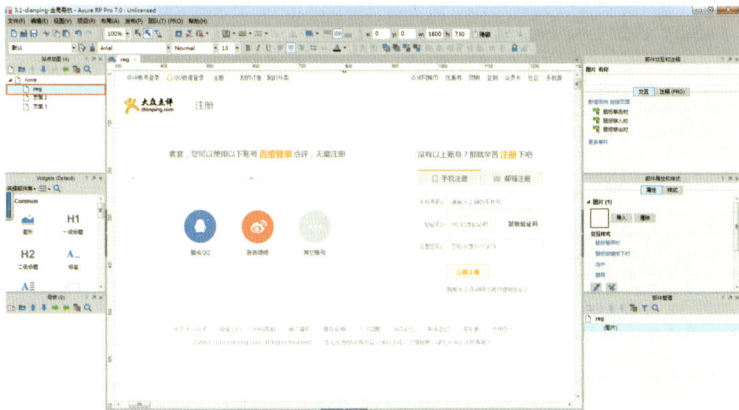

图 1

图 2

03 双击 reg 动态面板，在弹出的动态面板状态管理面板中，选中状态 1，点击"复制"按钮；然后将状态 1 重命名为 mob_reg，将状态 2 重命名为 mail_reg，见图 3。

图 3

04 双击 mail_reg，在设计区域中替换图片为邮箱注册的截图，见图 4。

图 4

05 拖放矩形部件到设计区域中，覆盖邮箱注册截图右侧的内容，并修改矩形部件的填充颜色和线条颜色（提示：回忆一下上节案例中使用到的拾色器工具），见图 5。

图 5

06 拖放标签部件和文本输入框部件到设计区域中的适当位置，并分别给部件命名，见图 6。

图 6

Tips

邮箱地址文本输入框命名为：mail_input
设置密码文本输入框命名为：password_input
确认密码文本输入框命名为：passowrd_input_confirm
验证码文本输入框命名为：captcha_input
验证码部件命名为：captcha

07 继续给文本输入框部件添加默认的提示文字。选中 mail_input，在部件属性面板中的提示文字右面输入提示内容，并点击"提示样式"，将文字颜色设置为浅灰色，见图 7。选中 password_input，在部件属性面板中点击"类型"右侧的下拉列表，选择"密码"，见图 8，这样用户输入的密码就会以暗文显示了（注意：在 Axure 中，一个英文字母和一个中文汉字都占一个字符）。其他文本输入框的操作类似，见图 9。

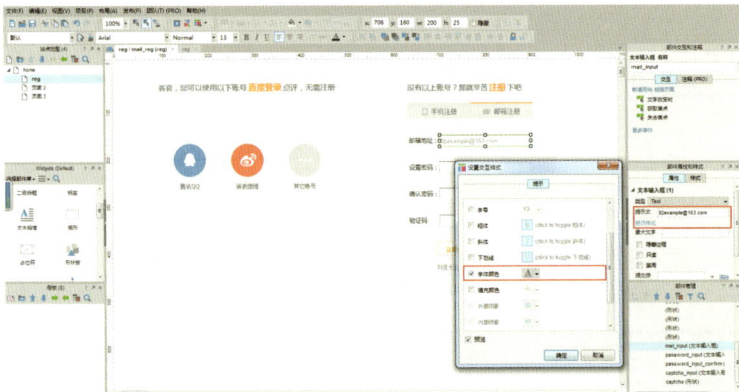

图 7

图 8

图 9

08 给每个文本输入框下面添加矩形部件，填写错误提示信息，设置部件的填充颜色、线条颜色和文字颜色，并给这些错误提示部件命名，见图10。

图10

09 选中4个错误提示部件，将其设置为"隐藏"，因为默认是不需要显示它们的。现在我们来给每个文本输入框添加条件，如果文本输入框中的内容不符合条件就显示错误提示，如果符合条件就隐藏错误提示。选中 mail_input，在部件交互面板中双击"失去焦点时"，在弹出的用例编辑器中新增条件，我们在这里使用一个简单的条件验证：如果部件文字 this（当前所选部件）不包含值 @，见图11，单击"确定"，关闭条件生成器。在用例编辑器中新增动作"显示/隐藏"，在配置动作中勾选 mail_error，设置可见性为"显示"，见图12。

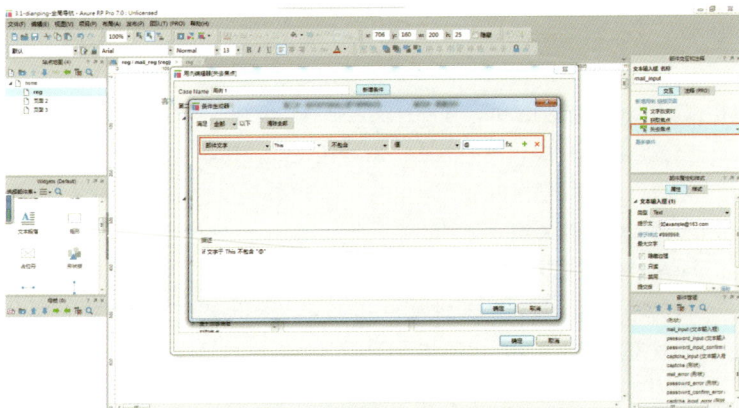

图11

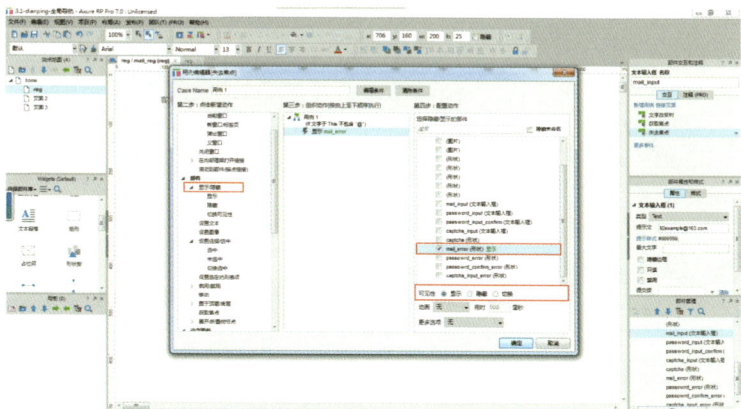

图 12

10 继续给"失去焦点时"事件新增用例，在用例编辑器中新增动作"隐藏"，在配置动作中勾选 mail_error，并设置其可见性为"隐藏"，见图 13。点击"确定"，关闭用例编辑器。

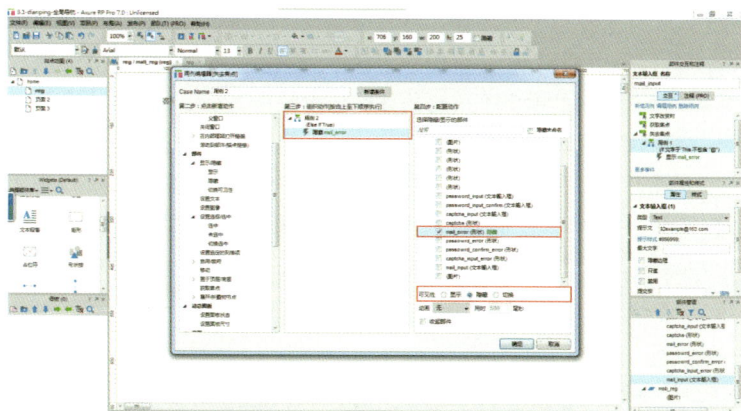

图 13

11 选中 password_input，在部件交互面板中双击"失去焦点时"事件，在弹出的用例编辑器中点击"新增条件"，在弹出的条件生成器对话框顶部满足任意以下：

- 部件值长度 < 值 6
- 部件值长度 > 值 32

因为密码输入框中的要求是 6~32 个字符，也就是说用户输入的密码长度不能小于 6，也不能大于 32。所以在这里添加两个条件，满足任意一个都会显示错误提示，见图 14。

12 单击"确定"，关闭条件生成器。在用例编辑器中新增动作"显示 / 隐藏"，在配置动作中勾选 password_error，设置其可见性为"显示"，见图 15。单击"确定",关闭用例编辑器。

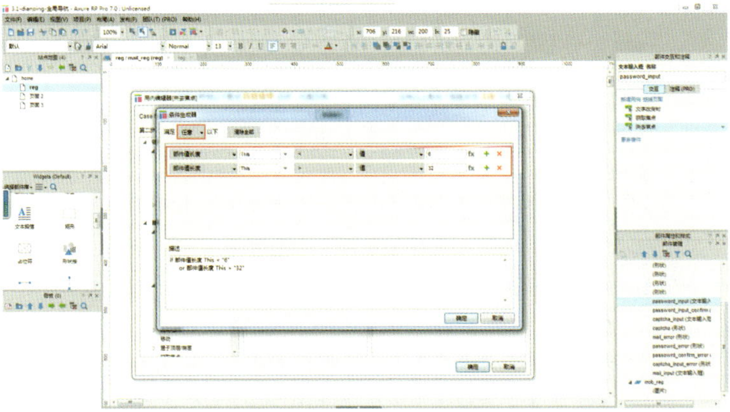

图 14

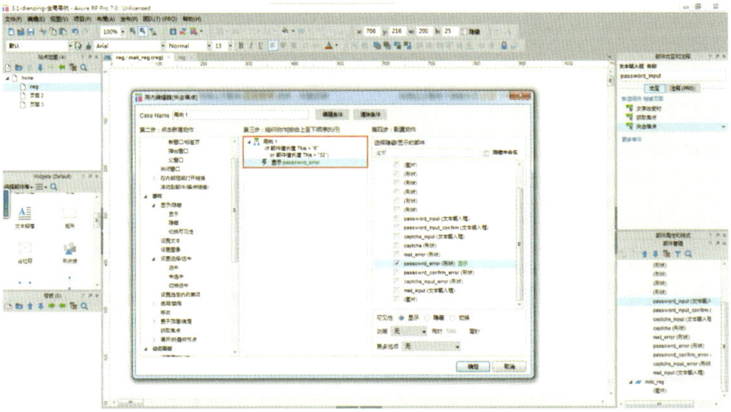

图 15

13 继续给"失去焦点时"事件新增用例,在用例编辑器中新增动作"隐藏",在配置动作中勾选 password_error 设置其可见性为"隐藏",见图 16。

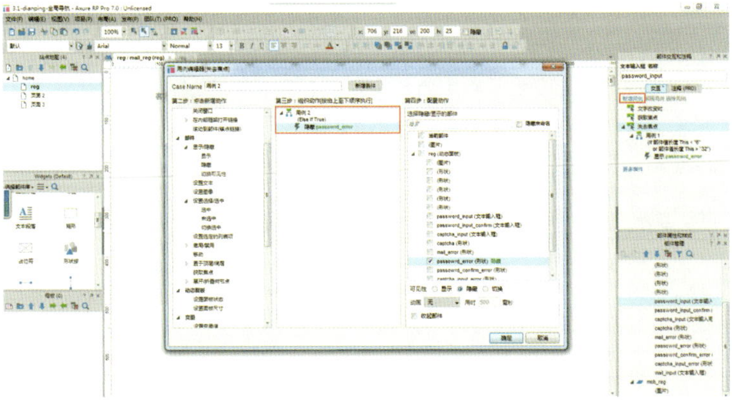

图 16

14 现在来处理确认密码输入框 password_input_confirm，这里我们需要判断两种不同的情况。

- password_input_confirm 这个文本输入框为空时（用户不输入任何内容）。

- password_input_confirm 不等于 passowrd_input（确认密码与输入密码不一致）。

- 在设计区域中选择 password_input_confirm，在部件交互面板中双击"失去焦点时"，在弹出的用例编辑器中点击"新增条件"，在条件生成器顶部选择满足任意以下：如果部件文字 password_input_confirm 不等于 password_input，见图 17。点击绿色加号新增一个条件：如果部件文字 this 的值为空时，见图 18。单击"确定"，关闭条件生成器。继续在用例编辑器中新增动作"显示/隐藏"，在配置动作中勾选 password_confirm_error，设置其可见性为"显示"，见图 19。

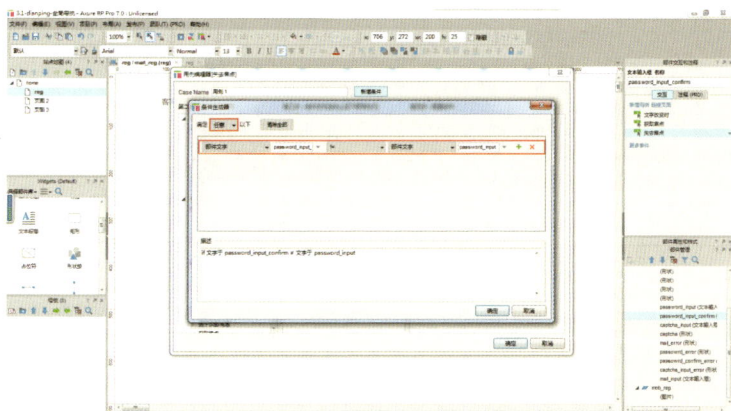

图 17

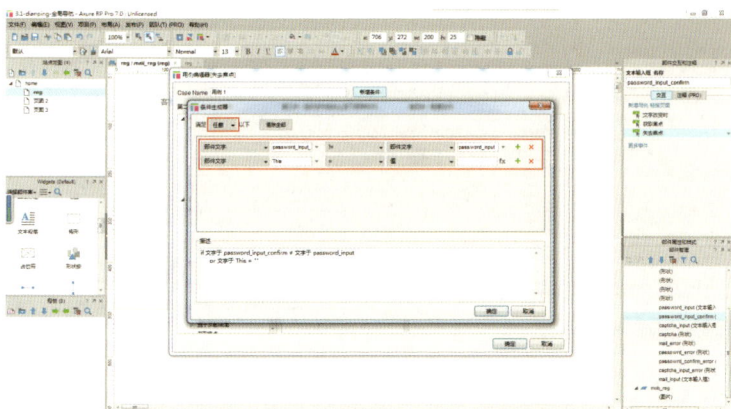

图 18

图 19

15 继续给"失去焦点时"事件新增用例，在用例编辑器中新增动作"隐藏"，在配置动作中勾选 password_confirm_error，设置其可见性为"隐藏"，见图 20。

图 20

16 在设计区域中选中 captcha_input，在部件交互面板中双击"失去焦点时"，在弹出的用例编辑器顶部点击新增条件：如果 captcha_input 不等于 captcha 部件上的文字，见图 21。单击"确定"，关闭条件生成器，继续在用例编辑器中新增动作"显示 / 隐藏"，在配置动作中勾选 captcha_input_error，设置其可见性为"显示"，见图 22。

17 继续给"失去焦点时"新增用例，在用例编辑器中新增动作"隐藏"，在配置动作中勾选 captcha_input_error，设置其可见性为"隐藏"，见图 23。

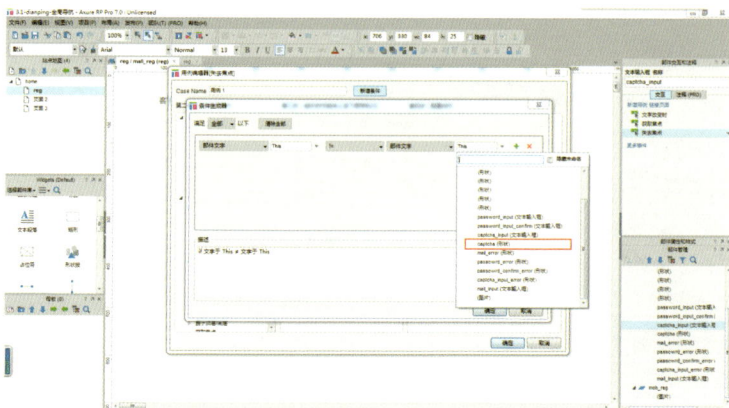

图 21

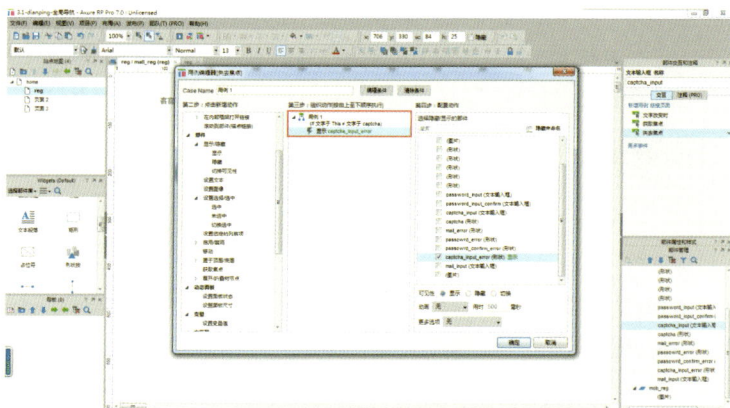

图 22

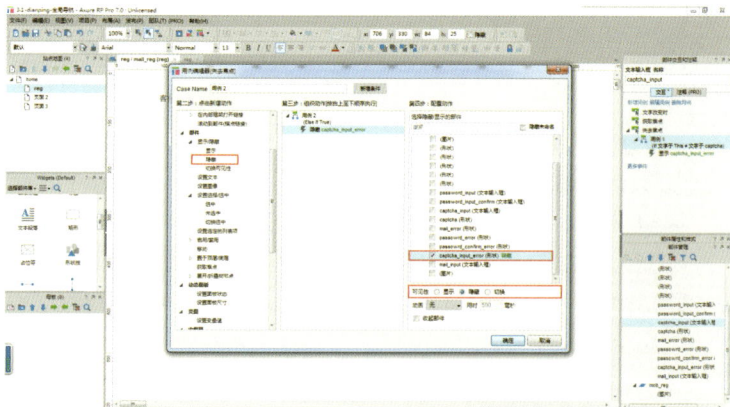

图 23

18 继续处理注册按钮。当点击注册按钮时要判断所有的文本输入框是否符合条件，如果不符合条件，就显示对应的错误提示信息；如果全部符合条件，就在新标签中打开注册成功页面。

文字描述是这个样子，当单击注册按钮时：如果 mail_input 不包含 @，就显示 mail_input_error；如果 password_input 部件值长度小于 6 或者大于 32，就显示 password_input_error；如果 password_input_confirm 的文字不等于 password_input 的文字，就显示 password_confirm_error；如果 captcha_input 的文字不等于 captcha 的文字，就显示 captcha_input_error。ElseIfTrue（如果上面的条件都不是），就在当前窗口打开注册成功页面。

需要注意的是，当点击注册按钮时，上面所列出的条件都要进行判断，所以要将前四个条件都转换为 IF/IF，见图 24。

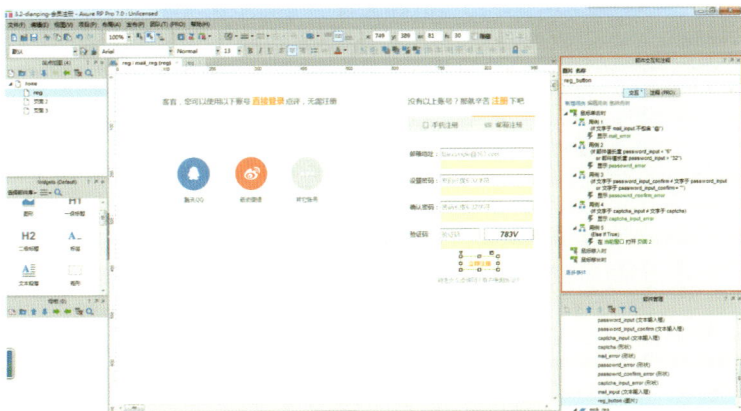

图 24

19 回到 reg 页面，现在来处理刚开始分析时所提出的第二点：点击邮箱注册后，由于需要填写的注册项比手机注册多，所以高度大于手机注册，并且页面底部的内容向下移动。

右键单击背景图片，在弹出菜单中选择"分割图片"，然后在设计区域的右上角点击"水平分割"，见图 25。

20 鼠标指针变为"小刀"形状，然后在 reg 动态面板下方点击鼠标分割图片，此时整张背景图片就被分割成为上下两张了，见图 26。选中下半张图片，将其命名为 bottom。

图 25

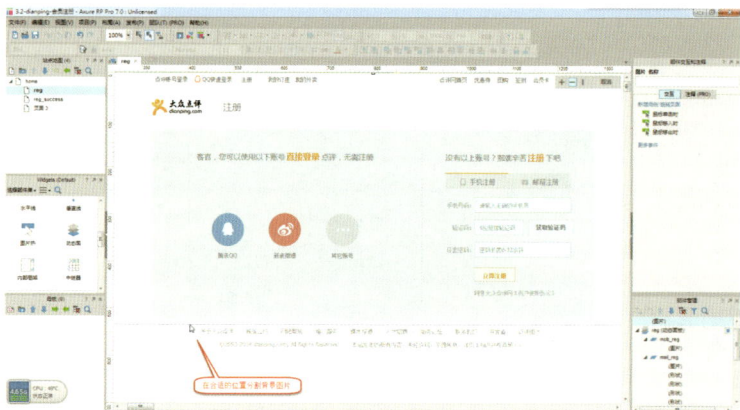

图 26

21 双击 reg 动态面板，在弹出的动态面板状态管理中再次双击 mob_reg 状态，拖放一个图片热区到设计区域中，覆盖到邮箱注册上面，并在部件交互面板中双击"鼠标单击时"事件，在弹出的用例编辑器中新增动作"设置面板状态"，在配置动作中勾选 reg，并设置其选择状态到 mail_reg，在配置动作下方勾选"展开 / 收起部件"，设置方向为下方，见图 27。

22 双击 reg 动态面板，在弹出的动态面板状态管理中再次双击 mail_reg 状态，拖放一个图片热区到设计区域中，覆盖到手机注册上面，并在部件交互面板中双击"鼠标单击时"事件，在弹出的用例编辑器中新增动作"设置面板状态"，在配置动作中勾选 reg，并设置其选择状态到 mob_reg，在配置动作下方勾选"展开 / 收起"，设置部件方向为下方，见 28。单击"确定"，关闭用例编辑器。

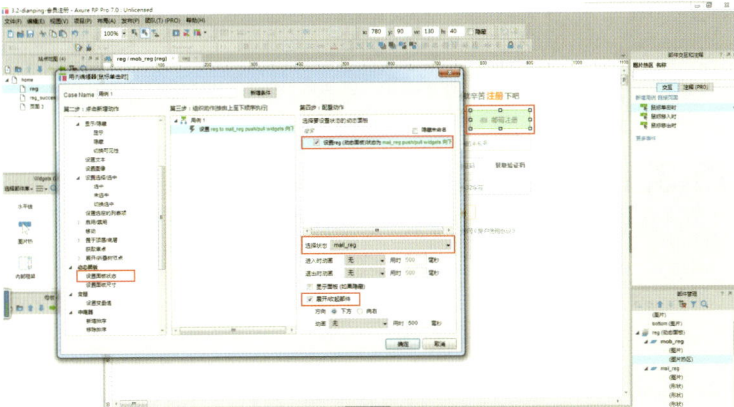

图 27

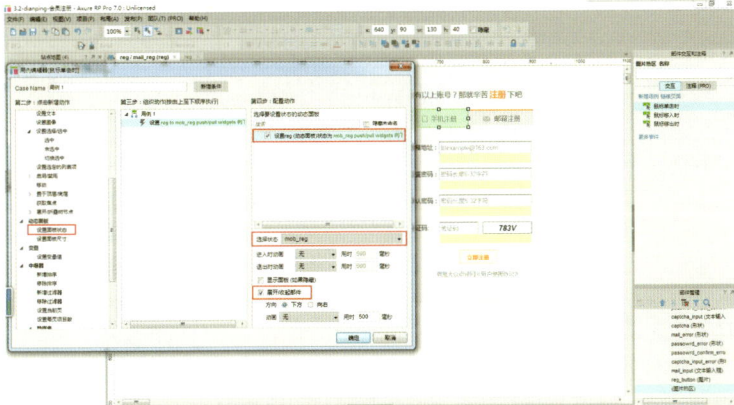

图 28

至此,大众点评网的会员注册就制作完毕了。笔者在此只讲解了邮箱注册,
手机注册作为课后练习留给大家。

13.3 网易云课堂

13.3.1 云课堂首页顶部菜单跟随效果

现在请各位读者打开网易云课堂首页 http://study.163.com，在这个案例中，我们来制作网易云课堂顶部菜单滚动跟随效果和点击右下角按钮回到顶部的交互效果，笔者已经准备好了截图，继续使用背景覆盖法进行讲解。

老习惯，我们先来观察一下网易云课堂顶部菜单栏。

· 当我们滚动鼠标滚轮或者拖动浏览器滚动栏时顶部菜单栏是固定在顶部的效果。

· 当向下滚动页面时，右下角的 APP 小图标跟随滚动，并且显示一个向上的三角小图标。

· 当页面滚动回顶部时右下角的三角小图标消失。

· 点击右下角三角小图标时页面滚动回顶部。

上面这四点是我们观察的结果，而实现这种顶部菜单跟随的效果也不只一种方法，笔者在此使用"窗口滚动时"事件制作，这也是本节案例要讲解的重点。

01 拖放图像部件到设计区域中，双击图像部件导入网易云课堂首页的截图。右键点击该图像，在弹出菜单中选择"分割图片"，然后在设计区域右上角点击水平分割小图标，在顶部菜单栏与幻灯的交界处点击鼠标，这样就将背景图片分割成两部分，见图 1。

图 1

02 右键点击顶部菜单，在弹出菜单中选择"转换为动态面板"，并给其命名为 menu，见图 2。

图 2

03 拖放一个图像部件到设计区域中，将右下角 APP 图标的截图导入到设计区域中，放在设计区域右下角的位置，见图 3。在部件属性面板中点击"鼠标悬停时"，在设置交互样式对话框中勾选图片，并将"鼠标悬停时"样式的图片导入，见图 4。点击"确定"关闭设置交互样式对话框。

图 3

图 4

04 右键点击 APP 小图标，在弹出菜单中选择"转换为动态面板"，给其命名为 app。右键点击 app 这个动态面板，在弹出菜单中选择"固定到浏览器"，在弹出的对话框中勾选"固定到浏览器窗口"，水平固定选中"右"，垂直固定选中"底部"，并且设置底部边距为 80，见图 5。

图 5

05 选中 app 动态面板，按下 Ctrl+Shift+ 鼠标左键，垂直拖放，复制该部件，并给新复制的动态面板命名为 scroll2top，然后双击 scroll2top，进入状态 1，替换向上箭头的小图标，同时记得替换鼠标悬停时的小图标，见图 6。

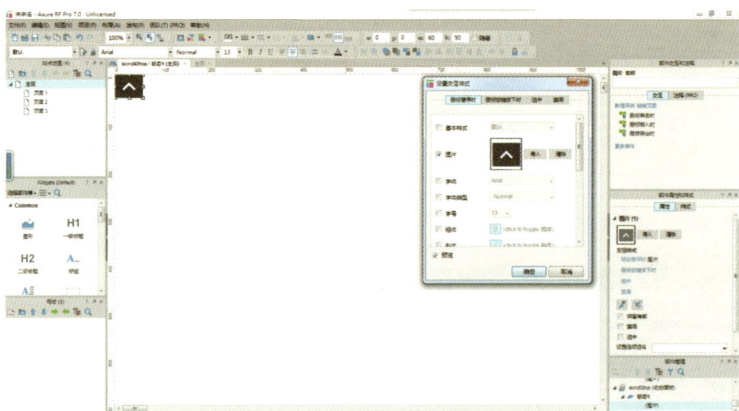

图 6

06 右键点击 scroll2top 动态面板，在弹出菜单中选择"固定到浏览器"，将底部边距设置为 0，见图 7。点击"确定"，关闭固定到浏览器对话框。

图 7

按下 F5 键，可以看到右下角的两个小图标已经准备完毕了，现在给 scroll2top 动态面板添加"鼠标点击时"事件，让页面滚动到顶部即可。

07 拖放一个图片热区部件到设计区域中，将其坐标设置为 0,0；给这个图片热区命名为 stone，见图 8。

图 8

08 选中 scroll2top 动态面板，在部件交互面板中双击"鼠标单击时"事件，在弹出的用例编辑器中新增动作"滚动到部件"，在配置动作中勾选 stone（图片热区），并在配置动作底部选择仅垂直滚动，设置动画为摆动，用时为 500 毫秒，见图 9。

再次按下 F5 键快速预览测试，此时 滚动到顶部的交互效果就已经实现了，不过，默认我们要将 scroll2top 这个动态面板设置为隐藏，因为只有向下滚动浏览器时才让 scroll2top 显示，当浏览器滚动到顶部时还需要设置 scroll2top 为隐藏。接下来我们处理顶部菜单的跟随滚动效果。

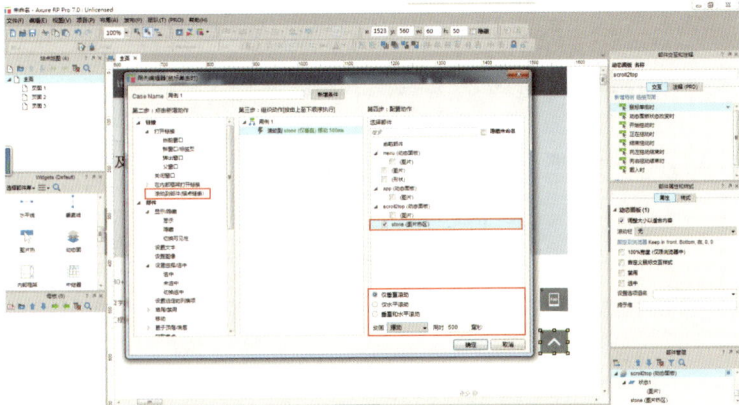

图 9

09 在设计区域底部选择页面交互面板，双击窗口滚动时，在弹出的用例编辑器中新增动作 "移动"，在配置动作够勾选 menu，移动绝对位置到 [[target.x]],[[Window.ScrollY]]，见图 10 和图 11。

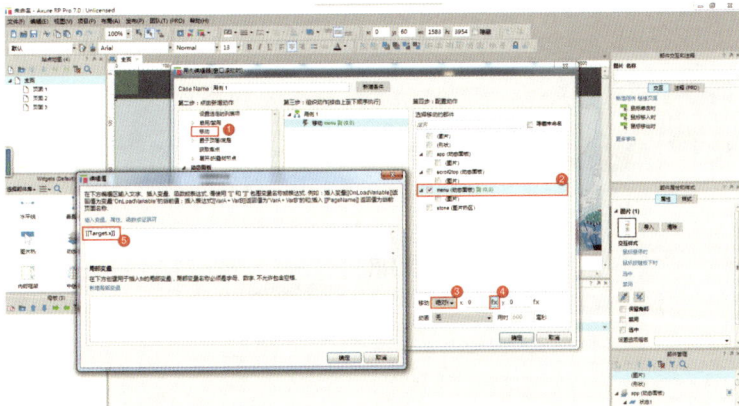

图 10

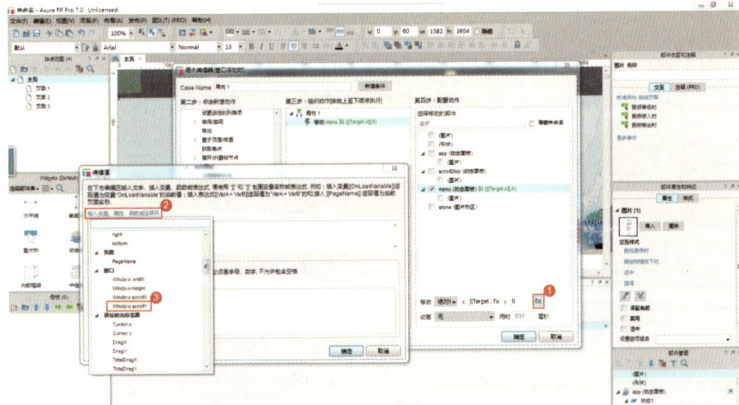

图 11

点击"确定"关闭用例编辑器，按下 F5 键预览测试一下。你会发现，虽然顶部的菜单可以移动，但却被下面的背景图片遮挡住了，所以我们要在设计区域中右键点击 menu，在弹出的上下文菜单中选择"顺序 > 置于顶层"，见图 12。再次测试，顶部菜单的滚动跟随效果就已经实现了，是不是很简单？

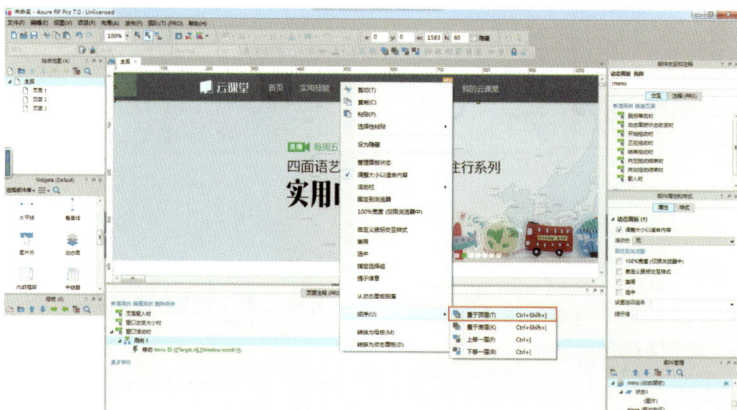

图 12

10 继续处理 scroll2top，当页面向下滚动时才显示 scroll2top 这个按钮，而当页面滚动回顶部时 scroll2top 又隐藏掉了。在页面交互面板中，双击"窗口滚动时"新增一个用例，在弹出的用例编辑器顶部点击新增条件：如果值 Window.ScrollY 大于值 10（意思就是如果窗口滚动时 y 轴坐标大于 10 像素），见图 13，点击"确定"关闭条件生成器。在用例编辑器中新增动作"显示"，在配置动作中勾选 scroll2top，设置可见性为显示，设置动画为淡入淡出，用时 500 毫秒，见图 14。点击"确定"关闭用例编辑器。

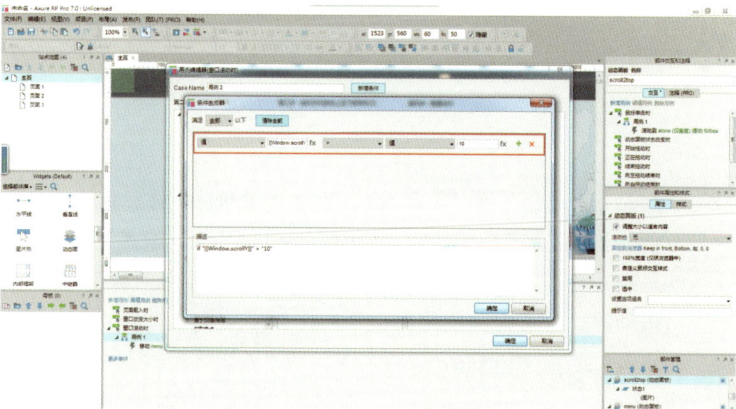

图 13

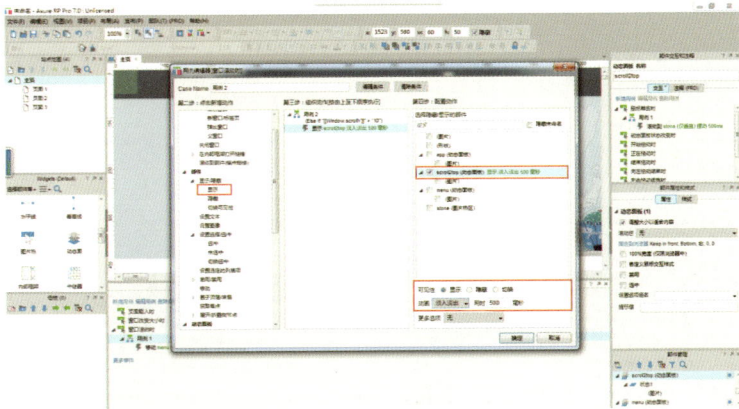

图 14

11 此时在窗口滚动时事件中包含两个用例，由于在窗口滚动时这两个用例都需要触发（也就是窗口滚动时即要让顶部菜单跟随滚动，还要判断当浏览器 y 轴坐标大于 10 像素时显示 scroll2top），所以需要将第二个用例切换为 IF。右键点第二个用例，在弹出的上下文菜单中选择"切换 IF/ELSEIF"，设置完毕后，见图 15。

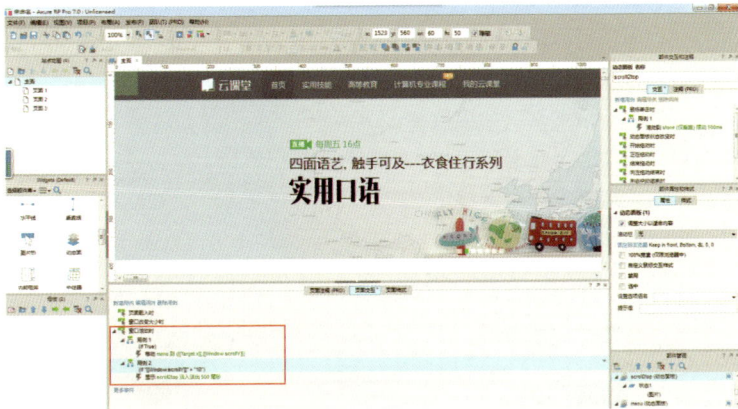

图 15

12 现在向下滚动浏览器时显示 scroll2top 就处理完毕了，继续做最后一步。当浏览器窗口滚动回顶部时，将 scroll2top 设置为隐藏（也就是当浏览器 y 轴坐标小于 10 像素时）。在页面交互面板中双击"窗口滚动时"，在弹出的用例编辑器中新增动作"隐藏"，在配置动作中勾选 scroll2top，设置动画为淡入淡出，用时 500 毫秒，见图 16。

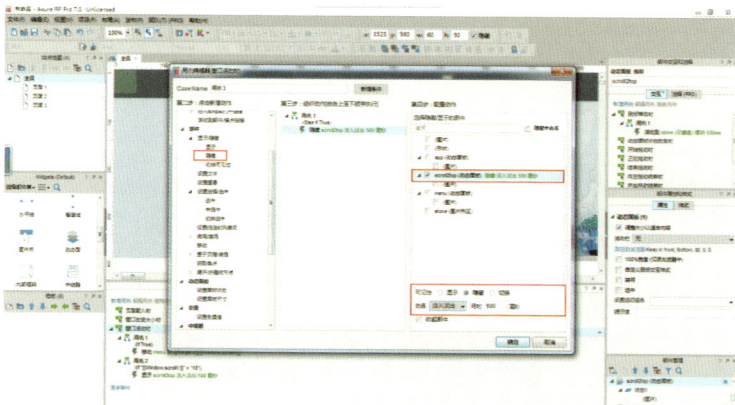

图 16

点击"确定"关闭用力编辑器，按下 F5 键快速预览测试。至此本节案例就制作完毕了，大家需要注意以下知识点。

- 将动态面板固定到浏览器。
- 滚动到部件（Scroll to Widget）。
- [[target.x]]：目标部件的 x 轴。
- [[Window.ScrollY]]：浏览器窗口 y 轴滚动的距离。

13.3.2 云课堂首页图片缩放效果

请各位读者再次打开网易云课堂首页 http://study.163.com，我们继续下一个案例，仔细观察一下鼠标指针移入 / 移出任意课程图片时的交互。

- 当鼠标指针移入课程图片时，该课程周围显示了黑色边框并且该课程的图片由中心向四周放大。
- 当鼠标指针移出课程图片时，课程周围的黑色边框消失并且课程的图片由四周向中心缩小至原来的尺寸。

上面这两点就是我们观察后得出的结果。本节案例是对动态面板部件的加强训练，在各位读者使用 Axure 的过程中也会发现，使用频率最高的部件就是动态面板。

01 依然使用背景覆盖法，拖放一个矩形部件覆盖到首页截图的任意课程上，调整矩形位置和尺寸，并将矩形部件的线条颜色设置为白色，给其命名为 background，见图 1。

图 1

02 选中矩形部件，在部件属性面板中点击鼠标悬停时，在弹出的设置交互样式对话框中将线条颜色设置为灰色，并且设置外部阴影偏移范围 X:0Y:5，见图 2。

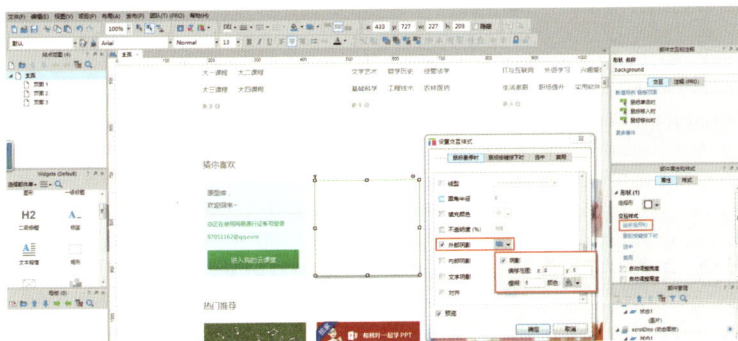

图 2

03 右键点击 background，在弹出的上下文菜单中选择 "转换为动态面板"，给其命名为 class，见图 3。

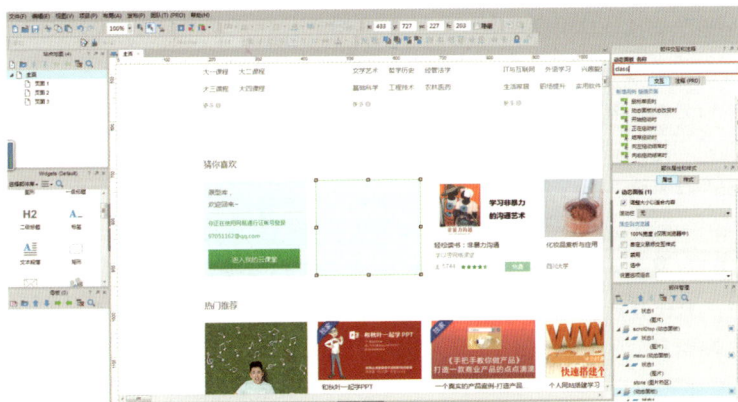

图 3

04 选中class，在部件属性面板中取消勾选调整大小以适合内容，见图4。然后双击 class，在弹出的动态面板状态管理中双击状态 1，进入状态 1 后大家可以看到一个蓝色虚线的矩形，这个蓝色虚线的矩形代表 class 动态面板的大小范围，见图 5。

图4

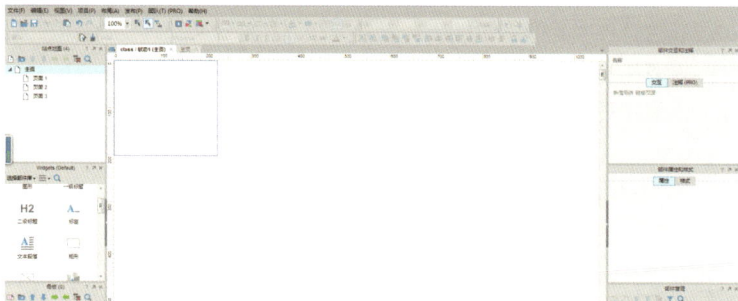

图5

05 拖放一个动态面板部件到设计区域中，给其命名为 class_in，调整其大小和坐标，然后添加课程的名称、作者等信息，见图6。

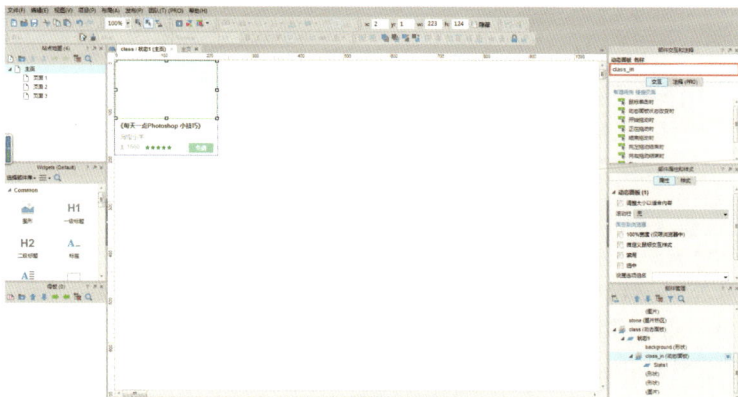

图6

06 双击 class_in，在弹出的动态面板状态中双击状态 1，在设计区域底部的动态面板状态样式（PanelStateStyle）面板中点击"导入背景图片"，选择课程的截图，并在"重复"右侧的下拉列表中选择"拉伸以包含"，见图 7。

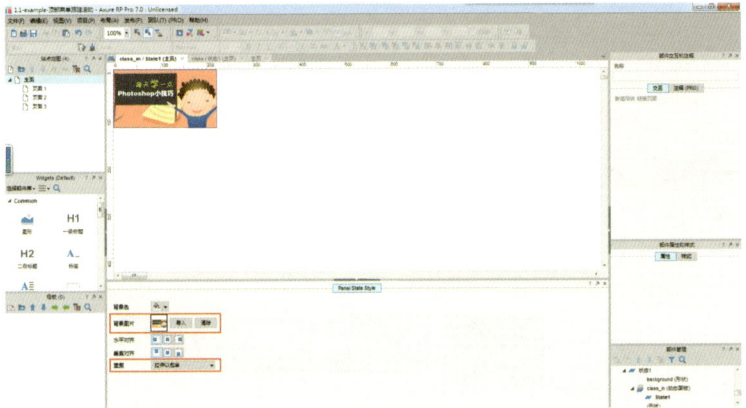

图 7

07 现在回到主页中，选中 class 动态面板，在部件交互面板中点击"更多事件"，在事件的下拉列表中选择"鼠标移入时"，在弹出的用例编辑器中新增动作"设置面板尺寸"，在右侧的配置动作中勾选 class_in，设置其宽度为 270，高度为 150，设置动画为摆动，用时 500 毫秒，见图 8，点击"确定"，关闭用例编辑器。

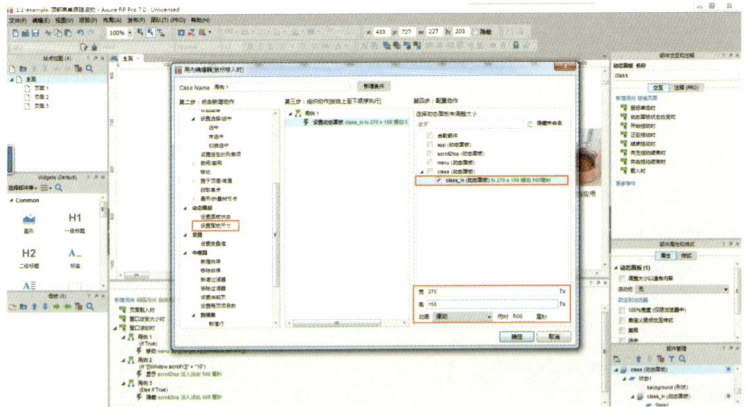

图 8

现在按下 F5 键快速预览测试一下，大家会发现虽然鼠标移入课程时图片放大了，但它并不是从中心向四周扩大的，怎么办呢？

由于 Axure 并没有直接提供这种功能给我们使用，所以我们要根据之前所学的知识灵活变通一下。通过刚刚的观察我们发现了以下效果。

• 当鼠标移入时，课程图片是向右和向下扩大的。

· 图片默认大小是 223×124 像素，鼠标移入时设置其宽度为 270×150。根据上面两点，我们可以在课程图片扩大的同时向左移动 23 像素和向上移动 13 像素，这样在视觉上就会形成从中心向四周扩大的效果了。

08 双击 class，在弹出的动态面板状态管理中双击状态 1，右键点击 class_in，在弹出的上下文菜单中选择"转换为动态面板"，并给其命名为 class_out，在部件属性面板中勾选"调整大小以适合内容"，在部件管理面板中可以清晰地辨别部件之间的层级关系，见图 9。

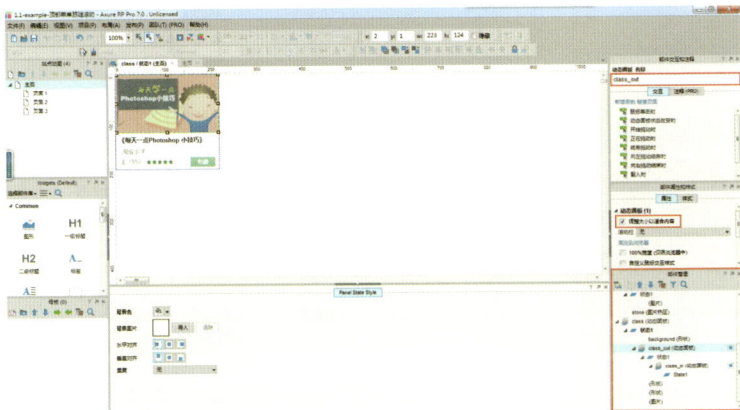

图 9

09 现在回到主页，选中 class，在部件交互面板中双击"鼠标移入时"事件中的用例 1，在弹出的用例编辑器中新增动作"移动"，在右侧的配置动作中勾选 class_out，移动绝对位置到 [[target.x-23]]，[[target.y-13]]，设置动画为摆动，用时 500 毫秒，见图 10。

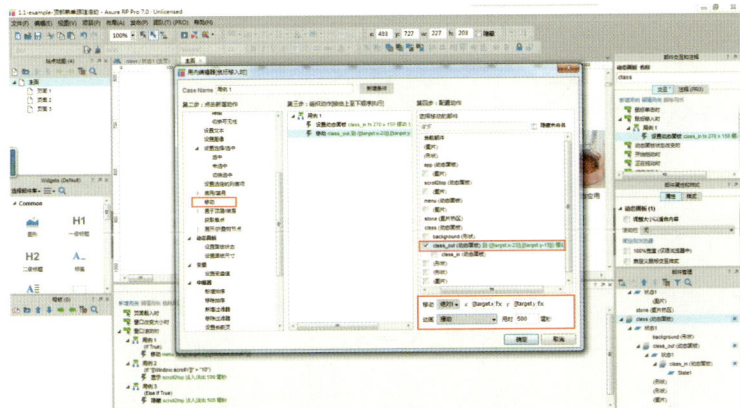

图 10

10 按下 F5 键快速预览测试，此时鼠标移入时的交互我们已经处理完毕了，接下来处理鼠标移出时。选中 class，在部件交互面板中点击更多事件，在下拉列表中选择"鼠标移出时"，在弹出的用例编辑器中新增动作，"设置面板尺寸"，在配置动作中设置其默认尺寸223×124，设置动画为摆动，用时 500 毫秒，见图 11。

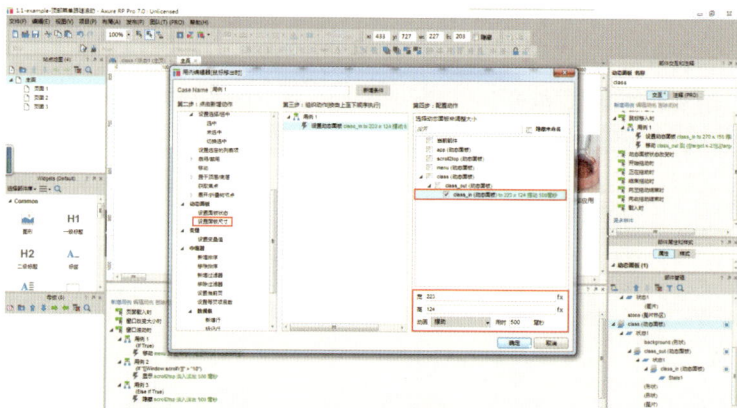

图 11

11 继续新增动作"移动"，在右侧的配置动作中勾选 class_out，移动绝对位置到 [[target.x+23]]，[[target.y+13]]，设置动画为摆动，用时 500 毫秒，见图 12，点击"确定"关闭用例编辑器。

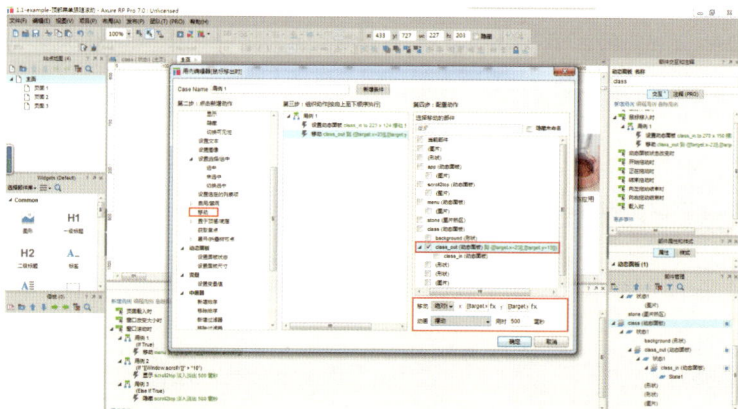

图 12

再次骄傲地按下 F5 键预览测试，测试鼠标移入和移出的交互都已经成功了。但是，与网易云课堂首页的效果相比还是不一样的，见图 13。

图 13

通过上面这张图片对比，我们通过分析得出以下结论。

· 案例中图片放大缩小的交互是正确的，但我们要让它显示视觉上指定大小的内容。

· 案例中的课程没显示边框。

12 现在就来处理这两点问题，进入主页页面，选中 class 动态面板，在部件属性面板中勾选"自定义鼠标样式"（TriggerMouseInteractionStyles）。注意，此处应翻译为触发鼠标交互样式，见图 14。现在鼠标移入时显示阴影就解决了。

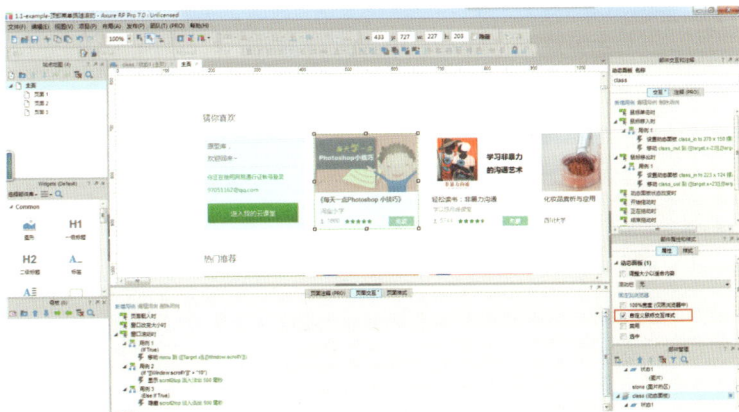

图 14

13 双击 class，在弹出的动态面板状态管理面板中双击状态 1，右键点击 class_out，在弹出的上下文菜单中选择"转换为动态面板"，并给其命名为 class_layer，在部件属性面板中取消勾选"调整大小以适合内容"，见图 15。

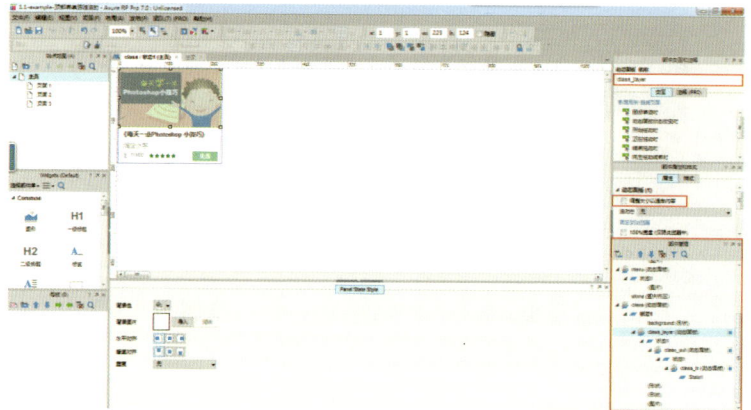

图 15

至此，网易云课堂课程图片的放大缩小交互效果就制作完毕了。由于受到案例难度所限，很多复杂性较强的原型案例并不适合使用文字和图片表达，那样不仅繁冗拖沓而且难以理解。如果各位读者还想通过更多的案例进一步学习 Axure 的话，请参考金乌老师提供的视频教程。

最后，引用一句名言与大家共勉：

"逆境是磨练人的最高学府"——苏格拉底

附录 A APP 原型尺寸速查表

设备名称	平台	系统版本	竖屏宽度	横屏宽度	发行日期
Acer Iconia Tab A1-810	Android	4.2.2	768	1024	13-May
Acer Iconia Tab A100	Android	4.0.3	800	1280	11-Apr
Acer Iconia Tab A101	Android	3.2.1	600	1024	11-May
Acer Iconia Tab A200	Android	4.0.3	800	1280	12-Jan
Acer Iconia Tab A500	Android	4.0.3	648	1280	11-Apr
Acer Iconia Tab A501	Android	3.2	800	1280	11-Apr
ACER Liquid E2	Android	4.2.1	360	640	13-May
Ainol Novo 7 Elf 2	Android	4.0.3	496	1024	12-Jun
Alcatel One Touch Idol X	Android	4.2.2	480	800	13-Jul
Alcatel One Touch T10	Android	4.0.3	480	800	13-Mar
Alcatel One Touch 903	Android	2.3.6	320	427	12-Aug
Alcatel (Vodafone) Smart Mini 875	Android	4.1.1	320	480	13-Jul
Amicroe 7 TouchTAB II	Android	4.0.4	480	800	13-Jan
Amicroe 9.7 TouchTAB IV	Android	4.1.1	768	1024	13-May
Archos 70b (it2)	Android	3.2.1	600	1024	12-Feb
Archos 80G9	Android	3.2	768	1024	11-Sep
Arnova 10b G3	Android	4.0.3	600	1024	12-May
Arnova 7 G2	Android	2.3.1	480	800	11-Sep
Arnova 7F G3	Android	4.0.3	640	1067	12-Nov
Arnova 8C G3	Android	4.0.3	800	1067	12-Nov
ASUS B1-A71	Android	4.1.2	600	1024	13-Jan
ASUS Fonepad	Android	4.1.2	601	962	13-Apr
ASUS MeMo Pad ME172V	Android	4.1.1	600	1024	13-Jan
ASUS MeMo Pad FHD10/ME302C 10.1	Android	4.2.2	800	1280	13-Aug
ASUS Padfone	Android	4	800	1128	12-Jun

设备名称	平台	系统版本	竖屏宽度	横屏宽度	发行日期
ASUS Transformer Pad TF300T	Android	4.0.3	800	1280	12-Apr
ASUS Transformer TF101	Android	3.1	800	1280	11-Apr
ASUS Vivo	Windows RT	8	768	1366	12-Nov
Barnes & Noble Nook HD	Android	4.0.4	600	960	12-Nov
BAUHN AMID-972XS	Android	4.0.3	768	1024	12-Sep
BAUHN AMID-9743G	Android	4.1.2	768	1024	13-Feb
BAUHN ASP-5000H	Android	4.2	360	640	13-Sep
BlackBerry 9520	BlackBerry OS	5	345	691	9-Nov
BlackBerry Bold 9000	BlackBerry OS	4.0.0.223	480	-	8-Aug
BlackBerry Bold 9780	BlackBerry OS	6.0.0.110	480	-	10-Nov
BlackBerry Bold 9790	BlackBerry OS	7.0.0.528	320	-	11-Dec
BlackBerry Bold 9900	BlackBerry OS	7.1.0.342	356	-	11-Aug
BlackBerry Curve 9300	BlackBerry OS	5.0.0.716	311	-	10-Aug
BlackBerry Curve 9300	BlackBerry OS	6.0.0.448	320	-	10-Aug
BlackBerry Curve 9320	BlackBerry OS	7.1.0.569	320	-	10-May
BlackBerry Curve 9360	BlackBerry OS	7.0.0.530	320	-	11-Aug
BlackBerry Curve 9380	BlackBerry OS	7.0.0.513	320	406	11-Dec
BlackBerry PlayBook	Blackberry Tablet OS	2.1.0	600	1024	11-Apr
BlackBerry Torch 9800	BlackBerry OS	6.0.0.353	360	480	10-Aug
BlackBerry Torch 9810	BlackBerry OS	7.0.0.296	320	-	11-Aug
BlackBerry Torch 9860	BlackBerry OS	7.0.0.579	320	505	11-Sep
BlackBerry Q10	BlackBerry OS	10.1.0.1910	346	-	13-Apr
BlackBerry Z10	BlackBerry OS	10.0.10.690	342	570	13-Feb
Dell Venue 8	Windows 8	8.1	800	1280	10-2013
Galaxy Nexus	Android	4.1.1	360	598	11-Nov
HP Slate 7 2800	Android	4.1.1	600	1024	13-Jun
HP Slate 21	Android	4.2.2	1920	NA	13-Oct

设备名称	平台	系统版本	竖屏宽度	横屏宽度	发行日期
HP Touchpad	Android	4.0.3	768	1024	11-Jul
HP Touchpad	webOS	3	768	1024	11-Jul
HP Veer	WebOS	2.1.1	320	545	11-Jun
HTC 7 Mozart	WP7	7.5	320	480	10-Oct
HTC 7 Trophy	WP7	7.5	320	480	10-Oct
HTC A620b	WP8	8	320	480	13-Jan
HTC Desire	Android	2.3.3	320	533	10-Mar
HTC Desire C	Android	4.0.3	320	480	12-Jun
HTC Desire HD	Android	2.3.5	320	533	10-Oct
HTC Desire S	Android	4.0.4	320	533	11-Mar
HTC Desire X	Android	4.1.1	320	533	12-Oct
HTC Desire 700	Android	4.1.2	360	640	14-Jan
HTC Desire Z (Vision)	Android	2.2	480	800	10-Nov
HTC Droid Eris	Android	2.1	320	480	9-Nov
HTC Evo 3D	Android	4.0.3	540	960	11-Jul
HTC Incredible 2	Android	2.3.4	320	533	11-Apr
HTC Legend	Android	2.2	320	480	10-Mar
HTC MyTouch Slide 4G	Android	2.3.4	320	533	11-Jul
HTC One	Android	4.1.2	360	640	13-Mar
HTC One Mini	Android	4.2.2	360	640	13-Jul
HTC One S	Android	4.0.3	360	640	12-Apr
HTC One SV	Android	4.0.4	320	533	12-Dec
HTC One V	Android	4.0.3	320	533	12-Apr
HTC One X	Android	4.2.2	360	640	12-May
HTC One X+	Android	4.3	360	640	12-Nov
HTC One XL	Android	4.0.3	360	640	12-May
HTC Rio 8S	WP8	8	320	480	12-Dec

设备名称	平台	系统版本	竖屏宽度	横屏宽度	发行日期
HTC Sensation XL	Android	4.0.3	360	640	11-Nov
HTC Titan II/4G	WP7	7.5	320	480	12-Apr
HTC Velocity 4G	Android	4.0.3	360	640	12-Nov
HTC Wildfire A3333	Android	2.2.1	267	356	10-May
HTC Wildfire S	Android	2.3.3	320	480	11-May
HTC Windows Phone 8S	WP8	8	320	480	12-Nov
HTC Windows Phone 8X (C625b)	WP8	8	320	480	12-Nov
Huawei Ascend G510	Android	4.1.1	320	569	13-Apr
Huawei Ascend Mate	Android	4.1.1	480	813	13-Mar
Huawei U8650 Sonic	Android	2.3.3	320	480	11-Jun
Huawei U8860	Android	4.0.3	320	544	11-Dec
Huawei Y300-0151	Android	4.1.1	320	533	13-Mar
iPad	iOS	5.0.1	768	1024	10-Mar
iPad 2	iOS	5.0.1	768	1024	11-Mar
iPad 3	iOS	5.1.1	768	1024	12-Mar
iPad Air	iOS	7.0.3	768	1024	13-Oct
iPad Mini	iOS	6.0.1	768	1024	12-Nov
iPhone	iOS	3.1.3	320	480	7-Jun
iPhone 3G	iOS	4.2.1	320	480	8-Jul
iPhone 3GS	iOS	6.0a2	320	480	9-Jun
iPhone 4	iOS	5.1.1	320	480	10-Jun
iPhone 4S	iOS	4.3.5	320	480	11-Oct
iPhone 5	iOS	6	320	568	12-Sep
iPhone 5c	iOS	7	320	568	13-Sep
iPhone 5s	iOS	7	320	568	13-Sep
iPhone 6	iOS	8	375	667	14-Sep
iPhone 6 Plus	iOS	8	414	736	14-Sep

设备名称	平台	系统版本	竖屏宽度	横屏宽度	发行日期
iPod Touch 4th Gen	iOS	5.0.1	320	480	10-Sep
iPod Touch 5th Gen	iOS	6	320	568	12-Oct
Kindle 3	Kindle	3.3	600	—	10-Aug
Kindle Fire 2	Android	4.0.3	600	963	11-Nov
Kindle Fire HD	Android	4	533	801	12-Sep
Kindle Fire HD 8.9	Android	4.0.3	800	1220	12-Oct
Kindle Paperwhite	Kindle	5	758	—	12-Oct
Kobo eReader Touch	Android	2.0.0	600	—	11-Jun
Kogan 42" Smart 3D LED TV	Android	4.1.2	—	1280	13-Jul
Lenovo IdeaTab A1000	Android	4.2.2	600	1024	13-May
Lenovo IdeaTab S6000	Android	4.2.2	800	1280	13-Jun
Lenovo Yoga Tablet 8	Android	4.2.2	602	962	13-Oct
Lenovo Yoga Tablet 10	Android	4.2.2	800	1280	13-Nov
LG 55LW6500 TV	Proprietary (TV)	5.00.07	—	1280	11-Mar
LG Ally	Android	2.2.2	320	533	10-Apr
LG G2	Android	4.2.2	360	598	13-Sep
LG Optimus 2x	Android	2.3.7	320	533	11-Feb
LG Optimus Black P970	Android	4.0.4	320	533	11-May
LG Optimus G E975	Android	4.1.2	384	640	12-Nov
LG Optimus L3 E400	Android	2.3.6	320	427	12-Feb
LG Optimus L3 II E425f	Android	4.1.2	320	427	13-Apr
LG Optimus L7 P700	Android	4.0.3	320	533	12-May
LG Optimus L9 P760	Android	4.0.4	360	640	12-Nov
LG Optimus Pad V900	Android	3.0.1	768	1280	11-May
LG Viewty KU990	Proprietary (Java)	1.2	240	400	8-Oct
Microsoft Surface	Windows RT	8	768	1366	12-Nov
Microsoft Surface Pro	Windows 8	8	720	1280	12-Nov

设备名称	平台	系统版本	竖屏宽度	横屏宽度	发行日期
Motorola Defy	Android	2.3.4	320	569	10-Oct
Motorola Defy Mini	Android	2.3.6	320	480	12-Jan
Motorola Droid Bionic	Android	4.1.2	360	640	11-Sep
Motorola Droid Razr	Android	2.3.6	360	640	11-Nov
Motorola Droid 3	Android	2.3	360	559	11-Jul
Motorola Electrify 2	Android	4.1.2	360	598	12-Jul
Motorola Fire XT	Android	2.3.5	320	480	11-Sep
Motorola FlipOut	Android	2.1	320	240	10-Jun
Motorola Milestone	Android	2.3.7	320	569	9-Nov
Motorola Moto G	Android	4.3	360	598	13-Nov
Motorola RAZR HD 4G	Android	4.0.4	360	598	12-Sep
Motorola RAZR M 4G	Android	4.0.4	360	598	12-Sep
Motorola RAZR MAXX	Android	4	360	640	12-May
Motorola Xoom	Android	4.1	800	1280	11-May
Motorola Xoom 2	Android	3.2.2	800	1280	11-Dec
Motorola Xoom 2 Media Edition	Android	3.2.2	800	1280	11-Dec
Nexus 10	Android	4.2.2	800	1280	12-Nov
Nexus 4	Android	4.2.1	384	598	12-Nov
Nexus 5	Android	4.4	360	598	13-Oct
Nexus 7	Android	4.1.1	603	966	12-Jul
Nexus 7	Android	4.2.1	600	961	12-Jul
Nexus 7	Android	4.3	601	962	12-Jul
Nexus 7 (LCD Density set to 175PPI)	Android	4.1.1	731	1170	12-Jul
Nexus 7 (2013)	Android	4.3	600	960	13-Jul
Nexus One	Android	2.3.7	320	533	10-Jan
Nexus S	Android	4.1.1	320	533	10-Oct
Nintendo 3DS	3DS	4.3.0-10E	416	—	11-Feb

设备名称	平台	系统版本	竖屏宽度	横屏宽度	发行日期
Nintendo 3DS XL	3DS	1.7455.EU	416	–	12–Jul
Nintendo DSi	DSi	507; U; en–GB	256	–	9–Apr
Nintendo DSi XL	DSi	1.4.4A	240	–	10–Mar
Nintendo Wii	Wii	4.3	800	–	7–Nov
Nintendo Wii U	Wii U	1.0.0.7494	854	–	12–Nov
Nokia 2700	S40	5th Edition	240	–	9–Jul
Nokia Asha 300	Proprietary (Nokia)	07.03 29–11–11 RM–781	234	–	11–Nov
Nokia Asha 302	Proprietary (Nokia)	14.53 20–03–12 RM–813	314	–	12–Mar
Nokia 500	Symbian	Belle	360	640	11–Sep
Nokia 700 (Opera Mobile)	Symbian	Belle FP2	240	427	11–Sep
Nokia E61i	S60	Symbian 9.1	320	–	7–Apr
Nokia E71	S60	Symbian 9.2	320	–	7–Apr
Nokia Lumia 520	WP8	8	320	480	13–Apr
Nokia Lumia 610	WP7	7.5	320	480	12–Apr
Nokia Lumia 710	WP7	7.5	320	480	11–Dec
Nokia Lumia 720	WP7	8	320	480	13–Apr
Nokia Lumia 800	WP7	7.5	320	480	11–Nov
Nokia Lumia 820	WP8	8	320	480	12–Nov
Nokia Lumia 900	WP7	7.5	320	480	12–May
Nokia Lumia 920	WP8	8	320	480	12–Nov
Nokia Lumia 925	WP8	8	320	480	13–Jun
Nokia Lumia 1520	WP8	8	320	480	13–Nov
Nokia N9	MeeGo	1.2	320	496	11–Sep
Nokia N900	Maemo	5	480	800	9–Nov
Nokia N95	S60	Symbian 9.2	240	–	7–Mar

设备名称	平台	系统版本	竖屏宽度	横屏宽度	发行日期
Palm Pixi	WebOS	1.4.5	320	480	9-Nov
Palm Pre	WebOS	2.2	320	-	9-Oct
Panasonic Toughpad FZ-A1	Android	4	768	1024	12-Dec
PendoPad 7"	Android	4.2.2	480	800	13-Nov
PendoPad 10"	Android	4.2.2	600	1024	13-Nov
Pioneer Dreambook	Android	4.0.4	768	1024	10-Jul
Samsung Ativ S	WP8	8	320	480	12-Dec
Samsung E3210	Proprietary (Java)	-	128	-	11-May
Samsung Galaxy 5/Europa I5500	Android	2.1-update1	320	427	10-Aug
Samsung Galaxy Ace S5830	Android	2.3.4	320	480	11-Feb
Samsung Galaxy Ace 2 I8160	Android	2.3.6	320	533	12-May
Samsung Galaxy Ace Plus S7500	Android	2.3.6	320	480	12-Feb
Samsung Galaxy Beam I8530	Android	2.3.6	320	533	12-Jul
Samsung Galaxy Camera GC100	Android	4.1.2	360	598	12-Nov
Samsung Galaxy Mini S5570	Android	2.3.4	240	320	11-Feb
Samsung Galaxy Mini 2 S6500	Android	2.3	320	480	12-Mar
Samsung Galaxy Note N700	Android	2.3.6	400	640	11-Oct
Samsung Galaxy Note 10.1 N8010	Android	4.0.4	800	1280	12-Aug
Samsung Galaxy Note 10.1 N8010 (Multiscreen Enabled)	Android	4.0.4	800	637	12-Aug
Samsung Galaxy Note 10.1 (2014 Edition) P600	Android	4.3	800	1280	13-Nov
Samsung Galaxy Note 2 N7100	Android	4.1.1	360	640	12-Sep
Samsung Galaxy Note 3 N9005	Android	4.3	360	640	13-Sep
Samsung Galaxy Note 8.0 N5100	Android	4.1.2	601	962	13-Apr
Samsung Galaxy Note 8.0 N5110	Android	4.1.2	601	962	13-Apr
Samsung Galaxy S I9000	Android	2.3.6	320	533	10-Jun

设备名称	平台	系统版本	竖屏宽度	横屏宽度	发行日期
Samsung Galaxy S Duos S7562	Android	4.0.4	320	533	12-Sep
Samsung Galaxy S WiFi YPG70CW	Android	2.2	320	533	11-May
Samsung Galaxy S2 I9100	Android	2.3.6	320	533	11-Apr
Samsung Galaxy S3 I9300	Android	4.0.4	360	640	12-May
Samsung Galaxy S3 Mini I8190	Android	4.1.2	320	533	12-Nov
Samsung Galaxy S4 I9500	Android	4.2.2	360	640	13-Apr
Samsung Galaxy S4 I9505	Android	4.2.2	360	640	13-Apr
Samsung Galaxy S4 Active I9295	Android	4.2.2	360	640	13-Jun
Samsung Galaxy S4 Mini I9190	Android	4.2.2	360	640	13-Jul
Samsung Galaxy S4 Zoom SM-C105	Android	4.2.2	360	640	13-Jul
Samsung Galaxy Tab 10.1 P7510	Android	3.2	800	1280	11-Jul
Samsung Galaxy Tab 2 10.1 P5110	Android	4.0.4	800	1280	12-May
Samsung Galaxy Tab 2 7.0 P3110	Android	4.0.3	600	1024	12-May
Samsung Galaxy Tab 3 7.0 T210	Android	4.1.2	600	1024	13-Jul
Samsung Galaxy Tab 3 8.0 T310	Android	4.2.2	602	962	13-Jul
Samsung Galaxy Tab 3 10.1 P5210	Android	4.2.2	800	1280	13-Jul
Samsung Galaxy Tab 3 Kids T2105	Android	4.1.2	600	1024	13-Nov
Samsung Galaxy Tab 7.7 P6810	Android	3.2	800	1280	12-Jan
Samsung Galaxy Tab 7.0 Plus P6210	Android	3.2	600	1024	12-Jan
Samsung Galaxy Tab 8.9 P7310	Android	4.0.4	800	1280	11-May
Samsung Galaxy Tab 8.9 4G P7320	Android	3.2	800	1280	12-Feb
Samsung Galaxy Tab P1000	Android	2.3.3	400	683	10-Oct
Samsung Galaxy X Cover 2 S7710	Android	4.1.2	320	533	13-Mar
Samsung Galaxy Y S5360	Android	2.3.6	320	427	11-Oct
Samsung Galaxy Young S6310	Android	4.1.2	320	480	13-Feb
Samsung Infuse 4G I997	Android	2.3	320	533	11-May

设备名称	平台	系统版本	竖屏宽度	横屏宽度	发行日期
Samsung Omnia W I8350	WP7	7.5	320	480	11-Oct
Samsung Omnia 7 I8700	WP7	7.5	320	480	10-Oct
Samsung Wave S8500	Bada	1	240	400	10-Apr
Samsung Wave S8500	Bada	2.0.1	320	534	10-Apr
Scroll Excel	Android	2.3.4	480	800	12-Feb
Sony BRAVIA 40 EX520	Proprietary (TV)	PKG4.0 12GAA-0104	-	1920	11-Jan
Sony Ericsson Elm	Proprietary (Java)	1231-1917 R7CA061 100619	240	-	10-Mar
Sony Ericsson Spiro	Proprietary (Java)	-	240	-	10-Aug
Sony Ericsson Xperia Arc	Android	2.3.4	320	569	11-Mar
Sony Ericsson Xperia Mini ST15i	Android	2.3.4	320	401	11-Aug
Sony Ericsson Xperia Neo	Android	4.0.4	480	854	11-Mar
Sony Ericcson Xperia Play	Android	2.3.4	425	974	11-Mar
Sony Ericsson Xperia X8	Android	2.1.1	320	480	10-Sep
Sony Ericsson Xperia X10	Android	2.3.3	320	569	10-Mar
Sony PlayStation 3	PlayStation 3	4.25	-	1824	6-Nov
Sony PlayStation Portable	PlayStation Portable	4.2	-	480	5-Mar
Sony PlayStation Vita	PlayStation Vita	1	-	896	12-Feb
Sony Tablet P	Android	4.0.3	-	1024	12-Sep
Sony Tablet S	Android	4.0.3	800	1280	11-Sep
Sony VAIO Tap 20	Windows 8	8	900	1600	13-Jun
Sony Xperia acro S	Android	4.0.4	360	640	12-Aug
Sony Xperia P	Android	2.3.7	360	640	12-May
Sony Xperia S	Android	2.3.7	360	640	12-Feb
Sony Xperia Sola	Android	2.3.7	320	569	12-May

设备名称	平台	系统版本	竖屏宽度	横屏宽度	发行日期
Sony Xperia SP	Android	4.1.2	360	598	13-Apr
Sony Xperia Tablet Z	Android	4.1.2	800	1280	13-May
Sony Xperia Tipo	Android	4.0.4	320	480	12-Aug
Sony Xperia U	Android	2.3.7	320	569	12-May
Sony Xperia V	Android	4.1.2	360	598	12-Dec
Sony Xperia Z	Android	4.1.2	360	598	13-Feb
Sony Xperia Z1	Android	4.2.2	360	598	13-Sep
Telstra T-Hub 2	Android	2.3.7	400	683	12-Jul
Tesco Hudl	Android	4.2	600	799	13-Sep
Toshiba AT100	Android	4.0.4	800	1280	11-Jul
Toshiba AT1S0	Android	3.2	602	961	12-Feb
Toshiba AT200	Android	3.2.1	800	1280	12-Feb
Toshiba AT300	Android	4.0.3	800	1280	12-Jun
Toshiba AT330	Android	4.0.3	900	1600	12-Jul
Wiko Cink Slim	Android	4.1.1	320	533	12-Nov
Yarvik Xenta Tab 8c	Android	4.1.2	768	1024	13-Aug
XBOX 360	XBOX	2	-	1050	5-Nov
Xiaomi MI-3	Android	4.2.1	360	640	13-Sep
ZTE Open	FireFox OS	1.0.0B01	320	415	13-Jul
ZTE T22 (Telstra Urbane)	Android	4.0.4	320	533	12-Aug
ZTE T28 (Telstra Active Touch)	Android	2.3.5	320	533	11-May
ZTE T760 (Telstra Smart-Touch 2)	Android	2.3.5	320	480	12-Feb
ZTE T790 (Telstra Pulse)	Android	4.0.4	320	480	13-May
ZTE T81 (Telstra Frontier 4G)	Android	4.0.4	320	533	12-Nov
ZTE T82 (Telstra Easy Touch 4G)	Android	4.0.4	360	598	12-Nov
ZTE T83 (Telstra Dave 4G)	Android	4.1.2	320	534	13-Oct

附录 B Axure RP7 部件操作快捷键

移动部件

Shift+ 拖曳 : 延 x/y 轴移动部件。

Ctrl+ 拖曳 : 复制并移动部件到鼠标光标位置。

Ctrl+Shift+ 拖曳 : 延 x/y 轴复制并移动到鼠标光标位置。

Shift+ 箭头 : 移动部件 10px。

箭头 : 移动部件 1px。

均匀分布选中部件 : 选中多个部件,"点击右键 > 分布 > 水平分布 / 垂直分布"

粘贴部件到鼠标光标处 : "点击右键 > 粘贴"

选择部件

慢速点击,可选择被压在下一层的部件。

如果有多个部件重叠在一起,鼠标左键慢速点击可选择下一层 ... 下一层。

在设计区域的空白处 "点击右键 > 选择上面 / 下面全部"

改变部件大小

Shift+ 部件边角 : 等比例缩。

Ctrl+ 部件边角 : 旋转部件。